通用规范设计及软件应用丛书

《建筑节能与可再生能源利用通用规范》GB 55015
《建筑环境通用规范》GB 55016 应用指南

中国建筑科学研究院有限公司　
北京构力科技有限公司　 组织编写

李书阳　张永炜　朱峰磊　主　编

U0172506

中国建筑工业出版社

图书在版编目（CIP）数据

《建筑节能与可再生能源利用通用规范》GB 55015《建筑环境通用规范》GB 55016 应用指南 / 中国建筑科学研究院有限公司，北京构力科技有限公司组织编写；李书阳，张永炜，朱峰磊主编. — 北京：中国建筑工业出版社，2022.10（2023.2 重印）

（通用规范设计及软件应用丛书）

ISBN 978-7-112-27912-8

Ⅰ. ①建⋯　Ⅱ. ①中⋯　②北⋯　③李⋯　④张⋯　⑤朱⋯　Ⅲ. ①建筑-节能-国家标准-中国-指南②建筑工程-环境管理-国家标准-中国-指南　Ⅳ. ①TU111.4-62②TU-023

中国版本图书馆 CIP 数据核字（2022）第 169510 号

本书主要介绍了《建筑节能与可再生能源利用通用规范》GB 55015—2021 及《建筑环境通用规范》GB 55016—2021 全国及各省市执行的要求及审查节点，并重点对比了通用规范中的变更条文及软件实现。通过总结设计过程中遇到的常见问题及典型案例，深入浅出地解读重点专业问题和设计师感兴趣的内容。

本书适用于建筑节能、绿色建筑及相关领域设计从业人员及管理者。

责任编辑：徐仲莉　王砾瑶
责任校对：李美娜

通用规范设计及软件应用丛书
《建筑节能与可再生能源利用通用规范》**GB 55015**
《建筑环境通用规范》**GB 55016** 应用指南
中国建筑科学研究院有限公司
北京构力科技有限公司　　组织编写
李书阳　张永炜　朱峰磊　主　编

*

中国建筑工业出版社出版、发行（北京海淀三里河路 9 号）
各地新华书店、建筑书店经销
北京鸿文瀚海文化传媒有限公司制版
天津翔远印刷有限公司印刷

*

开本：787 毫米×1092 毫米　1/16　印张：17¼　字数：426 千字
2022 年 11 月第一版　　2023 年 2 月第二次印刷
定价：**65.00** 元
ISBN 978-7-112-27912-8
（40053）

本书编写委员会

组织编写：中国建筑科学研究院有限公司

北京构力科技有限公司

主　　编：李书阳　张永炜　朱峰磊

副 主 编：楚仲国　刘　平　王梦林　魏铭胜

编　　委：胡晓蕾　朱珍英　李柯秀　刘平平

李　杏　刘剑涛　惠全景　龚智煌

王佳员　梁丽华　康　皓　孙　明

何思思　郝　楠　李晓男　张佳蕾

李　曼　裴尚慧　樊　淘　聂　璐

罗　峥　厉盼盼　陈金亚　林　林

窦金鹏　陈　宏　杨奕泓　臧运峰

林毅隆　王　菲　陈小瑜　杨聚周

陈　晨　闻　旻　崔　伟　郭子嘉

前　言

为贯彻落实国家关于碳达峰碳中和的工作部署，按照住房和城乡建设部要求，全文强制性工程建设规范《建筑节能与可再生能源利用通用规范》GB 55015—2021 及《建筑环境通用规范》GB 55016—2021 已于 2022 年 4 月 1 日起实施。新规范对实现建筑领域"双碳"目标、保障人居环境具有重大作用，也是贯彻落实住房和城乡建设部标准化改革的重要抓手。

《建筑节能与可再生能源利用通用规范》GB 55015—2021 适用于全国五大气候区，该规范对全国所有气候区建筑的节能、碳排放以及可再生能源利用提出强制性要求，提高城镇新建建筑节能减碳水平，推动城镇新建建筑全面建成绿色建筑，进一步加强建筑节能与绿色建筑全过程管理。审查过程中要求提供《建筑能耗分析报告》《可再生能源利用分析报告》以及《建筑碳排放分析报告》等，给工程设计带来新的课题，节能要求更高，绿色建筑设计质量整体提升。同时，按照住房和城乡建设部的要求，《建筑环境通用规范》GB 55016—2021 也同步强制执行。该通用规范对绿色建筑设计中的室内空气质量、天然采光、室内隔声等指标提出更高要求，完善了室内环境设计。

为响应国家碳政策和相关规范要求，PKPM 绿色低碳系列软件 2023 版节能及绿建相关模块已全面实现了通用规范中的具体条文要求。

本书主要介绍了全国及各省市通用规范执行的要求及审查节点，并重点对比了通用规范中的变更条文及软件实现。通过总结设计过程中遇到的常见问题及典型案例，深入浅出地解读重点专业问题以及设计师感兴趣的内容。

本书由中国建筑科学研究院有限公司、北京构力科技有限公司组织编写。本书适用于一直支持 PKPM 相关软件的专家、学者、高校研发机构及设计师朋友，本书可作为了解通用规范设计的入门读物，也可作为提高节能绿色建筑相关技能的参考书本。

由于笔者水平有限，书中遗漏在所难免，笔者在此热忱地欢迎专家同仁及设计师朋友批评指正。

编者

2022 年 8 月

目 录 ····

第2章　执行通用规范的时间节点 / 36

第3章　《建筑节能与可再生能源利用通用规范》
与2016年执行的标准对比 / 38

第4章　《建筑节能与可再生能源利用通用规范》设计及软件应用 / 83

第5章　《建筑环境通用规范》设计及软件应用 / 164

第6章　通用规范常见问题解答 / 204

第7章　通用规范设计案例 / 211

第8章　附录 / 242

第1章 部分地区执行通用规范的要求

1.1 华北地区

华北地区主要包括北京市、河北省、内蒙古自治区和山西省，以下为各省市执行通用规范的要求。

1.1.1 北京市规划和自然资源委员会关于执行新标准时间的通知

为进一步明确规范标准的执行时间，兼顾项目建设、审批的连续性与新标准的执行，经研究，现将我市施工图设计文件审查执行新标准的时间规定如下（图1-1）：

北京市规划和自然资源委员会关于进一步

明确施工图审查执行新标准时间的通知

京规自发〔2021〕17号

图1-1 北京市关于执行建筑节能通用规范的相关说明

（1）对于新建项目，**以取得《建设工程规划许可证》为准**，新标准正式实施前已取得《建设工程规划许可证》（在有效期内）的项目可按原标准进行审查。

（2）对于一会三函项目，以《设计方案审查意见函》的批准时间为准，即新标准正式实施前已取得《设计方案审查意见函》的项目可按原标准进行审查。

（3）对于共有产权住房、安置房、公共租赁住房、集体土地租赁住房等政策性住房项目适当放宽，以取得《保障性住房设计方案审查专家意见》为准，新标准正式实施日前已组织并通过保障性住房设计方案审查的项目可按原标准进行审查。

各单位在工程建设或审批中，应严格执行相应的规范标准，鉴于规范标准从发布到实施有6个月的过渡期，相关单位应充分考虑工程实施周期与规范执行时间，保障工程设计质量。

1.1.2 河北省建筑节能与科技工作要点的通知

其重点任务为推动建筑绿色低碳发展，具体为（图1-2）：

关于印发 2022 年全省建筑节能与科技工作
要点的通知

各市（含定州、辛集市）住房和城乡建设局（建设局）、城市管理综合行政执法局，石家庄市园林局，雄安新区管委会规划建设局、综合执法局：

现将《2022 年全省建筑节能与科技工作要点》印发给你们，请结合实际抓好贯彻落实。

河北省住房和城乡建设厅办公室
2022 年 3 月 1 日

> **3.提升建筑能效水平。**执行《建筑节能与可再生能源利用通用规范》，将城镇公共建筑节能标准由 65%提升至 72%。因地制宜推进太阳能、地热能等可再生能源建筑应用。加强工作统筹，有序推进既有民用建筑节能改造工作。

图 1-2　河北省关于执行建筑节能通用规范的相关说明

（1）大力发展"被动房"。落实项目谋划、用地保障、激励措施、人才支撑等支持政策，政府投资或以政府投资为主的办公、学校、医院等公共建筑，优先按照被动式超低能耗建筑建设。落实《关于加强被动式超低能耗建筑工程质量管理的若干措施》，实施建设全过程闭合管理和关键环节重点监管。开展被动式超低能耗建筑系列标准的宣贯，录制标准授课视频并公开发布，加强行业从业人员技术培训。

（2）提高绿色建筑品质。贯彻《河北省促进绿色建筑发展条例》，落实本地区绿色建筑专项规划，推进星级绿色建筑建设，新建绿色建筑中星级绿色建筑占比达到 20％以上。强化绿色建筑标识管理，组织开展标识认定和授予工作。支持雄安新区"绿色建筑发展示范区"建设。全面做好绿色建筑创建行动总结评估。

（3）提升建筑能效水平。**执行《建筑节能与可再生能源利用通用规范》GB 55015—2021，将城镇公共建筑节能标准由 65％提升至 72％。**因地制宜推进太阳能、地热能等可再生能源建筑应用。加强工作统筹，有序推进既有民用建筑节能改造工作。

同时，经河北省部分审图机构调研和反馈，目前部分审图机构也提出要求，全面执行《建筑节能与可再生能源利用通用规范》GB 55015—2021。审图公司要求补充：碳排放设计说明、碳排放计算书、碳排放强度应满足《建筑节能与可再生能源利用通用规范》GB 55015—2021 中第 2.0.3 条的要求。

1.1.3　内蒙古自治区执行通用规范的通知

自 2022 年 4 月 1 日起，内蒙古自治区行政区域内全面执行《建筑节能与可再生能源利用通用规范》GB 55015—2021。全部条文必须严格执行。现行地方标准中有关条文与其不一致的，应严格按照国家标准相关要求执行，如图1-3、图1-4所示。

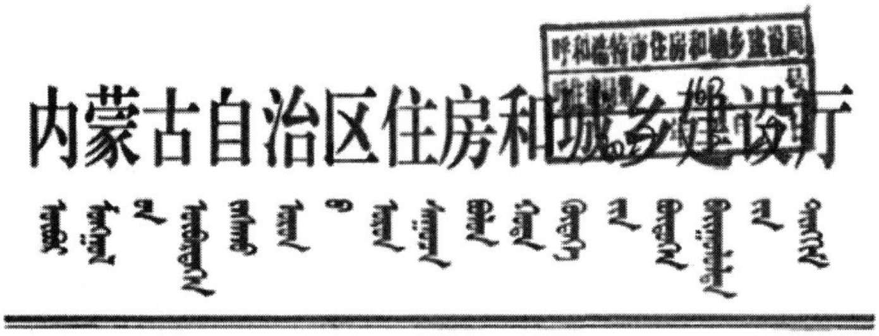

内蒙古自治区住房和城乡建设厅

内建标函〔2022〕116号

内蒙古自治区住房和城乡建设厅
关于执行《建筑节能与可再生能源利用通用
规范》的通知

图1-3 内蒙古自治区关于执行建筑节能通用规范的相关说明

二、应特别注意的《规范》要点

（一）新建、扩建和改建建筑以及既有建筑节能改造工程的建筑节能与可再生能源建筑应用系统的设计、施工、验收及运行管理必须执行该规范。

（二）我区居住建筑平均节能率应为75%，公共建筑平均节能率应为72%。

（三）新建、扩建和改建建筑以及既有建筑节能改造均应进行建筑节能设计。建筑项目可行性研究报告、建设方案和初步设计文件应包含建筑能耗、可再生能源利用及建筑碳排放分析报告。施工图设计文件应明确建筑节能措施及可再生能源利用系统运营管理的技术要求。

（四）可再生能源建筑应用系统设计时，应根据当地资源与适用条件统筹规划。应当与主体工程同步设计、同步施工、同步验收投入使用。

（五）新建建筑应安装太阳能系统。太阳能建筑一体化应用系统的设计应与建筑设计同步完成。建筑物上安装太阳能系统不得降低相邻建筑的日照标准。

《规范》包含但不限于以上要点，请各地高度重视并严格执行。

图1-4 内蒙古自治区关于执行建筑节能通用规范的相关说明

同时，呼和浩特市建设工程施工图审查中心有限公司也发出关于全面执行新规范的告知函，适用于呼和浩特市所辖建设单位、设计单位，如图1-5所示。

呼和浩特市所辖建设单位、设计单位：

根据住房和城乡建设部近期颁布实施的多部《通用规范》及呼和浩特市住房和城乡建设局《关于印发<呼和浩特市2022年建筑节能和绿色建筑发展行动计划>的通知》精神，我公司将严格落实住建部及上级主管部门要求，对新建项目按照新规范及文件精神进行审查。

新规范为强制性工程建设规范，全部条文必须严格执行。因此，对未取得《建设工程规划许可证》，但已完成施工图技术性审查且未实施的项目，建议将施工图设计文件中与新规范不一致的内容，请重新修改，并报我公司进行审查。

图1-5　内蒙古自治区呼和浩特市关于执行建筑节能通用规范的相关说明

1.1.4　山西省太原市执行通用规范的通知

山西省太原市也在2022年4月1日印发了关于执行通用规范的通知（图1-6）。其中有四个突出的目标，分别为：（1）新建建筑节能强制性标准执行率100%。（2）绿色建筑占新建建筑面积比例达到70%；城镇新建建筑全部按绿色建筑标准设计，公共建筑全面执行一星级及以上标准，超限高层执行三星级标准；绿色建筑示范区内新建建筑全部达到一星级标准，其中一星级以上绿色建筑比例不低于30%。（3）培育绿色建筑创新项目不少于10个。（4）可再生能源建筑应用面积占新建建筑比例达到60%。

其中一项重要举措是**提高新建建筑节能水平**。

（1）严格执行新建居住建筑75%节能标准，新建公共建筑72%节能标准，大力推行保温结构一体化技术，包括装配式墙板自保温体系、保温型复合免拆模板保温系统、现浇混凝土内置保温系统、非承重砌块自保温结构体系等。

（2）积极培育被动房、超低能耗建筑和近零能耗项目，引导绿色建筑、装配式建筑、超限高层建筑、超低能耗建筑等项目开展技术创新，在全生命周期推行BIM、铝模板、装配式、绿色建造及基于5G移动互联网的智能管理等技术的应用。

太原市住房和城乡建设局关于印发《2022年建筑节能与科技工作要点》的通知

各县（市）住建局，综改示范区、中北高新区建设管理部，西山示范区建设管理保障部：

根据山西省住房和城乡建设厅关于印发《2022年建筑节能与标准定额工作要点》的通知（晋建科函〔2022〕419号）要求，为扎实推动我市建筑节能与科技工作全面发展，落实十四五规划有关内容，我局制定了《太原市住房和城乡建设局2022年建筑节能与科技工作要点》现印发你们，请按照要求贯彻执行。

二、工作目标

（一）新建建筑节能强制性标准执行率100%。

（二）绿色建筑占新建建筑面积比例达到70%；城镇新建建筑全部按绿色建筑标准设计，公共建筑全面执行一星级及以上标准，超限高层执行三星级标准；绿色建筑示范区内新建建筑全部达到一星级标准，其中一星级以上绿色建筑比例不低于30%。

图1-6　山西省太原市关于执行建筑节能通用规范的相关说明

1.2　东北地区

东北地区主要包括黑龙江省、吉林省和辽宁省，以下为各省市对执行通用规范的要求。

辽宁省大连市执行通用规范的通知：

大连市2022年绿色建筑工作要点中强调：2022年4月1日起设计出图的新建民用建筑，在满足绿色建筑基本级标准的基础上，分区分比例执行绿色建筑星级标准；2022年4月1日起，全面执行《建筑节能与可再生能源利用通用规范》GB 55015—2021，如图1-7所示。

大连市 2022年绿色建筑工作要点

一、工作思路

以发展绿色建筑为切入点，全面开启碳中和战略。全市新建民用建筑全面执行绿色建筑标准，抓住施工图审查和竣工验收环节，推动全生命周期的绿色建造和运营管理。通过绿色设计、绿色生产、绿色建材选用、绿色施工和安装、绿色一体化装修和绿色运营，推广绿色建造方式。加大可再生能源应用，推动可再生能源建筑一体化。继续加大超低能耗建筑推广力度。

二、主要目标

——全市新建民用建筑100%执行绿色建筑标准；

——全面开展绿色建筑工程竣工验收；

——全市规划建设超低能耗、近零能耗建筑面积20万平方米；

——政府投资类项目优先选用绿色建材，鼓励绿色建材应用示范项目建设。

3. 2022年4月1日起，全面执行《建筑节能与可再生能源利用通用规范》（GB 55015-2021）。

图1-7 大连市关于执行建筑节能通用规范的相关说明

1.3 华东地区

华东地区主要包括安徽省、福建省、江苏省、浙江省、上海市和山东省，以下为各省市对执行通用规范的要求。

1.3.1 上海市执行通用规范的通知

上海市发文，明确规定**自2022年8月1日起，新建、扩建和改建民用建筑、设置供暖空调的工业建筑应严格执行通用规范**（图1-8）。其中，现行地方标准中有关条文与其不一致的，应按照标准中较高的相关要求执行。**2022年8月1日前报审的项目及2022年11月1日前因设计变更等原因重新报审的项目，仍可沿用执行原节能设计标准，鼓励按节能通用规范进行设计。2022年11月1日之后，因设计变更等原因重新报审的项目，应执行通用规范。**

1.3.2 安徽省建筑节能与科技工作要点的通知

其重点任务之一为稳步降低建筑运行能耗，通用规范的执行要求为（图1-9）：

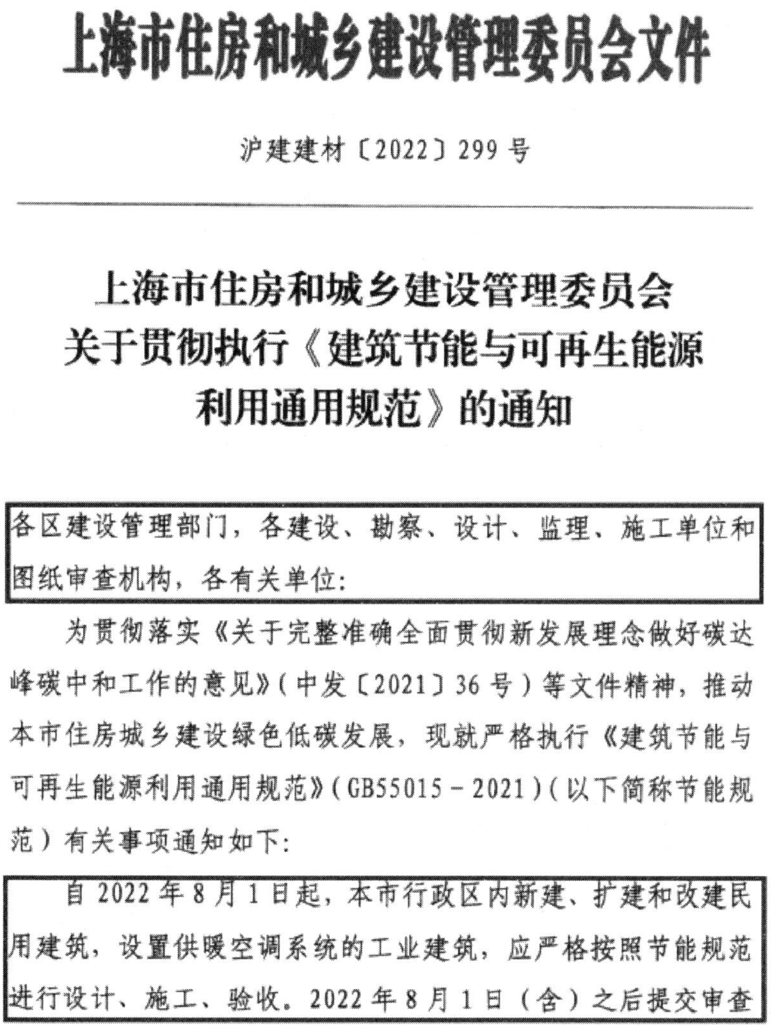

上海市住房和城乡建设管理委员会文件

沪建建材〔2022〕299 号

上海市住房和城乡建设管理委员会
关于贯彻执行《建筑节能与可再生能源
利用通用规范》的通知

各区建设管理部门，各建设、勘察、设计、监理、施工单位和图纸审查机构，各有关单位：

为贯彻落实《关于完整准确全面贯彻新发展理念做好碳达峰碳中和工作的意见》（中发〔2021〕36 号）等文件精神，推动本市住房城乡建设绿色低碳发展，现就严格执行《建筑节能与可再生能源利用通用规范》（GB55015－2021）（以下简称节能规范）有关事项通知如下：

自 2022 年 8 月 1 日起，本市行政区内新建、扩建和改建民用建筑，设置供暖空调系统的工业建筑，应严格按照节能规范进行设计、施工、验收。2022 年 8 月 1 日（含）之后提交审查

图 1-8　上海市关于执行建筑节能通用规范的相关说明

（1）强化增量控制。**在新建建筑中严格执行国家标准《建筑节能与可再生能源利用通用规范》GB 55015—2021 和安徽省 65％居住、公共建筑节能设计标准。**结合"双随机、一公开"抽查，开展建筑节能标准执行情况检查，确保各地设计和施工阶段建筑节能标准执行率达到 100％。启动 65％建筑节能标准实施评估，开展 75％建筑节能标准修编工作。依托合肥、滁州、六安等区域试点，开展超低能耗建筑、铜铟镓硒光伏建筑等试点应用，不断提升建筑能效。

（2）做好存量提升。依托黄山、淮南、阜阳等区域试点建设，加强建筑用能信息管理，开展既有建筑基本信息调查，联合机关事务管理、数据资源管理、电力、燃气等部门，完善建筑能耗及碳排放监管平台建设，逐步构建跨部门的建筑用能数据共享机制。加强运行节能管理，鼓励社会资本采取政府购买服务、PPP、合同能源管理等模式，参与建筑运行能耗管理，提高建筑能源利用效率。加强既有建筑节能改造，指导各地依托老旧小区环境提升、城

关于印发《2022年全省建筑节能与科技工作要点》的通知

建科函〔2022〕363号

各市住房城乡建设局（城乡建设局），城市管理局（城管执法局），住房公积金管理中心，合肥、亳州、宿州、阜阳、淮南市住房保障和房产管理局（房屋管理局、房产管理服务中心），合肥市林业和园林局，广德市、宿松县住房城乡建设局、城市管理局（城管执法局）：

现将《2022年全省建筑节能与科技工作要点》印发给你们，请结合实际，认真抓好落实，确保完成各项年度目标任务。

三、稳步降低建筑运行能耗

（一）强化增量控制。 在新建建筑中严格执行国家标准《建筑节能与可再生能源利用通用规范》（GB55015-2021）和安徽省65%居住、公共建筑节能设计标准。结合"双随机、一公开"抽查，开展建筑节能标准执行情况检查，确保各地设计和施工阶段建筑节能标准执行率达到100%。启动65%建筑节能标准实施评估，开展75%建筑节能标准修编工作。依托合肥、滁州、六安等区域试点，开展超低能耗建筑、铜铟镓硒光伏建筑等试点应用，不断提升建筑能效。

图1-9 安徽省关于执行建筑节能通用规范的相关说明

市更新等专项改造，同步推动既有建筑节能改造，鼓励有条件的地市开展既有建筑绿色化改造。指导合肥市做好公共建筑能效提升重点城市建设绩效评价及经验总结工作。

（3）加强变量调控。大力推动可再生能源建筑应用，具备太阳能利用条件的工业厂房、大型公共建筑、公共机构建筑、公益性建筑全面应用太阳能光伏。依托蚌埠、芜湖、宣城等光伏建筑应用城市试点，推进太阳能光伏建筑一体化建设。推广建筑电气化，引导建筑供暖、生活热水、炊事等向电气化发展以及高效直流电气设备应用。推动可再生能源建筑应用标准升级，加快推进《地源热泵系统工程技术规程》《太阳能光伏与建筑一体化技术规程》修编，启动《太阳能热水系统与建筑一体化技术规程》修编，统筹太阳能光伏和光热系统建筑应用，宜电则电，宜热则热。

1.3.3　江苏省建筑节能与科技工作要点的通知

对于江苏省，针对通用规范的执行要求，有明确通知的包括南京市和南通市，其中南京市图审中心的通知为（图 1-10），明确提出**自 2022 年 4 月 1 日起，报审的项目**均要执行节能通用规范。南京市图审中心也明确提出建筑专业审查专家应关注本专业绿建专篇中是否涵盖第 2.0.3 条的相关内容，**实施碳排放降低强度双控**。与 2016 年标准相比，分析平均降碳水平和降碳比例是否达到全文强制性条文规范规定的全国平均值。要求**提供碳排放降低强度分析报告**。

南京市图审中心统一技术措施

编号：2022-006

关于执行 GB 55015-2021 第 2.0.3 条的相关要求

各位审查专家：

国家标准《建筑节能与可再生能源利用通用规范》GB 55015-2021 自 2022 年 4 月 1 日起实施。为统一中心施工图审查尺度，自 4 月 1 日起报审的项目，建筑专业审查专家应关注本专业施工图绿建专篇中是否涵盖规范第 2.0.3 条的相关内容。

如后续上级主管部门另有规定，中心会及时通知。

请各位审查专家知悉。

图 1-10　江苏省南京市关于执行建筑节能通用规范的相关说明（一）

对于节能变更，南京市图审中心也有明确规定（图 1-11）：

（1）申请变更的建筑工程原则上应未销售，且变更范围未施工。

（2）建设单位报审的节能变更中应明确：本次变更原因、变更前和变更后的绿色建筑星级标准和变更部分的节能指标对比。

（3）节能变更审查主要内容：

① 原则上节能变更不得降低绿色建筑星级标准；

② 当原建筑满足围护结构热工性能规定性指标的条件下，不降低节能性能的同时，可调整节能指标；

③ 当原建筑采用围护结构热工性能权衡判断的条件下，变更后的节能指标不得低于原设计节能指标，整体建筑节能性能不得降低；

④ 节能材料采用明确品牌的，在符合相关规定的前提下，甲方应提供购货合同或采购意向证明文件。

南京市图审中心统一技术措施

编号：2022-008

关于执行 GB 55015-2021 第 2.0.7 条的
相关要求

各相关单位、相关人员：

> 国家标准《建筑节能与可再生能源利用通用规范》GB
> 55015-2021 中第 2.0.7 条规定："当工程设计变更时，建筑节能
> 性能不得降低。"为统一中心报审标准和施工图审查尺度，对于

节能变更审查做出以下规定：

图 1-11　江苏省南京市关于执行建筑节能通用规范的相关说明（二）

南通市的通知为，《建筑节能与可再生能源利用通用规范》GB 55015—2021 已发布并将于 2022 年 4 月 1 日起实施，现行工程建设国家标准、行业标准、地方标准（非推荐性标准）中技术要求低于该规范的，以该规范的规定为准；现行工程建设国家标准、行业标准、地方标准（非推荐性标准）中技术要求高于该规范的，以现行工程建设标准的规定为准，如图 1-12 所示。

关于《建筑节能与可再生能源利用通用规范》
GB 55015-2021 实施有关问题的会议纪要

2022 年 3 月 16 日，南通市建设工程质量监督站主持召开季度检测技术研讨会，市区各检测机构技术负责人参会。与会人员学习了相关标准，对检测问题进行了讨论，形成一致意见，现纪要如下：

> 1.《建筑节能与可再生能源利用通用规范》GB 55015-2021
> 已发布并将于 2022 年 4 月 1 日起实施，现行工程建设国家
> 标准、行业标准、地方标准（非推荐性标准）中技术要求低
> 于该规范的，以该规范的规定为准；现行工程建设国家标准、
> 行业标准、地方标准（非推荐性标准）中技术要求高于该规
> 范的，以现行工程建设标准的规定为准。

图 1-12　江苏省南通市关于执行建筑节能通用规范的相关说明

1.3.4　山东省建筑节能与科技工作要点的通知

聊城市针对通用规范的执行要求如图1-13、图1-14所示。

山东省聊城市住房和城乡建设局

关于明确建设工程施工图设计文件编制和
审查执行新规范标准时间节点的通知

各县（市、区）、市属开发区住建局（建设管理部），各图审机构及勘察设计单位：

2022年1月1日起，大批量的建设工程设计通用规范将陆续实施，为保障建设工程项目新旧规范标准实施的顺利衔接，现将施工图设计文件编制和审查执行新规范标准的时间节点明确如下：

图1-13　山东省聊城市关于执行建筑节能通用规范的相关说明（一）

一、时间节点

对于新建建设项目，以建设单位取得建设工程规划许可证的时间为准。即新规范标准正式实施前已经取得建设工程规划许可证，且在取得建设工程规划许可证三个月（含）内报审施工图设计文件的项目，可按照老规范标准进行施工图设计文件编制和审查；新规范标准正式实施后取得建设工程规划许可证，以及新规范标准正式实施前取得建设工程规划许可证，但在取得建设工程规划许可证三个月以上报审施工图设计文件的项目，应按报审时执行的规范标准进行施工图设计文件编制和审查。

图1-14　山东省聊城市关于执行建筑节能通用规范的相关说明（二）

其中，对时间节点的要求为，以建设单位取得建设工程规划许可证的时间为准。**即新规范标准正式实施前已经取得建设工程规划许可证，且在取得该证三个月（含）内报审的项目，可按照老规范标准进行。**在节能通用规范正式实施后取得建设工程规划许可证，但在取得该证后三个月以上报审的项目，应按报审时执行的规范标准进行施工图设计文件编制和审查。

1.3.5 福建省建筑节能与科技工作要点的通知

厦门市建设局关于执行通用规范的政策：

厦门市建设局发文强调，**自 2022 年 4 月 1 日起执行建筑节能通用规范**，本市签订建设工程设计合同的新建、扩建、改建建筑项目应严格按照《建筑节能与可再生能源利用通用规范》GB 55015—2021 进行设计、施工图审查、施工、验收及运行管理，同时也应符合现行有关法律法规和标准的规定，如图 1-15 所示。

厦门市建设局关于贯彻执行《建筑节能与可再生能源利用通用规范》(GB55015-2021)的通知

厦建科〔2022〕6 号

> 各区建设局，市、区质安站，各建设、设计、审图、施工、监理单位：

为落实"双碳"战略部署，认真执行国家有关节约能源、保护生态环境、应对气候变化的法律、法规，提高能源资源利用率，推动可再生能源利用，降低建筑碳排放，营造良好的建筑室内环境，满足经济社会高质量发展的需要，住房和城乡建设部发布国家标准《建筑节能与可再生能源利用通用规范》（GB55015-2021），自 2022 年 4 月 1 日起实施，该规范为强制性工程建设规范，全部条文必须严格执行。

自 2022 年 4 月 1 日起，本市签订建设工程设计合同的新建、扩建、改建建筑项目应严格按照《建筑节能与可再生能源利用通用规范》（GB55015-2021）进行设计、施工图审查、施工、验收及运行管理，同时也应符合现行有关法律法规和标准的规定。

图 1-15 福建省厦门市关于执行建筑节能通用规范的相关说明

1.4 华南地区

华南地区各省市执行通用规范的要求主要包括广东省和海南省。

1.4.1 广东省建筑节能与科技工作要点的通知

广东省发布通用规范执行要求的城市主要包括惠州市、深圳市、肇庆市和中山市。

1. 惠州市住房和城乡建设局执行通用规范的通知

惠州市住房和城乡建设局提出，自 2022 年 4 月 1 日起执行节能通用规范，如地方住建主管部门另行规定的，应从严执行，如图 1-16 所示。

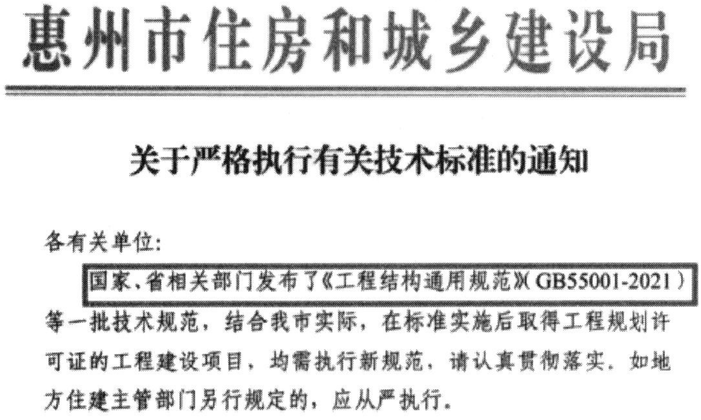

惠州市住房和城乡建设局

关于严格执行有关技术标准的通知

各有关单位：

国家、省相关部门发布了《工程结构通用规范》（GB55001-2021）等一批技术规范，结合我市实际，在标准实施后取得工程规划许可证的工程建设项目，均需执行新规范，请认真贯彻落实。如地方住建主管部门另行规定的，应从严执行。

图 1-16 广东省惠州市关于执行建筑节能通用规范的相关说明

2. 深圳市住房和建设局关于执行通用规范的政策

为落实《关于深化工程建设标准化工作改革的意见》（建标〔2016〕166 号）等文件要求，完成将全文强制性工程建设规范取代现行标准中分散的强制性条文的改革任务，自新版规范实施之日起，签订建设工程勘察合同、设计合同（含消防设计，下同）和施工合同的新建工程项目，应当严格按照新版规范执行，如图 1-17 所示。

3. 深圳市福田区执行通用规范的通知

深圳市福田区住房和建设局明确提出，自 2022 年 4 月 1 日起执行节能通用规范，具体要求如下（图 1-18）。

（1）新建建筑严格执行建筑节能和绿色建筑标准要求：

新建建筑应严格执行建筑节能和绿色建筑相关标准，并参照《建筑碳排放计算标准》GB/T 51366—2019 进行全生命周期建筑碳排放计算。新建大型公共建筑、政府投资及国有资金投资项目、建筑面积大于 10 万平方米的居住建筑项目、梅彩片区、深港科技创新合作区、香蜜湖新金融中心及环中心公园活力城区新建项目全面按照绿色建筑国家二星级或深圳市银级及以上标准设计、建设，标志性、示范性建筑项目按最高星级标准建设，打

深 圳 市 住 房 和 建 设 局

深圳市住房和建设局关于新建工程的勘察、设计和施工适用新版国家强制性工程建设规范有关事宜的指导函

各区（新区）住房和建设局、深汕合作区住房建设和水务局，局直属各有关单位：

为落实《关于深化工程建设标准化工作改革的意见》（建标〔2016〕166号）等文件要求，完成将全文强制性工程建设规范取代现行标准中分散的强制性条文的改革任务，2021年起住房和城乡建设部先后发布《工程结构通用规范》等多部国家全文强制性工程建设规范，后续将陆续发布实施一系列其他领域的国家全文强制性工程建设规范（以下简称"新版规范"，此前发布实施的有关规范统称"旧版规范"）。

一、自新版规范实施之日起，签订建设工程勘察合同、设计合同（含消防设计，下同）和施工合同的新建工程项目，应当严格按照新版规范执行。

二、在新版规范实施之日前，已签订建设工程勘察合同、设计合同和施工合同的新建工程项目，按照旧版规范有关规定执行，鼓励有条件的项目按新版规范实施。

三、新版规范实施后，现行工程建设标准（含地方标准）中低于新版规范要求的，应当严格以新版规范要求的为准；属于本市地方标准的，由相应业务归口部门报请市工程建设地方标准主管部门（市住房和建设局）批准后组织修订。

图 1-17　深圳市关于执行建筑节能通用规范的相关说明

造精品工程，并应当向市主管部门认可的评价机构申请评价标识，推动高星级绿色建筑规模化发展。

（2）严格落实建筑能耗分项计量及能耗监测要求。

（3）加快推进既有建筑绿色运行和节能绿色化改造：

既有建筑物改造应当执行《公共建筑节能设计规范》SJG 44—2018；改造涉及围护结构及照明、空调、电气、给水排水等设备改造时，改造部分应满足现行建筑节能标准要求，并进行改造前后节能量测算。

（4）加快推进超低能耗、（近）零能耗建筑试点示范。

4. 肇庆市执行通用规范的通知

肇庆市住房和城乡建设局明确提出，**自 2022 年 4 月 1 日起，本市行政区域内新建、**

福田区住房和建设局关于进一步加强辖区建筑领域绿色低碳发展有关要求的通知

各有关单位：

为贯彻落实2021年国务院政府工作报告关于"重点要扎实做好碳达峰、碳中和各项工作"要求，推动福田区建筑领域率先实现碳达峰，落实先行示范区"可持续发展先锋"定位，根据住房和城乡建设部等7部门《关于印发绿色建筑创建行动方案的通知》、《广东省绿色建筑条例》、《深圳市重点区域建设工程设计导则》等文件要求，结合我区实际，现将有关事项通知如下：

一、新建建筑严格执行建筑节能和绿色建筑标准要求

新建建筑应严格执行建筑节能和绿色建筑相关标准，并参照《建筑碳排放计算标准》GB/T51366-2019进行全生命周期建筑碳排放计算。新建大型公共建筑、政府投资及国有资金投资项目、建筑面积大于10万平方米的居住建筑项目、梅彩片区、深港科技创新合作区、香蜜湖新金融中心及环中心公园活力城区新建项目全面按照绿色建筑国家二星级或深圳市银级及以上标准设计、建设，标志性、示范性建筑项

图1-18 深圳市福田区关于执行建筑节能通用规范的相关说明

扩建和改建建筑以及既有建筑节能改造工程，应严格按照《规范》进行设计、施工、验收；施工图设计文件应严格按照《规范》进行审查。 2022年4月1日前已通过施工图审查的项目（以图审系统上出具的施工图审查合格证时间为准），可仍延用执行原节能设计标准，鼓励按《规范》进行设计，如图1-19所示。

5. 中山市执行通用规范的通知

中山市住房和城乡建设局发文指出（图1-20），**自2022年4月1日起，本市行政区域内新建、扩建和改建房屋建筑和市政工程，应严格按照相关《通用规范》进行设计、施工、验收。2022年4月1日（含）之后提交审查的施工图文件应严格按照《通用规范》进行审查。**

肇庆市住房和城乡建设局关于贯彻执行《建筑节能与可再生能源利用通用规范》(GB 55015-2021)的通知

各县（市、区）住建局、肇庆高新区人居环境建设和管理局、肇庆新区发展规划局，各建设、设计、施工、监理单位和施工图审查机构：

国家标准《建筑节能与可再生能源利用通用规范》（GB 55015-2021）（以下简称《规范》）自 2022 年 4 月 1 日起实施。该规范为强制性工程建设规范，全部条文必须严格执行。为做好《规范》的贯彻实施，现将有关事项通知如下：

一、明确执行时间

自 2022 年 4 月 1 日起，本市行政区域内新建、扩建和改建建筑以及既有建筑节能改造工程，应严格按照《规范》进行设计、施工、验收；施工图设计文件应严格按照《规范》进行审查。2022 年 4 月 1 日前已通过施工图审查的项目（以图审系统上出具的施工图审查合格证时间为准），可仍延用执行原节能设计标准，鼓励按《规范》进行设计。

图 1-19 广东省肇庆市关于执行建筑节能通用规范的相关说明

对 2022 年 4 月 1 日（含）后、本通知印发前已通过施工图审查的项目（以施工图审查系统上出具的施工图审查合格证时间为准），各施工图审查机构应进行核查：

（1）项目勘察设计合同签订时间在 2022 年 4 月 1 日前，可仍延用执行勘察设计合同签订时有效的工程建设强制性标准，施工图审查合格书有效。

（2）项目勘察设计合同签订时间在 2022 年 4 月 1 日（含）以后，已出具的施工图审查合格书无效，施工图审查机构应即时在施工图审查系统废止该工程施工图审查合格书，同时立即通知建设单位按《通用规范》修改设计和重新送审。

请各施工图审查机构于 2022 年 4 月 30 日前将核查情况报告市住房城乡建设局。

1.4.2 海南省关于通用规范政策要求

三亚市关于执行通用规范的政策要求：

中山市住房和城乡建设局关于贯彻执行《建筑节能与可再生能源利用通用规范》等9项国家标准的通知

各镇、街住房城乡建设主管部门，各建设、勘察、设计、监理、施工单位和施工图审查机构：

住房和城乡建设部发布了国家标准《建筑节能与可再生能源利用通用规范》（GB 55015-2021）、《既有建筑鉴定与加固通用规范》（GB 55021-2021）、《混凝土结构通用规范》（GB 55008-2021）、《工程勘察通用规范》（GB 55017-2021）、《工程测量通用规范》（GB 55018-2021）、《既有建筑维护与改造通用规范》（GB 55022-2021）、《建筑给水排水与节水通用规范》（GB 55020-2021）、《建筑环境通用规范》（GB 55016-2021）和《建筑与市政工程无障碍通用规范》（GB 55019-2021）（以下统称《通用规范》），自2022年4月1日起实施。该9项国家标准为强制性工程建设规范，全部条文必须严格执行。为做好《通用规范》的贯彻实施，现将有关事项通知如下：

图1-20　广东省中山市关于执行建筑节能通用规范的相关说明

三亚市住房和城乡建设局发文明确指出，**自2022年4月1日起执行节能通用规范，做好围护结构性能设计，满足外遮阳要求**，明确建筑应用设备（电力变压器、电动机、交流接触器和照明产品）的能效水平，**根据项目实际情况应用可再生能源**等。

另外，**加强绿色建筑标识管理**。贯彻落实《海南省住房和城乡建设厅关于转发〈关于印发绿色建筑标识管理办法的通知〉的通知》文件精神，持续开展绿色建筑创建行动，有序推进三亚市绿色建筑认定和标识授予工作。各星级级别的绿色建筑的认定和标识授予工作按以下规定进行：

（1）一星级绿色建筑，由三亚市住房和城乡建设局负责组织认定和标识授予。

（2）二星级绿色建筑由三亚市住房和城乡建设局推荐省住房和城乡建设厅进行认定和标识授予。

（3）三星级绿色建筑由三亚市住房和城乡建设局报省住房和城乡建设厅统一向住房和城乡建设部进行推荐。

最后，**探索研究发展超低能耗建筑**。配合省住房和城乡建设厅开展城乡建设领域碳达峰路径相关研究，**贯彻落实国家、省委、省政府"双碳"政策**，按照超低能耗、低碳等绿色发展理念，创建崖州湾科技城低碳（超低能耗）示范园区，**鼓励发展低碳建筑**。

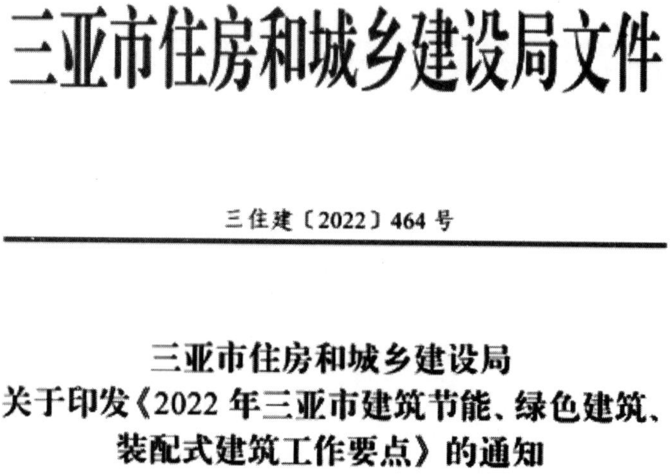

三亚市住房和城乡建设局文件

三住建〔2022〕464号

三亚市住房和城乡建设局
关于印发《2022年三亚市建筑节能、绿色建筑、
装配式建筑工作要点》的通知

图 1-21　海南省三亚市关于执行建筑节能通用规范的相关说明

1.5　华中地区

华中地区执行通用规范要求的省市主要包括河南省、湖南省和湖北省。

1.5.1　河南省执行通用规范的通知

河南省第十三届人民代表大会常务委员会已明确通过要使用《河南省绿色建筑条例》（图 1-22），针对本条例，河南省施工图审查也提出明确要求，具体内容如下：

发布《河南省绿色建筑条例》要求，在可行性研究报告或者项目申请报告中，应当包含建筑能耗、可再生能源利用及建筑碳排放分析报告，并明确绿色建筑等级和标准要求；委托设计时，应明确绿色建筑等级及标准要求。另外，郑州市、洛阳市、三门峡市住房和城乡建设局也明确要求提供碳排放分析报告，三门峡市另外要求提供碳排放计算专篇。

郑州市施工图审查要点，碳排放需满足《建筑节能与可再生能源利用通用规范》GB 55015—2021 第2.0.3条的要求。

洛阳市住房和城乡建设局明确提出，**自2022年4月1日起执行建筑节能通用规范的要求，本市行政区域内新建、改建和扩建民用建筑、设置供暖空调系统的工业建筑以及既有建筑节能改造工程，应严格执行节能通用规范进行设计、施工、验收**。2022年4月1日（含）之后提交审查的施工图文件应严格按照建筑节能通用规范进行审查，如图 1-23 所示。

河南省第十三届人民代表大会常务委员会
公告
第 75 号

《河南省绿色建筑条例》已经河南省第十三届人民代表
大会常务委员会第二十九次会议于 2021 年 12 月 28 日审议
通过，现予公布，自 2022 年 3 月 1 日起施行。

河南省人民代表大会常务委员会

图 1-22　河南省执行《河南省绿色建筑条例》的通知

洛阳市住房和城乡建设局文件

洛建〔2022〕15 号

洛阳市住房和城乡建设局
关于贯彻执行《建筑节能与可再生能源利用
通用规范》的通知

各县、区住房和城乡建设局，各建设、勘察、设计、施工、监理
单位，各施工图审查、工程质量检测机构：

国家标准《建筑节能与可再生能源利用通用规范》
（GB55015-2021）（以下简称《节能规范》）自 2022 年 4 月 1
日起实施。该规范为强制性工程建设规范，全部条文必须严格执
行。为做好《节能规范》在我市的贯彻落实，现将有关事宜明确
如下：

一、适用范围与时间节点

自 2022 年 4 月 1 日起，本市行政区域内新建、改建和扩建
民用建筑、设置供暖空调系统的工业建筑以及既有建筑节能改造
工程，应严格按照《节能规范》进行设计、施工、验收。2022
年 4 月 1 日（含）之后提交审查的施工图文件应严格按照《节能
规范》进行审查。

图 1-23　河南省洛阳市关于执行建筑节能通用规范的相关说明

三门峡市住房和城乡建设局也明确提出，自2022年4月1日起，执行建筑节能通用规范的要求，适用范围包括三门峡市城市规划区（包括湖滨区、陕州区、开发区、城乡一体化示范区）和各县（市）城区范围内。几点重要要求如下（图1-24、图1-25）：

（1）新建居住建筑节能率应不低于75%，新建公共建筑节能率应不低于72%。

（2）建设项目的建设方案和初步设计文件应包含建筑能耗、可再生能源利用及建筑碳排放分析报告。

（3）外墙保温工程应采用成套技术，并应具备同一供应商提供配套的组成材料和型式检验报告。

（4）新建建筑均应安装太阳能系统，根据实际需求和适用条件，为建筑物供电、供生活热水、供暖或（及）供冷。

三门峡市住房和城乡建设局文件

三建〔2022〕37号

三门峡市住房和城乡建设局
关于进一步明确我市新建民用建筑
节能标准的通知

各县（市、区）住房和城乡建设主管部门、各相关建筑业企业：

为落实国家有关节约能源、保护生态环境、应对气候变化的法律法规和碳达峰、碳中和决策部署。推动可再生能源利用，降低建筑碳排放，营造良好的建筑室内环境，满足建筑业高质量发展需要。根据《建筑节能与可再生能源利用通用规范》（GB 55015—2021）标准要求，结合我市实际，自2022年4月1日起，

图1-24 河南省三门峡市关于执行建筑节能通用规范的相关说明（一）

1.5.2 湖北省执行通用规范的通知

湖北省住房和城乡建设厅发文明确提出执行建筑节能通用规范，要求全省行政区域内新建、扩建和改建民用建筑（含公共建筑和居住建筑）、设置供暖空调系统的工业建筑以

一、新建居住建筑节能率应不低于75%，新建公共建筑节能率应不低于72%;

二、建设项目的建设方案和初步设计文件应包含建筑能耗、可再生能源利用及建筑碳排放分析报告;

三、外墙保温工程应采用成套技术，并应具备同一供应商提供配套的组成材料和型式检验报告;

四、新建建筑均应安装太阳能系统，根据实际需求和适用条件，为建筑物供电、供生活热水、供暖或（及）供冷。

其他未尽事宜，应严格按照《建筑节能与可再生能源利用通用规范》（GB55015—2021）标准执行（规范为强制性工程建设规范，全部条文必须严格执行）。现行工程建设标准相关强制性条文同时废止。现行工程建设标准中有关规定与该规范不一致的，以该规范的规定为准。

参建项目各建设、设计、图审、施工、监理单位应严格按照本文件要求执行。我局将对违反相关规定的在建项目参建各方主体，予以通报批评。情节严重的，记入黑名单，并依据《民用建筑节能条例》、《河南省绿色建筑条例》、《实施工程建设强制性标准监督规定》等相关法律规定，从重处罚。

自《建筑节能与可再生能源利用通用规范》（GB55015—2021）实施之日起，《三门峡市住房和城乡建设局关于新建居住建筑执行75%节能设计标准的通知》（三建〔2019〕396号）时废止。

2022年2月10日

图1-25　河南省三门峡市关于执行建筑节能通用规范的相关说明（二）

及既有建筑节能改造工程应按照《建筑节能与可再生能源利用通用规范》GB 55015—2021进行设计（含施工图审查）、施工、验收和运行管理，如图1-26所示。2022年8月1日之前，取得建设工程规划许可证的项目可执行以上该标准；2022年8月1日（含）之后取得建设工程规划许可证的项目，应严格执行该标准。

其中，设计与施工图审查要求如下：

关于实施《建筑节能与可再生能源利用通用规范》和《低能耗居住建筑节能设计标准》的通知

鄂建文〔2022〕16 号

各市、州、直管市、神农架林区住（城）建局：

近期，住建部颁布了国家标准《建筑节能与可再生能源利用通用规范》（GB 55015—2021），省住建厅、市场监管局联合发布了新修订的湖北省地方标准《低能耗居住建筑节能设计标准》（DB42/T 559—2022）。为进一步提升建筑能效水平，推动"双碳"目标和节能减排任务完成，现就执行上述两项标准相关事项通知如下：

一、执行时间和范围

1.国家标准《建筑节能与可再生能源利用通用规范》。该标准为全文强制性工程建设规范，已于 2022 年 4 月 1 日起开始执行。全省行政区域内新建、扩建和改建民用建筑（含公共建筑和居住建筑）、设置供暖空调系统的工业建筑以及既有建筑节能改造工程应按照《建筑节能与可再生能源利用通用规范》进行设计（含施工图审查）、施工、验收和运行管理。

图 1-26　湖北省关于执行建筑节能通用规范的相关说明（一）

（1）公共建筑、居住建筑和设置供暖空调系统工业建筑项目应按照《建筑节能与可再生能源利用通用规范》GB 55015—2021 要求，在可行性研究报告、建设方案和初步设计文件中，对建筑能耗、可再生能源利用及建筑碳排放进行分析，并出具专题报告。在施工图设计文件中，应明确建筑节能措施及可再生能源利用系统运行管理的技术要求。

（2）公共建筑项目应严格按照《建筑节能与可再生能源利用通用规范》GB 55015—2021 进行设计和施工图文件审查。通过审查的，施工图审查机构应及时向当地住建主管部门填报《公共建筑节能设计审查信息表》。

同时，湖北审图也提出明确要求（图1-27），要全面执行节能通用规范，在建筑节能设计专篇中，应增加建筑能耗、可再生能源利用和碳排放分析报告。

湖北审图要求

发布《关于实施〈建筑节能与可再生能源利用通用规范〉和〈低能耗居住建筑节能设计标准〉的通知》，要求全面执行《建筑节能与可再生能源利用通用规范》。在建筑节能设计专篇中应增加建筑能耗、可再生能源利用和碳排放分析报告。

图1-27 湖北省关于执行建筑节能通用规范的相关说明（二）

此外，武汉市城建局发文要求（图1-28），自2022年4月1日贯彻执行建筑节能通用规范，本市行政区域内新建、扩建和改建民用建筑、设置供暖空调系统的工业建筑以及既有建筑节能改造工程，应严格按照《节能规范》进行设计、施工、验收。2022年4月1日

武汉市城建局关于贯彻执行《建筑节能与可再生能源利用通用规范》的通知

各区（开发区）城建局（住建局），各建设、勘察、设计监理、施工单位和图审查机构：

国家标准《建筑节能与可再生能源利用通用规范》（GB 55015-2021）（以下简称《节能规范》）自2022年4月1日起实施。该规范为强制性工程建设规范，全部条文必须严格执行。为做好《节能规范》的贯彻实施，现将有关事项通知如下：

一、明确执行时间

自2022年4月1日起，本市行政区域内新建、扩建和改建民用建筑、设置供暖空调系统的工业建筑以及既有建筑节能改造工程，应严格按照《节能规范》进行设计、施工、验收。2022年4月1日（含）之后提交审查的施工图文件应严格按照《节能规范》进行审查。

图1-28 湖北省武汉市关于执行建筑节能通用规范的相关说明

（含）之后提交审查的施工图文件应严格按照《节能规范》进行审查。

其中，重点要求为，设计单位承担建筑节能工程质量设计主要责任。应严格按照《节能规范》进行设计，在建筑节能设计专篇中应增加建筑能耗、可再生能源利用及建筑碳排放的分析报告、建筑节能措施及可再生能源利用系统运行管理的技术要求。严格按照相关标准和政策设计选用外墙保温系统、节能门窗和可再生能源应用系统。

鄂州市住房和城乡建设局也提出明确要求（图1-29），自2022年4月1日起实施建筑节能通用规范，该规范为强制性工程建设规范，全部条文必须严格执行。本市行政区域内新建、扩建和改建民用建筑、设置供暖空调系统的工业建筑以及既有建筑节能改造工程，应严格按照《规范》进行设计、施工、验收；施工图设计文件应严格按照《规范》进行审查。

其中，设计单位承担建筑节能工程质量设计责任。应严格按照《规范》进行设计，在建筑节能设计专篇中应增加建筑能耗、可再生能源利用及建筑碳排放的分析报告、建筑节能措施及可再生能源利用系统运行管理的技术要求。严格按照相关标准和政策设计选用外墙保温系统、节能门窗和可再生能源应用系统。

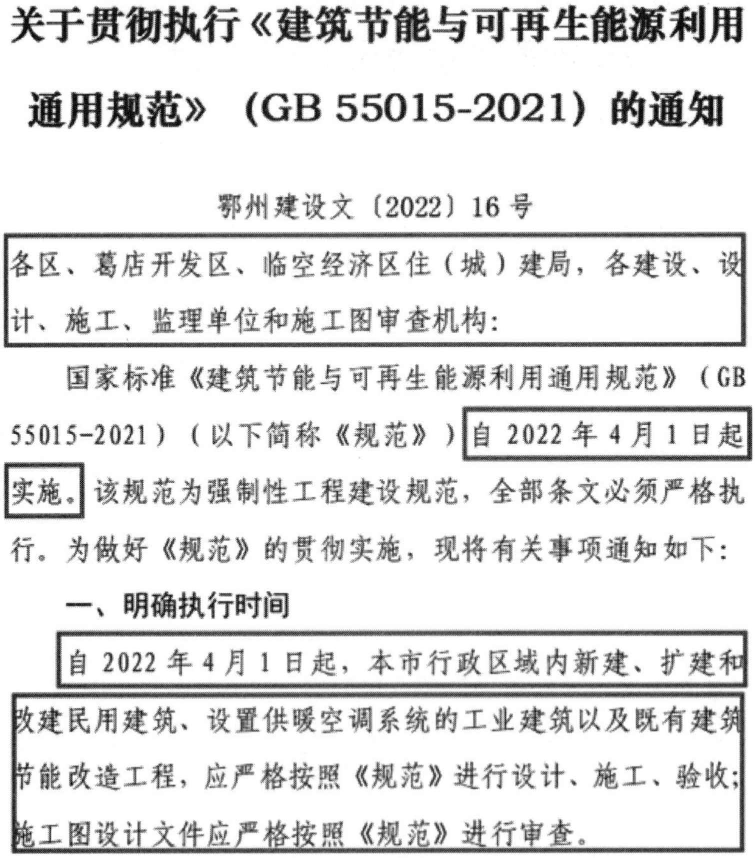

关于贯彻执行《建筑节能与可再生能源利用通用规范》（GB 55015-2021）的通知

鄂州建设文〔2022〕16号

各区、葛店开发区、临空经济区住（城）建局，各建设、设计、施工、监理单位和施工图审查机构：

国家标准《建筑节能与可再生能源利用通用规范》（GB 55015-2021）（以下简称《规范》）自2022年4月1日起实施。该规范为强制性工程建设规范，全部条文必须严格执行。为做好《规范》的贯彻实施，现将有关事项通知如下：

一、明确执行时间

自2022年4月1日起，本市行政区域内新建、扩建和改建民用建筑、设置供暖空调系统的工业建筑以及既有建筑节能改造工程，应严格按照《规范》进行设计、施工、验收；施工图设计文件应严格按照《规范》进行审查。

图1-29 湖北省鄂州市关于执行建筑节能通用规范的相关说明

1.5.3 湖南省执行通用规范的通知

《湖南省住房和城乡建设厅关于进一步强化建筑节能监管工作的通知》（湘建科〔2022〕11号），强调建筑节能通用规范的执行及送审需求，如图1-30所示。

湘建科〔2022〕11号

湖南省住房和城乡建设厅
关于进一步强化建筑节能监管工作的通知

各市州住房和城乡建设局，各有关单位：

为贯彻落实《湖南省绿色建筑发展条例》要求，加强建筑节能管理，降低建筑能源消耗，提高能源利用效率，切实保护百姓切身利益，结合我省实际，现就进一步加强建筑节能监管工作通知如下：

1. **健全建筑节能全过程工程质量安全监管体系。**各市州住房城乡建设主管部门要健全建筑节能工程建设、设计、审图、施工、能技术、产品和材料，不得擅自变更经审查合格的施工图设计文件，在施工现场显著位置公示建筑节能相关技术、设施设备、建筑材料等信息。在组织竣工验收时，应当对新建民用建筑项目是否符合《建筑节能与绿色建筑相关技术措施实施情况表》施工图设计文件和建筑节能标准进行查验，对不符合施工图设计文件和建筑节能标准的，不得出具竣工验收报告。在与物业承接查验时，应当对建筑节能与绿色建筑物业的共用部位和共用设施进行建档。房地产开发企业在房屋销售时应在买卖合同中载明节能措施和保护要求、保温隔热工程保修期等信息；**设计单位**对设计文件质量负责，严格落实节能相关设计标准，确保建筑碳排放强度和能耗指标满足国家标准相关要求，严禁采用国家、地方禁止的节能材料，不得缺项、漏项，不得依据检测报告进行参数取值，设计变更不得降低现行建筑节能标准；**施工图审查机构**对审图质量负责，严格按照现行国家、行业、地方节能标准和相关文件的要求进行审查，确保设计图、计算书、节能选材的一致，节能设计变更一律实行线上复核、图审。经审查不符合建筑节能标准的，不得出具施工图审查合格证书；**施工单位**对建筑节能施工质量负责，严格按照施工技术标准和审查合格的施工图编制建筑节能施

图1-30 湖南省关于执行建筑节能通用规范的相关说明

1.6 西北地区

西北地区执行通用规范要求的省市主要包括甘肃省、陕西省及新疆维吾尔自治区。

1.6.1 甘肃省执行通用规范的通知

甘肃省住房和城乡建设厅明确发布了自2022年4月1日起执行建筑节能通用规范的通知，重点要求如下（图1-31）：

甘肃省住房和城乡建设厅关于加强建筑节能、绿色建筑和装配式建筑工作的通知

甘建科〔2022〕78号

各市州住建局，兰州新区城交局，甘肃矿区建设局：

为深入贯彻落实党中央、国务院关于碳达峰、碳中和和能耗"双控"的决策部署，按照省委、省政府和住建部工作要求，立足新发展阶段，落实新发展理念，构建新发展格局，提升城乡建设绿色发展水平，全面完成工作目标任务，现就进一步做好建筑节能、绿色建筑和装配式建筑工作通知如下：

一、工作目标

2022年，新建建筑全面执行建筑节能强制性标准。城镇新建建筑中绿色建筑面积占比达到70%，各市州建设不少于2个绿色建筑或超低能耗建筑示范项目。兰州市、天水市装配式建筑占新建建筑面积的比例达到21%以上，其余各市州装配式建筑占新建建筑面积的比例达到16%以上。

1.严格执行建筑节能强制性标准。认真贯彻执行建筑节能有关法律法规及《建筑节能与可再生能源利用通用规范》（GB55015）、《严寒和寒冷地区居住建筑节能（75%）设计标准》（DB62/T3151）等规范标准，新建建筑全面执行建筑节能强制性标准，重点提高建筑门窗、外墙保温等关键部位部品节能性能，加强设计、审图、施工、检测、监理、竣工验收等环节节能质量管理，鼓励执行更高标准的超低能耗建筑、近零能耗建筑标准。开展超低能耗建筑、近零能耗建筑建设示范，探索发展零碳建筑。

图1-31 甘肃省关于执行建筑节能通用规范的相关说明（一）

1. 加强新建建筑能效提升

（1）严格执行建筑节能强制性标准。认真贯彻执行建筑节能有关法律法规及《建筑节能与可再生能源利用通用规范》GB 55015—2021、《严寒和寒冷地区居住建筑节能（75％）设计标准》DB62/T3151 等规范标准，**新建建筑全面执行建筑节能强制性标准，重点提高建筑门窗、外墙保温等关键部位部品节能性能**，加强设计、审图、施工、检测、监理、竣工验收等环节节能质量管理，鼓励执行更高标准的超低能耗建筑、近零能耗建筑标准。开展超低能耗建筑、近零能耗建筑建设示范，探索发展零碳建筑。

（2）大力推广建筑节能与结构一体化技术。加强对建筑节能与结构一体化技术的宣传、培训，在城镇新建建筑中应大力推广建筑节能与结构一体化技术应用。积极引导生产企业研发、引进建筑节能与结构一体化技术，提高工艺装备水平，完善质量保证体系。

（3）**扩大可再生能源建筑应用规模。大力推广太阳能、中深层地热能等可再生能源在建筑中规模化应用。**推进新建建筑太阳能光伏一体化设计、施工、安装，政府投资公益性建筑优先选用太阳能光伏应用。加装建筑光伏的，应保证建筑或设施结构安全、防火安全。

2. 推进绿色建筑规模化发展

（1）推动绿色建筑规模化发展。严格落实《甘肃省绿色建筑创建行动实施方案》（甘建科〔2020〕280 号），**新建公共建筑、各类政府投资民用建筑、新建 8 万平方米以上（含）的住宅小区、各类建设科技示范工程全面执行绿色建筑标准；建筑面积 1 万平方米以上（含）的政府投资公益性建筑，达到星级绿色建筑标准。**兰州市和其他有条件的市州，可结合自身实际，扩大新建建筑全面执行绿色建筑标准范围，确保 2022 年城镇新建建筑中绿色建筑面积占比达到 70％；2025 年，城镇新建建筑全面执行绿色建筑标准。

（2）加强高品质绿色建筑发展。推广建筑、结构、机电、装修等专业协同及设计、生产、采购全过程统筹的绿色建筑技术集成应用，鼓励建设高星级绿色建筑，制定《甘肃省绿色建筑标识管理办法》，开展绿色建筑标识认定。

3. 稳步推进既有建筑节能改造

（1）**持续推进既有居住建筑节能改造工作。**各市州要结合清洁取暖、城镇老旧小区改造等，积极推广业主单位和供热企业为主体、管线单位共建、住宅维修基金补充、受益居民参与的多元筹资的既有居住建筑节能改造模式，持续推进建筑用户侧能效提升改造，鼓励既有居住建筑开展绿色化改造。

（2）推广公共建筑改造采用合同能源管理模式。强化公共建筑用能管理，推进产融合作和金融创新服务。公共建筑和公益性建筑应当率先进行节能改造，鼓励按照合同能源管理模式实施节能运行管理。

甘肃省审图也提出明确要求，要全面执行建筑节能通用规范，并且碳排放分析报告、碳排放强度应满足《建筑节能与可再生能源利用通用规范》GB 55015—2021 第 2.0.3 条的要求，如图 1-32 所示。

甘肃审图要求

发布《关于加强建筑节能、绿色建筑和装配式建筑工作的通知》，要求全面执行《建筑节能与可再生能源利用通用规范》。

审图公司要求补充：碳排放分析报告、碳排放强度应满足《通用规范》2.0.3 条要求。

图 1-32　甘肃省关于执行建筑节能通用规范的相关说明（二）

1.6.2　陕西省执行通用规范的通知

陕西省住房和城乡建设厅明确发布了自 2022 年 4 月 1 日起执行建筑节能通用规范的通知，重点要求如下（图 1-33）：

关于贯彻执行新版建设工程勘察设计规范的通知

陕建发〔2022〕3 号

各设区市、杨凌示范区住房和城乡建设局，韩城市，神木市，府谷县住房和城乡建设局，商洛市自然资源局，各有关勘察设计单位，施工图审查机构：

近日，住建部发布了《市容环卫工程项目规范》等 22 部全文强制性条文的建设工程勘察设计规范（以下简称"新版规范"，详见附件）。为确保新版规范贯彻实施，实现新旧规范的顺利过渡，加强工程建设质量管理工作，现将我省勘察设计和施工图设计文件联合审查执行新版规范有关事项通知如下：

一、从新版规范实施之日起，全省尚未取得《建设工程规划许可证》（在有效期内）的新建项目初步设计文件，施工图设计（含消防设计）文件的编制和审查应按照新版规范执行。

图 1-33　陕西省关于执行建筑节能通用规范的相关说明

（1）从新版规范实施之日起，全省尚未取得《建设工程规划许可证》（在有效期内）的新建项目初步设计文件，施工图设计（含消防设计）文件的编制和审查应按照新版规范执行。

（2）从新版规范实施之日起，已开工建设，后续取得《建设工程规划许可证》的项目，按照《关于做好工程建设项目设计审查适用国家工程建设标准衔接工作的通知》（陕建发〔2021〕246 号）执行。

（3）从新版规范实施之日起，工程建设标准设计中与新版规范不符的内容，视为无效，不得在勘察设计文件中采用，不得作为施工图审查的参考依据，地方标准规范中低于新版规范要求的应按新版规范要求执行。

1.7 西南地区

西南地区对执行通用规范要求的省市主要包括贵州省、四川省及重庆市。

1.7.1 重庆市执行通用规范的通知

重庆市住房和城乡建设委员会明确自 2022 年 4 月 1 日起，增加主城都市区除中心城区以外的其他区级行政单位范围内取得《项目可行性研究报告批复》的政府投资或以政府投资为主的新建公共建筑和取得《企业投资备案证》的社会投资建筑面积 2 万平方米及以上的大型公共建筑，应满足二星级及以上绿色建筑标准要求，如图 1-34 所示。

自 2022 年 4 月 1 日起，通过施工图审查或因设计变更等原因需重新开展方案设计或初步设计的全市城镇规划区范围内新建、改建、扩建民用建筑及工业建筑应执行《建筑节能与可再生能源利用通用规范》GB 55015—2021、《建筑环境通用规范》GB 55016—2021，同时应执行重庆市绿色建筑设计标准"绿色设计"内容（总建筑面积 1000m² 及以下的公共建筑可不执行"绿色设计"的内容）。

重点要求如下：

1. 提升建筑能效水平

（1）大力发展节能低碳建筑。编制公共建筑节能 78％、居住建筑节能 75％设计标准，建立超低能耗建筑技术支撑体系。鼓励全市范围内新建民用建筑执行更高节能标准，大力推动超低能耗建筑、近零能耗建筑和零能耗建筑试点示范。

（2）推进既有建筑绿色化改造。健全既有公共建筑绿色化改造管理机制，增加既有公共建筑实施水资源利用、室内外环境优化、可再生能源应用等绿色化改造技术措施，推进既有公共建筑由节能改造向绿色化改造转变。

（3）强化绿色建筑与节能闭合监管制度。修订发布《重庆市建筑能效（绿色建筑）测评与标识管理办法》和《重庆市建筑能效（绿色建筑）测评与标识技术导则》，保障建筑能效提升实施效果。根据新修订的《重庆市房屋建筑和市政基础设施工程竣工联合验收管

重庆市住房和城乡建设委员会

关于做好2022年全市绿色建筑与节能工

作的通知

渝建绿建〔2022〕3号

各区县（自治县）住房城乡建委，两江新区、重庆高新区、万盛经开区、重庆经开区、双桥经开区建设局，有关单位：

为贯彻落实《关于推动城乡建设绿色发展的意见》（中办发〔2021〕37号）和《关于完整准确全面贯彻新发展理念做好碳达峰碳中和工作的意见》（中发〔2021〕36）文件精神，推动我市住房城乡建设绿色发展，如期完成建设领域碳达峰任务目标，现结合《重庆市绿色建筑"十四五"规划（2021—2025年）》，对2022年全市绿色建筑与节能工作通知如下。

图1-34 重庆市关于执行建筑节能通用规范的相关说明

理办法》要求，及时调整建筑能效（绿色建筑）测评办理要求，确保实施质量。

2. 调整建筑用能结构

（1）推动可再生能源建筑应用。建立可再生能源示范项目激励机制，因地制宜推动广阳岛智创生态城、九龙半岛、音乐半岛等重点区域条件适宜项目，开展以江水源热泵技术为主的可再生能源区域集中供冷供热项目建设。编制太阳能与建筑一体化应用技术标准和图集，推动太阳能系统规范化、规模化应用。

（2）加大能耗监测平台应用力度。进一步提高重庆市国家机关办公建筑和大型公共建筑节能监管平台能耗监测能力，制定和完善平台系统建设和运维管理方面的政策和制度，加强平台数据分析及应用，逐步建立能耗限额、能耗定额机制。

3. 提升绿色建筑建设品质

（1）改进绿色建筑标识管理。落实《重庆市绿色建筑标识管理办法》，增设项目入库管理环节，不再设置项目设计和运行标识，统一调整为项目竣工验收通过后由市、区县两级住房城乡建设主管部门分别认定和授予国家二星级、一星级绿色建筑标识。2022 年，主城都市区中心城区新建绿色建筑占新建建筑的比例不低于 90%，其他区级行政单位占比不低于 50%，县级行政单位占比不低于 40%。主城都市区实施星级绿色建筑项目（含绿色生态住宅小区）不少于 3 个，其他各区县实施星级绿色建筑项目（含绿色生态住宅小区）不少于 2 个。

（2）推动绿色建筑与建筑产业化深度融合。严格执行《关于禁限民用建筑外墙外保温工程有关技术要求的通知》（渝建绿建〔2021〕8 号）相关规定，大力发展非承重墙体砌块自保温、结构与保温一体化、预制保温外墙板等墙体自保温技术，并结合装配化装修推广墙体内保温技术应用体系。

1.7.2 四川省执行通用规范的通知

四川省住房和城乡建设厅明确发布了自 2022 年 4 月 1 日起执行建筑节能通用规范的通知，四川省行政区域内取得建设工程规划许可证的项目应严格执行《建筑环境通用规范》GB 55016—2021、《建筑节能与可再生能源利用通用规范》GB 55015—2021。现行地方标准中有关条文与其不一致的，应严格按照国家标准相关要求执行，如图 1-35 所示。

同时，四川省审图也明确发布了执行建筑节能通用规范的通知，如图 1-36 所示。

另外，遂宁市住房和城乡建设局也明确发布了自 2022 年 4 月 1 日起执行建筑节能通用规范的通知，并指出现行地方标准中有关条文与其不一致的，应严格按照国家标准相关要求执行到位（图 1-37）。要突出其技术性法规的性质，从新建建筑节能设计、既有建筑节能、可再生能源利用三个方面，明确了设计、施工、调试、验收和运行管理的强制性指标及基本要求，均为国家强制性工程建设标准。

1.7.3 贵州省执行通用规范的通知

贵州省住房和城乡建设厅明确发布了自 2022 年 4 月 1 日起执行建筑节能通用规范的通知，对新建、扩建、改建建筑以及既有建筑节能改造工程的建筑节能与可再生能源建筑应用系统的设计、施工、验收及运行管理作出了要求（图 1-38）。重点是节能率要达到建筑节能通用规范的要求，以及该标准的 2.0.5 条、5.2.1 条和 5.2.4 条中关于可再生能源利用的要求。

同时，六盘水市住房和城乡建设局也明确发布了自 2022 年 4 月 1 日起执行建筑节能通用规范的通知，要求新建、扩建和改建建筑以及既有节能改造工程的建筑节能与可再生能源应用系统的设计、施工、验收及运行管理必须严格执行。重点要求如图 1-39 所示的框选区域，主要是节能率和碳排放以及可再生能源利用的要求。

关于全面执行《建筑环境通用规范》《建筑节能与可再生能源利用通用规范》的通知

川建勘设科函〔2022〕636号

2021年住房城乡建设部发布了《建筑节能与可再生能源利用通用规范》(GB55015-2021),该标准为国家强制性工程建设标准。根据住房城乡建设部《实施工程建设强制性标准监督规定》(建设部令第81号)相关规定,"在中华人民共和国境内从事新建、扩建、改建等工程建设活动,必须执行工程建设强制性标准"。 为确保严格执行《建筑节能与可再生能源利用通用规范》(GB55015-2021),今年3月8日,我厅印发了《关于全面执行〈建筑环境通用规范〉〈建筑节能与可再生能源利用通用规范〉的通知》(川建勘设科函[2022]636号),明确"自2022年4月1日起,四川省行政区域内取得建设工程规划许可证的项目应严格执行《建筑环境通用规范》(GB55016-2021)、《建筑节能与可再生能源利用通用规范》(GB5015-2021)。现行地方标准中有关条文与其不一致的,应严格按照国家标准相关要求执行"。

2、自2022年4月1日起,增加主城都市区除中心城区以外的其他区级行政单位范围内取得《项目可行性研究报告批复》的政府投资或以政府投资为主的新建公共建筑和取得《企业投资备案证》的社会投资建筑面积2万平方米及以上的大型公共建筑应满足二星级及以上绿色建筑标准要求。

3、自2022年4月1日起,通过施工图审查或因设计变更等原因需重新开展方案设计或初步设计的全市城镇规划区范围内新建、改建、扩建民用建筑及工业建筑应执行《建筑节能与可再生能源利用通用规范》GB55015-2021、《建筑环境通用规范》GB55016-2021,同时应执行我市绿色建筑设计标准"绿色设计"内容(总建筑面积1000平方米及以下的公共建筑可不执行"绿色设计"的内容)。

图1-35 四川省关于执行建筑节能通用规范的相关说明(一)

四川审图要求

发布《关于加强建筑节能设计质量管理的通知》，加大标准执行情况检查力度，制定《施工图审查意见表》，逐项列出节能审查要点（如建筑与维护结构、供暖通风和空调、电气、给水排水及燃气、可再生能源应用、碳排对比分析情况）。

图 1-36　四川省关于执行建筑节能通用规范的相关说明（二）

遂宁市住房和城乡建设局

遂宁市住房和城乡建设局
关于执行《建筑环境通用规范》《建筑节能与可再生能源利用通用规范》有关事宜的通知

各县（市、区）、市直各园区建设行政主管部门，各有关单位：

《建筑环境通用规范》（GB55016-2021）、《建筑节能与可再生能源利用通用规范》（GB5015-2021）已于 2022 年 4 月 1 日执行，根据实际情况，现将我市执行规范的相关要求通知如下。

一、遂宁市行政区域范围内，2022 年 4 月 1 日（含）以后取得建设工程规划许可证的建筑项目，应全面执行《建筑环境通用规范》（GB55016-2021）、《建筑节能与可再生能源利用通用规范》（GB5015-2021），现行地方标准中有关条文与其不一致的，应严格按照国家标准相关要求执行到位。

图 1-37　四川省遂宁市关于执行建筑节能通用规范的相关说明

贵州省住房和城乡建设厅

关于转发《住房和城乡建设部关于发布国家标准<建筑节能与可再生能源利用通用规范>的公告》的通知

各市（州）、贵安新区住房和城乡建设局,各县（市、区）住房和城乡建设局，各有关单位：

《中共中央 国务院关于完整准确全面贯彻新发展理念做好碳达峰碳中和工作的意见》（中发〔2021〕36号）《国务院关于印发2030年前碳达峰行动方案的通知》（国发〔2021〕23号）要求，碳达峰碳中和落实情况纳入中央和省级生态环境保护督察。为执行国家有关节约能源、保护生态环境、应对气候变化的法律、法规，落实碳达峰、碳中和决策部署，提高能源资源利用效率，推动可再生能源利用，降低建筑碳排放，营造良好的建筑室内环境，满足经济社会高质量发展的需要，住房和城乡建设部发布了《建筑节能与可再生能源利用通用规范》(GB55015-2021)国家强制性工程建设规范（以下简称《规范》），该《规范》将于2022年4月1日起实施。《规范》对新建、扩建和改建建筑以及既有建筑节能改造工程的建筑节能与可再生能源建筑应用系统的设计、施工、验收及运行管理作出了要求，例如：

图 1-38 贵州省关于执行建筑节能通用规范的相关说明

六盘水市住房和城乡建设局关于严格执行《建筑节能与可再生能源利用通用规范》的通知

来源：市住房和城乡建设局　发布时间：2022-03-02 16:25 访问量：34次 字体:[小 中 大]

二、全面实施新建、扩建和改建建筑以及既有建筑节能改造工程的建筑节能与可再生能源利用

自 2022 年 4 月 1 日起，新建、扩建和改建建筑以及既有建筑节能改造工程的建筑节能与可再生能源应用系统的设计、施工、验收及运行管理必须严格执行《规范》。2022 年 4 月 1 日前报送施工图审查的项目以及 2022 年 4 月 1 日前已通过审查需进行设计变更的项目，可仍延用执行原节能设计标准，鼓励按《规范》进行设计。

（一）新建居住建筑和公共建筑平均设计能耗水平应在 2016 年执行的节能设计标准的基础上分别降低 30% 和 20%。我市气候区为温和 A 区，居住建筑平均节能率应为 65%，公共建筑平均节能率应为 72%。

（二）新建的居住和公共建筑碳排放强度应分别在 2016 年执行的节能设计标准的基础上平均降低 40%，碳排放强度平均降低 7kgCO$_2$/（m^2·a）以上。

（三）新建建筑群及建筑的总体规划应为可再生能源利用创造条件，并应有利于冬季增加日照和降低冷风对建筑影响，夏季增强自然通风和减轻热岛效应。

（四）新建、扩建和改建建筑以及既有建筑节能改造均应进行建筑节能设计。建筑项目可行性研究报告、建设方案和初步设计文件应包含建筑能耗、可再生能源利用及建筑碳排放分析报告。施工图设计文件应明确建筑节能措施及可再生能源利用系统运营管理的技术要求。

（五）新建建筑应安装太阳能系统。

（六）太阳能建筑一体化应用系统的设计应与建筑设计同步完成。建筑物上安装太阳能系统不得降低相邻建筑的日照标准。

图 1-39　贵州省六盘水市关于执行建筑节能通用规范的相关说明

第 2 章　执行通用规范的时间节点

各地执行通用规范的时间节点及发布来源如表 2-1 所示。

关于国家及各省市执行通用规范的时间节点及发布来源　　　　表 2-1

地理划分	全国及省份	地市	文件通知	执行节点	关键项目节点	来源
全国		全国	关于发布国家标准《建筑节能与可再生能源利用通用规范》的公告	2022.04.01	—	住房和城乡建设部
华北地区	北京市	全市	关于进一步明确施工图审查执行新标准时间的通知	2022.04.01	地方标准按照报规时间,通用规范具体看审查要求	北京市规划和自然资源委员会
	河北省	全省	关于印发 2022 年全省建筑节能与科技工作要点的通知	2022.04.01	施工图送审时间	河北省住房和城乡建设厅
	内蒙古自治区	全省	关于执行《建筑节能与可再生能源利用通用规范》的通知	2022.04.01	施工图送审时间	内蒙古自治区住房和城乡建设厅
	山西省	全省	关于印发《2022 年建设科技与标准定额工作要点》的通知	2022.04.01	施工图送审时间	山西省住房和城乡建设厅
东北地区	辽宁省	大连市	关于印发《大连市 2022 年绿色建筑工作要点》;《大连市 2022 年装配式建筑建设工作要求》的通知	2022.04.01	施工图送审时间	大连市住房和城乡建设局
华东地区	上海市	全市	关于贯彻执行《建筑节能与可再生能源利用通用规范》的通知	2022.08.01	2022 年 8 月 1 日(含)之后施工图送审	上海市住房和城乡建设管理委员会
	安徽省	全省	安徽省"十四五"建筑节能与绿色建筑发展规划	2022.04.01	施工图送审时间	安徽省住房和城乡建设厅
	江苏省	南京市	关于执行 GB 55015—2021 第 2.0.3 条的相关要求	2022.04.01	施工图送审时间	南京市审图中心
		南通市	关于《建筑节能与可再生能源利用通用规范》GB 55015—2021 实施有关问题的会议纪要	2022.04.01	施工图送审时间	南通市住房和城乡建设局
	福建省	全省	关于进一步明确房屋建筑和市政基础设施工程施工图设计文件执行工程建设规范标准有关要求的通知	2022.04.01	设计合同时间	福建省住房和城乡建设厅

地理划分	全国及省份	地市	文件通知	执行节点	关键项目节点	来源
华南地区	广东省	全省	广东省建筑节能与绿色建筑发展"十四五"规划	2022.04.01	建设工程规划许可证时间	广东省住房和城乡建设厅
		深圳市	关于新建工程的勘察、设计和施工适用新版国家强制性工程建设规范有关事宜的指导函	2022.04.01	设计合同时间（注：其中福田区是取得建设工程规划许可证时间）	深圳市住房和建设局
	海南省	三亚市	关于印发《2022年三亚市建筑节能、绿色建筑、装配式建筑工作要点》的通知	2022.04.01	施工图送审时间	三亚市住房和城乡建设局
华中地区	湖北省	全省	关于实施《建筑节能与可再生能源利用通用规范》和《低能耗居住建筑节能设计标准》的通知	2022.04.01	2022年8月1日（含）之后取得建设工程规划许可证的项目	湖北省住房和城乡建设厅
		武汉市	关于贯彻执行《建筑节能与可再生能源利用通用规范》的通知	2022.04.01	施工图送审时间	武汉市城乡建设局
		鄂州市	关于贯彻执行《建筑节能与可再生能源利用通用规范》（GB 55015—2021）的通知	2022.04.01	施工图送审时间	鄂州市住房和城乡建设局
	湖南省	全省	关于进一步强化建筑节能监管工作的通知	2022.04.01	施工图送审时间	湖南省住房和城乡建设厅
	河南省	洛阳市	关于贯彻执行《建筑节能与可再生能源利用通用规范》的通知	2022.04.01	施工图送审时间	洛阳市住房和城乡建设局
		三门峡市	关于进一步明确我市新建民用建筑节能标准的通知	2022.04.01	施工图送审时间	三门峡市住房和城乡建设局
西北地区	甘肃省	全省	关于加强建筑节能、绿色建筑和装配式建筑工作的通知	2022.04.01	施工图送审时间	甘肃省住房和城乡建设厅
	陕西省	全省	关于贯彻执行新版建设工程勘察设计规范的通知	2022.04.01	建设工程规划许可证时间	陕西省住房和城乡建设厅
西南地区	重庆市	全市	关于做好2022年全市绿色建筑与节能工作的通知	2022.04.01	施工图送审时间或因设计变更等原因需重新开展方案设计或初步设计	重庆市住房和城乡建设委员会
	四川省	全省	关于全面执行《建筑环境通用规范》《建筑节能与可再生能源利用通用规范》的通知	2022.04.01	建设工程规划许可证时间	四川省住房和城乡建设厅
	贵州省	全省	关于转发《住房和城乡建设部关于发布国家标准〈建筑节能与可再生能源利用通用规范〉的公告》的通知	2022.04.01	设计合同时间	贵州省住房和城乡建设厅

第3章 《建筑节能与可再生能源利用通用规范》与2016年执行的标准对比

在建筑节能通用规范与国家和行业标准对比之前，我们应该厘清两者之间的关系。建筑节能通用规范是"底线"，所有地方的所有项目均应满足通用规范的要求。以下通过各气候区中公共建筑和居住建筑标准差异对比，详细剖析了建筑节能通用规范执行后围护结构热工性能、权衡限值及相关指标对比及其提升比例。

3.1 全面提升各气候区节能设计水平

《建筑节能与可再生能源利用通用规范》GB 55015—2021（以下简称《通用规范》）基本规定第2.0.1条中，要求新建居住和公共建筑平均设计能耗水平应在2016年执行的节能设计标准基础上分别降低30%和20%（图3-1）：

类别	《通用规范》	2016年现行国家标准和行业标准	提升
公共建筑		GB 50189—2015	整体提升20%以上
夏热冬冷居建		JGJ 134—2010	整体提升30%以上
夏热冬暖居建	GB 55015—2021	JGJ 75—2012	整体提升30%以上
温和居建		云贵两省常用建筑构造	整体提升30%以上
严寒寒冷居建		JGJ 26—2018	与现行行业标准持平

图3-1 《通用规范》与2016年国家标准和行业标准对比

（1）严寒和寒冷地区居住建筑平均节能率应为75%；

（2）其他气候区居住建筑平均节能率应为65%；

（3）公共建筑平均节能率应为72%。

其中，2016年现行国家标准和行业标准如下：

（1）《严寒和寒冷地区居住建筑节能设计标准》JGJ 26—2018；

（2）《夏热冬冷地区居住建筑节能设计标准》JGJ 134—2010；

（3）《夏热冬暖地区居住建筑节能设计标准》JGJ 75—2012；

（4）《公共建筑节能设计标准》GB 50189—2015。

由于 2016 年温和地区居住建筑节能设计尚无行业标准，该地区以调研获得的云南省和贵州省两省常用建筑构造作为比较的基准。

3.2　严寒寒冷地区《通用规范》与 2016 年执行的公共建筑/居住建筑标准对比

严寒 A 区，主要包括黑龙江省部分地区、青海省部分地区、西藏自治区部分地区、四川省部分地区。严寒 B 区，主要包括黑龙江省部分地区、内蒙古自治区部分地区、青海省、西藏自治区部分地区、新疆维吾尔自治区部分地区。严寒 C 区，主要包括甘肃省部分地区、河北省部分地区、吉林省、辽宁省、内蒙古自治区、青海省部分地区、山西省部分地区、四川省部分地区、新疆维吾尔自治区部分地区。寒冷 A 区，主要包括甘肃省、贵州省部分地区、河北省、河南省部分地区、山东省部分地区、山西省、陕西省、四川省部分地区、西藏自治区、新疆维吾尔自治区。寒冷 B 区，主要包括北京市、河南省部分地区、山东省部分地区、山西省部分地区、陕西省部分地区、天津市。

3.2.1　公共建筑

针对公共建筑，开展《通用规范》与《公共建筑节能设计标准》GB 50189—2015 的对比。以下表格中的提升比例中，正值表示提升，"0"表示要求不变。

1. 严寒地区甲类公共建筑围护结构热工对比

（1）不透光围护结构标准热工限值对比（表 3-1）

关于严寒地区甲类公共建筑不透光围护结构热工性能参数对比　　　表 3-1

围护结构	热工分区	体形系数范围 S	《公共建筑节能设计标准》GB 50189—2015	《建筑节能与可再生能源利用通用规范》GB 55015—2021	提升比例
屋面 K[W/(m²·K)]	严寒 A/B	S≤0.30	≤0.28	≤0.25 ↑	11%
		0.30<S≤0.50	≤0.25	≤0.20 ↑	20%
	严寒 C	S≤0.30	≤0.35	≤0.30 ↑	14%
		0.30<S≤0.50	≤0.28	≤0.25 ↑	11%
外墙 K[W/(m²·K)]	严寒 A/B	S≤0.30	≤0.38	≤0.35 ↑	8%
		0.30<S≤0.50	≤0.35	≤0.30 ↑	14%
	严寒 C	S≤0.30	≤0.43	≤0.38 ↑	12%
		0.30<S≤0.50	≤0.38	≤0.35 ↑	8%
底部接触室外空气的架空或外挑楼板 K[W/(m²·K)]	严寒 A/B	S≤0.30	≤0.38	≤0.35 ↑	8%
		0.30<S≤0.50	≤0.35	≤0.30 ↑	14%
	严寒 C	S≤0.30	≤0.43	≤0.38 ↑	12%
		0.30<S≤0.50	≤0.38	≤0.35 ↑	8%

续表

围护结构	热工分区	体形系数范围 S	《公共建筑节能设计标准》GB 50189—2015	《建筑节能与可再生能源利用通用规范》GB 55015—2021	提升比例
地下车库与供暖房间之间的楼板 $K[\mathrm{W}/(\mathrm{m}^2 \cdot \mathrm{K})]$	严寒 A/B	$S \leqslant 0.30$	$\leqslant 0.50$	$\leqslant 0.50$	0
		$0.30 < S \leqslant 0.50$	$\leqslant 0.50$	$\leqslant 0.50$	0
	严寒 C	$S \leqslant 0.30$	$\leqslant 0.70$	$\leqslant 0.70$	0
		$0.30 < S \leqslant 0.50$	$\leqslant 0.70$	$\leqslant 0.70$	0
非供暖楼梯间与供暖房间之间的隔墙 $K[\mathrm{W}/(\mathrm{m}^2 \cdot \mathrm{K})]$	严寒 A/B		$\leqslant 1.20$	$\leqslant 0.80$ ↑	33%
	严寒 C		$\leqslant 1.50$	$\leqslant 1.00$ ↑	33%
周边地面热阻 R $[(\mathrm{m}^2 \cdot \mathrm{K})/\mathrm{W}]$	严寒		$\geqslant 1.10$	$\geqslant 1.10$	0
供暖地下室与土壤接触的外墙热阻 R $[(\mathrm{m}^2 \cdot \mathrm{K})/\mathrm{W}]$	严寒		$\geqslant 1.10$	$\geqslant 1.50$ ↑	27%
变形缝 R $[(\mathrm{m}^2 \cdot \mathrm{K})/\mathrm{W}]$	严寒		$\geqslant 1.20$	$\geqslant 1.20$	0

（2）透光围护结构标准热工限值对比（表 3-2）

关于严寒地区甲类公共建筑透光围护结构热工性能参数对比　　　　表 3-2

围护结构	热工分区	窗墙面积比 C_m	体形系数范围 S	《公共建筑节能设计标准》GB 50189—2015	《建筑节能与可再生能源利用通用规范》GB 55015—2021	提高比例
单一立面外窗 K $[\mathrm{W}/(\mathrm{m}^2 \cdot \mathrm{K})]$	严寒 A/B	$C_m \leqslant 0.2$	$S \leqslant 0.30$	$\leqslant 2.70$	$\leqslant 2.50$ ↑	7%
			$0.30 < S \leqslant 0.50$	$\leqslant 2.50$	$\leqslant 2.20$ ↑	12%
		$0.2 < C_m \leqslant 0.3$	$S \leqslant 0.30$	$\leqslant 2.50$	$\leqslant 2.30$ ↑	8%
			$0.30 < S \leqslant 0.50$	$\leqslant 2.30$	$\leqslant 2.00$ ↑	13%
		$0.3 < C_m \leqslant 0.4$	$S \leqslant 0.30$	$\leqslant 2.20$	$\leqslant 2.00$ ↑	9%
			$0.30 < S \leqslant 0.50$	$\leqslant 2.00$	$\leqslant 1.60$ ↑	20%
		$0.4 < C_m \leqslant 0.5$	$S \leqslant 0.30$	$\leqslant 1.90$	$\leqslant 1.70$ ↑	11%
			$0.30 < S \leqslant 0.50$	$\leqslant 1.70$	$\leqslant 1.50$ ↑	12%
		$0.5 < C_m \leqslant 0.6$	$S \leqslant 0.30$	$\leqslant 1.60$	$\leqslant 1.40$ ↑	13%
			$0.30 < S \leqslant 0.50$	$\leqslant 1.40$	$\leqslant 1.30$ ↑	7%
		$0.6 < C_m \leqslant 0.7$	$S \leqslant 0.30$	$\leqslant 1.50$	$\leqslant 1.40$ ↑	7%
			$0.30 < S \leqslant 0.50$	$\leqslant 1.40$	$\leqslant 1.30$ ↑	7%
		$0.7 < C_m \leqslant 0.8$	$S \leqslant 0.30$	$\leqslant 1.40$	$\leqslant 1.30$ ↑	7%
			$0.30 < S \leqslant 0.50$	$\leqslant 1.30$	$\leqslant 1.20$ ↑	8%
		$C_m > 0.8$	$S \leqslant 0.30$	$\leqslant 1.30$	$\leqslant 1.20$ ↑	8%
			$0.30 < S \leqslant 0.50$	$\leqslant 1.20$	$\leqslant 1.10$ ↑	8%

围护结构	热工分区	窗墙面积比 C_m	体形系数范围 S	《公共建筑节能设计标准》GB 50189—2015	《建筑节能与可再生能源利用通用规范》GB 55015—2021	提高比例
单一立面外窗 K $[W/(m^2 \cdot K)]$	严寒 C	$C_m \leqslant 0.2$	$S \leqslant 0.30$	$\leqslant 2.90$	$\leqslant 2.70$ ↑	**7%**
			$0.30 < S \leqslant 0.50$	$\leqslant 2.70$	$\leqslant 2.50$ ↑	**7%**
		$0.2 < C_m \leqslant 0.3$	$S \leqslant 0.30$	$\leqslant 2.60$	$\leqslant 2.40$ ↑	**8%**
			$0.30 < S \leqslant 0.50$	$\leqslant 2.40$	$\leqslant 2.00$ ↑	**17%**
		$0.3 < C_m \leqslant 0.4$	$S \leqslant 0.30$	$\leqslant 2.30$	$\leqslant 2.10$ ↑	**9%**
			$0.30 < S \leqslant 0.50$	$\leqslant 2.10$	$\leqslant 1.90$ ↑	**10%**
		$0.4 < C_m \leqslant 0.5$	$S \leqslant 0.30$	$\leqslant 2.00$	$\leqslant 1.70$ ↑	**15%**
			$0.30 < S \leqslant 0.50$	$\leqslant 1.70$	$\leqslant 1.60$ ↑	**6%**
		$0.5 < C_m \leqslant 0.6$	$S \leqslant 0.30$	$\leqslant 1.70$	$\leqslant 1.50$ ↑	**12%**
			$0.30 < S \leqslant 0.50$	$\leqslant 1.50$	$\leqslant 1.50$	0
		$0.6 < C_m \leqslant 0.7$	$S \leqslant 0.30$	$\leqslant 1.70$	$\leqslant 1.50$ ↑	**12%**
			$0.30 < S \leqslant 0.50$	$\leqslant 1.50$	$\leqslant 1.50$	0
		$0.7 < C_m \leqslant 0.8$	$S \leqslant 0.30$	$\leqslant 1.50$	$\leqslant 1.40$ ↑	**7%**
			$0.30 < S \leqslant 0.50$	$\leqslant 1.40$	$\leqslant 1.40$	0
		$C_m > 0.8$	$S \leqslant 0.30$	$\leqslant 1.40$	$\leqslant 1.30$ ↑	**7%**
			$0.30 < S \leqslant 0.50$	$\leqslant 1.30$	$\leqslant 1.20$ ↑	**8%**
天窗 K		严寒 A/B		$\leqslant 2.20$	$\leqslant 1.80$ ↑	**18%**
		严寒 C		$\leqslant 2.30$	$\leqslant 2.30$	0

2. 寒冷地区甲类公共建筑围护结构热工对比

（1）不透光围护结构标准热工限值对比（表3-3）

关于寒冷地区甲类公共建筑不透光围护结构热工性能参数对比　　　　表3-3

围护结构	体形系数范围 S	《公共建筑节能设计标准》GB 50189—2015	《建筑节能与可再生能源利用通用规范》GB 55015—2021	提升比例
屋面 $K[W/(m^2 \cdot K)]$	$S \leqslant 0.30$	$\leqslant 0.45$	$\leqslant 0.40$ ↑	**11%**
	$0.30 < S \leqslant 0.50$	$\leqslant 0.40$	$\leqslant 0.35$ ↑	**13%**
外墙（包含非透光幕墙）$K[W/(m^2 \cdot K)]$	$S \leqslant 0.30$	$\leqslant 0.50$	$\leqslant 0.50$	0
	$0.30 < S \leqslant 0.50$	$\leqslant 0.45$	$\leqslant 0.45$	0
底部接触室外空气架空或外挑楼板 $K[W/(m^2 \cdot K)]$	$S \leqslant 0.30$	$\leqslant 0.50$	$\leqslant 0.50$	0
	$0.30 < S \leqslant 0.50$	$\leqslant 0.45$	$\leqslant 0.45$	0
地下车库与供暖房间之间的楼板 $K[W/(m^2 \cdot K)]$		$\leqslant 1.00$	$\leqslant 1.00$	0
非供暖楼梯间与供暖房间之间的隔墙 $K[W/(m^2 \cdot K)]$		$\leqslant 1.50$	$\leqslant 1.20$ ↑	**20%**
周边地面热阻 R		$\geqslant 0.60$	$\geqslant 0.60$	0

续表

围护结构	体形系数范围 S	《公共建筑节能设计标准》GB 50189—2015	《建筑节能与可再生能源利用通用规范》GB 55015—2021	提升比例
供暖、空调地下室外墙（与土壤接触的外墙）热阻 $R[(m^2 \cdot K)/W]$		≥0.60	≥0.90 ↑	33%
变形缝（两侧是内保温时）$R[(m^2 \cdot K)/W]$		≥0.90	≥0.90	0

（2）透光围护结构标准热工限值对比（表 3-4）

关于寒冷地区甲类公共建筑透光围护结构热工性能参数对比　　　　表 3-4

围护结构		体形系数范围 S	《公共建筑节能设计标准》GB 50189—2015	《建筑节能与可再生能源利用通用规范》GB 55015—2021	提升比例
单一立面外窗 K $[W/(m^2 \cdot K)]$	$C_m \leqslant 0.2$	$S \leqslant 0.30$	≤3.00	≤2.50 ↑	17%
		$0.30 < S \leqslant 0.50$	≤2.80	≤2.50 ↑	11%
	$0.2 < C_m \leqslant 0.3$	$S \leqslant 0.30$	≤2.70	≤2.50 ↑	7%
		$0.30 < S \leqslant 0.50$	≤2.50	≤2.40 ↑	4%
	$0.3 < C_m \leqslant 0.4$	$S \leqslant 0.30$	≤2.40	≤2.00 ↑	17%
		$0.30 < S \leqslant 0.50$	≤2.20	≤1.80 ↑	18%
	$0.4 < C_m \leqslant 0.5$	$S \leqslant 0.30$	≤2.20	≤1.90 ↑	14%
		$0.30 < S \leqslant 0.50$	≤1.90	≤1.70 ↑	11%
	$0.5 < C_m \leqslant 0.6$	$S \leqslant 0.30$	≤2.00	≤1.80 ↑	10%
		$0.30 < S \leqslant 0.50$	≤1.70	≤1.60 ↑	6%
	$0.6 < C_m \leqslant 0.7$	$S \leqslant 0.30$	≤1.90	≤1.70 ↑	11%
		$0.30 < S \leqslant 0.50$	≤1.70	≤1.60 ↑	6%
	$0.7 < C_m \leqslant 0.8$	$S \leqslant 0.30$	≤1.60	≤1.50 ↑	6%
		$0.30 < S \leqslant 0.50$	≤1.50	≤1.40 ↑	7%
	$C_m > 0.8$	$S \leqslant 0.30$	≤1.50	≤1.30 ↑	13%
		$0.30 < S \leqslant 0.50$	≤1.40	≤1.30 ↑	7%
单一立面外窗太阳得热系数 $SHGC$（东、南、西/北）		$0.2 < C_m \leqslant 0.3$	≤0.52/—	≤0.48/— ↑	8%/无要求
		$0.3 < C_m \leqslant 0.4$	≤0.48/—	≤0.40/— ↑	17%/无要求
		$0.4 < C_m \leqslant 0.5$	≤0.43/—	≤0.40/— ↑	7%/无要求
		$0.5 < C_m \leqslant 0.6$	≤0.40/—	≤0.35/— ↑	13%/无要求
		$0.6 < C_m \leqslant 0.7$	≤0.35/0.60	0.30/0.40 ↑	≤14%/33%
		$0.7 < C_m \leqslant 0.8$	≤0.35/0.52	0.30/0.40 ↑	≤14%/23%
		$C_m > 0.8$	≤0.30/0.52	0.25/0.40 ↑	≤17%/23%
屋顶透光部分	传热系数 K		≤2.40	≤2.40	0
	太阳得热系数 $SHGC$（东、南、西、北）	$S \leqslant 0.30$	≤0.44	≤0.35 ↑	20%
		$0.30 < S \leqslant 0.50$	≤0.35	≤0.35	0

3. 乙类围护结构热工对比（表3-5）

寒冷地区关于乙类公共建筑热工性能参数的对比　　　　表3-5

围护结构	热工分区	《公共建筑节能设计标准》GB 50189—2015	《建筑节能与可再生能源利用通用规范》GB 55015—2021	提升比例
屋面 $K[\mathrm{W/(m^2 \cdot K)}]$	严寒 A/B	≤0.35	≤0.35	0
	严寒 C	≤0.45	≤0.45	0
	寒冷	≤0.55	≤0.55	0
外墙 $K[\mathrm{W/(m^2 \cdot K)}]$	严寒 A/B	≤0.45	≤0.45	0
	严寒 C	≤0.50	≤0.50	0
	寒冷	≤0.60	≤0.60	0
底部接触室外空气的架空或外挑楼板 $K[\mathrm{W/(m^2 \cdot K)}]$	严寒 A/B	≤0.45	≤0.45	0
	严寒 C	≤0.50	≤0.50	0
	寒冷	≤0.60	≤0.60	0
地下车库与供暖房间之间的楼板 $K[\mathrm{W/(m^2 \cdot K)}]$	严寒 A/B	≤0.50	≤0.50	0
	严寒 C	≤0.70	≤0.70	0
	寒冷	≤1.00	≤1.00	0
单一立面外窗 $K[\mathrm{W/(m^2 \cdot K)}]$	严寒 A/B	≤2.00	≤2.00	0
	严寒 C	≤2.20	≤2.20	0
	寒冷	≤2.50	≤2.50	0
屋顶透光部分 $K[\mathrm{W/(m^2 \cdot K)}]$	严寒 A/B	≤2.00	≤2.00	0
	严寒 C	≤2.20	≤2.20	0
	寒冷	≤2.50	≤2.50	0
屋顶透光部分太阳得热系数 SHGC	寒冷	≤0.44	≤0.40 ↑	**9%**

乙类公共建筑除天窗的 SHGC 提升以外，其他参数限值均保持不变。

4. 权衡限值对比（表3-6）

关于权衡限值的对比　　　　表3-6

围护结构	热工分区	《公共建筑节能设计标准》GB 50189—2015	《建筑节能与可再生能源利用通用规范》GB 55015—2021	提升比例
屋面 K	严寒 A/B	≤0.35	不得降低	不得低于规定性
	严寒 C	≤0.45	不得降低	不得低于规定性
	寒冷	≤0.55	不得降低	不得低于规定性
外墙 K	严寒 A/B	≤0.45	≤0.40 ↑	**11%**
	严寒 C	≤0.50	≤0.45 ↑	**10%**
	寒冷	≤0.60	≤0.55 ↑	**8%**

续表

围护结构	热工分区		《公共建筑节能设计标准》GB 50189—2015	《建筑节能与可再生能源利用通用规范》GB 55015—2021	提升比例
外窗 K	严寒 A/B	$C_m \leqslant 0.4$	无要求	$\leqslant 2.5$	新增要求
		$0.4 < C_m \leqslant 0.6$	$\leqslant 2.5$	$\leqslant 2.0$ ↑	**20%**
		$C_m > 0.6$	$\leqslant 2.2$	$\leqslant 1.5$ ↑	**32%**
	严寒 C	$C_m \leqslant 0.4$	无要求	$\leqslant 2.6$	新增要求
		$0.4 < C_m \leqslant 0.6$	$\leqslant 2.6$	$\leqslant 2.1$ ↑	**19%**
		$C_m > 0.6$	$\leqslant 2.3$	$\leqslant 1.7$ ↑	**26%**
	寒冷	$C_m \leqslant 0.4$	无要求	$\leqslant 2.7$	新增要求
		$0.4 < C_m \leqslant 0.6$	$\leqslant 2.7$	$\leqslant 2.0$ ↑	**26%**
		$C_m > 0.6$	$\leqslant 2.4$	$\leqslant 1.7$ ↑	**29%**

对比公共建筑国家标准，《通用规范》提高了屋面的权衡条件，要求其传热系数不得低于规定性指标的限值要求。外墙的权衡限值也相应降低了传热系数限值，即提升了对外墙的要求，并对窗墙面积比在 0.4 以下的窗户的权衡计算设置了准入条件。窗墙面积比在 0.4 以上的外窗的传热系数限值也提升了要求。整体来看，《通用规范》的权衡准入条件比公共建筑国家标准的要求高，提高了权衡的门槛，也就相应地要求建筑设计本身的性能要更好。

5. 其他指标要求对比（表 3-7）

关于公共建筑热工性能其他指标的对比　　　　　　　　　　表 3-7

类别	《公共建筑节能设计标准》GB 50189—2015		《建筑节能与可再生能源利用通用规范》GB 55015—2021
体形系数	$300 < $建筑面积$\leqslant 800$	$\leqslant 0.50$	与国家标准一致
	建筑面积> 800	$\leqslant 0.40$	
屋顶透光面积比例	$\leqslant$屋顶总面积的 20%；不满足可权衡		与国家标准一致
入口大堂非中空面积比例	全玻璃幕墙中非中空玻璃的面积不应超过统一立面透光面积的 15%		与国家标准一致

6.《通用规范》与国家标准的对比小结

与公共建筑国家标准 2015 相比，对《通用规范》限值要求提升、不变的内容进行总结整理，如表 3-8 所示。

不同标准下严寒与寒冷地区公共建筑围护结构热工性能对比汇总 表 3-8

	甲类		乙类	
	严寒	寒冷	严寒	寒冷
要求提高	1. 传热系数： (1)屋面； (2)外墙； (3)底部接触空气的架空楼板； (4)非供暖楼梯间与供暖房间之间的隔墙； (5)外窗； (6)严寒 A/B 屋面透光部分。 2. 热阻： 供暖地下室与土壤接触的外墙	1. 传热系数： (1)屋面； (2)非供暖楼梯间与供暖房间之间的隔墙； (3)外窗 K； 2. 太阳得热系数： (1)外窗 $SHGC$； (2)$S \leqslant 0.30$ 屋面透光部分的太阳得热系数。 3. 热阻： 供暖地下室与土壤接触的外墙	屋顶透光的太阳得热系数 $SHGC$	
要求不变	1. 传热系数： (1)地下车库与供暖房间之间的楼板； (2)严寒 C 区(0.5＜窗墙面积比≤0.8)0.30＜S≤0.50 的外窗； (3)严寒 C 区，屋面透光部分。 2. 热阻： (1)周边地面； (2)变形缝。 3. 其他： 体形系数、屋顶透光面积比例、入口大堂非中空面积比例	1. 传热系数： (1)外墙； (2)架空楼板； (3)地下车库与供暖房间之间的楼板； (4)屋面透光部分。 2. 太阳得热系数： 0.30＜S≤0.50 屋面透光部分的得热系数。 3. 热阻： (1)周边地面； (2)变形缝。 4. 其他： 体形系数、屋顶透光面积比例、入口大堂非中空面积比例	1. 传热系数： (1)屋面； (2)外墙； (3)底部接触空气的架空楼板； (4)地下车库与供暖房间之间的楼板； (5)外窗； (6)屋顶透光部分	

3.2.2 居住建筑

关于居住建筑，将对比《通用规范》与《严寒和寒冷地区居住建筑节能设计标准》JGJ 26—2010 的热工限值。以下表格的提升比例中，正值表示提升，"0"表示限值不变。

1. 严寒 A 区围护结构热工性能对比

（1）不透光围护结构传热系数限值（表 3-9）

关于严寒 A 区不透光围护结构热工限值的对比 表 3-9

围护结构	层数范围	《严寒和寒冷地区居住建筑节能设计标准》JGJ 26—2010	《建筑节能与可再生能源利用通用规范》GB 55015—2021	提升比例
屋面 $K[\mathrm{W}/(\mathrm{m}^2 \cdot \mathrm{K})]$	≤3 层	≤0.20	≤0.15 ↑	**25%**
	4～8 层	≤0.25	≤0.15 ↑	**40%**
	≥9 层	≤0.25		**40%**

续表

围护结构	层数范围	《严寒和寒冷地区居住建筑节能设计标准》 JGJ 26—2010	《建筑节能与可再生能源利用通用规范》 GB 55015—2021	提升比例
外墙 $K[W/(m^2 \cdot K)]$	≤3层	≤0.25	≤0.25	0
	4~8层	≤0.40	≤0.35 ↑	13%
	≥9层	≤0.50		30%
架空或外挑楼板 $K[W/(m^2 \cdot K)]$	≤3层	≤0.30	≤0.25 ↑	17%
	4~8层	≤0.40	≤0.35 ↑	13%
	≥9层	≤0.40		13%
非供暖地下室顶板 $K[W/(m^2 \cdot K)]$	≤3层	≤0.35	≤0.35	0
	4~8层	≤0.45	≤0.35 ↑	22%
	≥9层	≤0.45		22%
分隔供暖与非供暖空间的隔墙 $K[W/(m^2 \cdot K)]$	≤3层	≤1.2	≤1.2	0
	4~8层	≤1.2	≤1.2	0
	≥9层	≤1.2		0
分隔供暖与非供暖空间的楼板 $K[W/(m^2 \cdot K)]$	≤3层	—	≤1.2	新增要求
	4~8层	—	≤1.2	新增要求
	≥9层	—		新增要求
分隔供暖设计温差大于 5K 的隔墙、楼板 $K[W/(m^2 \cdot K)]$	≤3层	—	≤1.5	新增要求
	4~8层	—	≤1.5	新增要求
	≥9层	—		新增要求
分隔供暖与非供暖空间的户门 $K[W/(m^2 \cdot K)]$	≤3层	≤1.5	≤1.5	0
	4~8层	≤1.5	≤1.5	0
	≥9层	≤1.5		0
阳台门下部门芯板 $K[W/(m^2 \cdot K)]$	≤3层	≤1.2	≤1.2	0
	4~8层	≤1.2	≤1.2	0
	≥9层	≤1.2		0
周边地面热阻 $R[(m^2 \cdot K)/W]$	≤3层	≥1.7	≥2.0 ↑	15%
	4~8层	≥1.4	≥2.0 ↑	30%
	≥9层	≥1.1		45%
地下室外墙热阻 $R[(m^2 \cdot K)/W]$	≤3层	≥1.8	≥2.0 ↑	10%
	4~8层	≥1.5	≥2.0 ↑	25%
	≥9层	≥1.2		40%

（2）**透光围护结构传热系数限值**（表 3-10）

关于严寒 A 区透光围护结构热工限值的对比　　　　　　　　　表 3-10

围护结构	窗墙面积比 C_m	层数范围	《严寒和寒冷地区居住建筑节能设计标准》JGJ 26—2010	《建筑节能与可再生能源利用通用规范》GB 55015—2021	提升比例
外窗 $K[W/(m^2 \cdot K)]$	$C_m \leqslant 0.2$	≤3 层	≤2.00	≤1.4 ↑	30%
		4~8 层	≤2.50	≤1.6 ↑	36%
		≥9 层	≤2.50		36%
	$0.2 < C_m \leqslant 0.3$	≤3 层	≤1.8	≤1.4 ↑	22%
		4~8 层	≤2.0	≤1.6 ↑	20%
		≥9 层	≤2.2		27%
	$0.3 < C_m \leqslant 0.4$	≤3 层	≤1.6	≤1.4 ↑	13%
		4~8 层	≤1.8	≤1.6 ↑	11%
		≥9 层	≤2.0		20%
	$0.4 < C_m \leqslant 0.45$	≤3 层	≤1.5	≤1.4 ↑	7%
		4~8 层	≤1.6	≤1.6	0
		≥9 层	≤1.8		11%
天窗 $K[W/(m^2 \cdot K)]$		≤3 层	—	≤1.4	新增要求
		>3 层	—	≤1.4	新增要求

2. 严寒 B 区围护结构热工性能对比

（1）不透光围护结构传热系数限值（表 3-11）

关于严寒 B 区不透光围护结构热工限值的对比　　　　　　　　表 3-11

围护结构	层数范围	《严寒和寒冷地区居住建筑节能设计标准》JGJ 26—2010	《建筑节能与可再生能源利用通用规范》GB 55015—2021	提升比例
屋面 $K[W/(m^2 \cdot K)]$	≤3 层	≤0.25	≤0.20 ↑	20%
	4~8 层	≤0.30	≤0.20 ↑	33%
	≥9 层	≤0.30		33%
外墙 $K[W/(m^2 \cdot K)]$	≤3 层	≤0.30	≤0.25 ↑	17%
	4~8 层	≤0.45	≤0.35 ↑	22%
	≥9 层	≤0.55		36%
架空或外挑楼板 $K[W/(m^2 \cdot K)]$	≤3 层	≤0.30	≤0.25 ↑	17%
	4~8 层	≤0.45	≤0.35 ↑	22%
	≥9 层	≤0.45		22%
非供暖地下室顶板 $K[W/(m^2 \cdot K)]$	≤3 层	≤0.35	≤0.40 ↓	−13%
	4~8 层	≤0.50	≤0.40 ↑	20%
	≥9 层	≤0.50		20%

续表

围护结构	层数范围	《严寒和寒冷地区居住建筑节能设计标准》 JGJ 26—2010	《建筑节能与可再生能源利用通用规范》 GB 55015—2021	提升比例
分隔供暖与非供暖空间的隔墙 $K[W/(m^2 \cdot K)]$	≤3层	≤1.2	≤1.2	0
	4~8层	≤1.2	≤1.2	0
	≥9层	≤1.2		0
分隔供暖与非供暖空间的楼板 $K[W/(m^2 \cdot K)]$	≤3层	—	≤1.2	新增要求
	4~8层	—	≤1.2	新增要求
	≥9层	—		新增要求
分隔供暖设计温差大于5K的隔墙、楼板 $K[W/(m^2 \cdot K)]$	≤3层	—	≤1.5	新增要求
	4~8层	—	≤1.5	新增要求
	≥9层	—		新增要求
分隔供暖与非供暖空间的户门 $K[W/(m^2 \cdot K)]$	≤3层	≤1.5	≤1.5	0
	4~8层	≤1.5	≤1.5	0
	≥9层	≤1.5		0
阳台门下部门芯板 $K[W/(m^2 \cdot K)]$	≤3层	≤1.2	≤1.2	0
	4~8层	≤1.2	≤1.2	0
	≥9层	≤1.2		0
周边地面热阻 $R[(m^2 \cdot K)/W]$	≤3层	≥1.4	≥1.8 ↑	**22%**
	4~8层	≥1.1	≥1.8 ↑	**39%**
	≥9层	≥0.83		**54%**
地下室外墙热阻 $R[(m^2 \cdot K)/W]$	≤3层	≥1.5	≥2.0 ↑	**25%**
	4~8层	≥1.2	≥2.0 ↑	**40%**
	≥9层	≥0.91		**55%**

（2）透光围护结构传热系数限值（表 3-12）

关于严寒 B 区透光围护结构热工限值的对比 表 3-12

围护结构	窗墙面积比 C_m	层数范围	《严寒和寒冷地区居住建筑节能设计标准》 JGJ 26—2010	《建筑节能与可再生能源利用通用规范》 GB 55015—2021	提升比例
外窗 $K[W/(m^2 \cdot K)]$	$C_m \leqslant 0.2$	≤3层	≤2.00	≤1.4 ↑	**30%**
		4~8层	≤2.50	≤1.8 ↑	**28%**
		≥9层	≤2.50		**28%**
	$0.2 < C_m \leqslant 0.3$	≤3层	≤1.8	≤1.4 ↑	**22%**
		4~8层	≤2.2	≤1.8 ↑	**18%**
		≥9层	≤2.2		**18%**
	$0.3 < C_m \leqslant 0.4$	≤3层	≤1.6	≤1.4 ↑	**13%**
		4~8层	≤1.9	≤1.6 ↑	**16%**
		≥9层	≤2.0		**20%**
	$0.4 < C_m \leqslant 0.45$	≤3层	≤1.5	≤1.4 ↑	**7%**
		4~8层	≤1.7	≤1.6 ↑	**6%**
		≥9层	≤1.8		**11%**

续表

围护结构	窗墙面积比 C_m	层数范围	《严寒和寒冷地区居住建筑节能设计标准》JGJ 26—2010	《建筑节能与可再生能源利用通用规范》GB 55015—2021	提升比例
天窗 $K[\mathrm{W}/(\mathrm{m}^2\cdot\mathrm{K})]$		≤3 层	—	≤1.4	新增要求
		>3 层	—	≤1.4	新增要求

3. 严寒 C 区围护结构热工性能对比

（1）不透光围护结构传热系数限值（表 3-13）

关于严寒 C 区不透光围护结构热工限值的对比　　　　　　表 3-13

围护结构	层数范围	《严寒和寒冷地区居住建筑节能设计标准》JGJ 26—2010	《建筑节能与可再生能源利用通用规范》GB 55015—2021	提升比例
屋面 $K[\mathrm{W}/(\mathrm{m}^2\cdot\mathrm{K})]$	≤3 层	≤0.30	≤0.20 ↑	**33%**
	4～8 层	≤0.40	≤0.20 ↑	**50%**
	≥9 层	≤0.40		**50%**
外墙 $K[\mathrm{W}/(\mathrm{m}^2\cdot\mathrm{K})]$	≤3 层	≤0.35	≤0.30 ↑	**14%**
	4～8 层	≤0.50	≤0.40 ↑	**20%**
	≥9 层	≤0.60		**33%**
架空或外挑楼板 $K[\mathrm{W}/(\mathrm{m}^2\cdot\mathrm{K})]$	≤3 层	≤0.35	≤0.30 ↑	**14%**
	4～8 层	≤0.50	≤0.40 ↑	**20%**
	≥9 层	≤0.50		**20%**
非供暖地下室顶板 $K[\mathrm{W}/(\mathrm{m}^2\cdot\mathrm{K})]$	≤3 层	≤0.50	≤0.45 ↑	**10%**
	4～8 层	≤0.60	≤0.45 ↑	**25%**
	≥9 层	≤0.60		**25%**
分隔供暖与非供暖空间的隔墙 $K[\mathrm{W}/(\mathrm{m}^2\cdot\mathrm{K})]$	≤3 层	≤1.5	≤1.5	0
	4～8 层	≤1.5	≤1.5	0
	≥9 层	≤1.5		0
分隔供暖与非供暖空间的楼板 $K[\mathrm{W}/(\mathrm{m}^2\cdot\mathrm{K})]$	≤3 层	—	≤1.5	新增要求
	4～8 层		≤1.5	新增要求
	≥9 层			新增要求
分隔供暖设计温差大于 5K 的隔墙、楼板 $K[\mathrm{W}/(\mathrm{m}^2\cdot\mathrm{K})]$	≤3 层	—	≤1.5	新增要求
	4～8 层		≤1.5	新增要求
	≥9 层			新增要求
分隔供暖与非供暖空间的户门 $K[\mathrm{W}/(\mathrm{m}^2\cdot\mathrm{K})]$	≤3 层	≤1.5	≤1.5	0
	4～8 层	≤1.5	≤1.5	0
	≥9 层	≤1.5		0
阳台门下部门芯板 $K[\mathrm{W}/(\mathrm{m}^2\cdot\mathrm{K})]$	≤3 层	≤1.2	≤1.2	0
	4～8 层	≤1.2	≤1.2	0
	≥9 层	≤1.2		0

续表

围护结构	层数范围	《严寒和寒冷地区居住建筑节能设计标准》JGJ 26—2010	《建筑节能与可再生能源利用通用规范》GB 55015—2021	提升比例
周边地面热阻 R[(m²·K)/W]	≤3层	≥1.10	≥1.8 ↑	39%
	4～8层	≥0.83	≥1.8 ↑	54%
	≥9层	≥0.56		69%
地下室外墙热阻 R[(m²·K)/W]	≤3层	≥1.20	≥2.0 ↑	40%
	4～8层	≥0.91	≥2.0 ↑	55%
	≥9层	≥0.61		70%

（2）透光围护结构传热系数限值（表 3-14）

关于严寒 C 区透光围护结构热工限值的对比　　　　　表 3-14

围护结构	窗墙面积比 C_m	层数范围	《严寒和寒冷地区居住建筑节能设计标准》JGJ 26—2010	《建筑节能与可再生能源利用通用规范》GB 55015—2021	提升比例
外窗 K[W/(m²·K)]	C_m≤0.2	≤3层	≤2.00	≤1.6 ↑	20%
		4～8层	≤2.50	≤2.0 ↑	20%
		≥9层	≤2.50		20%
	0.2<C_m≤0.3	≤3层	≤1.8	≤1.6 ↑	11%
		4～8层	≤2.2	≤2.0 ↑	9%
		≥9层	≤2.2		9%
	0.3<C_m≤0.4	≤3层	≤1.6	≤1.4 ↑	13%
		4～8层	≤2.0	≤1.8 ↑	10%
		≥9层	≤2.0		10%
	0.4<C_m≤0.45	≤3层	≤1.5	≤1.4 ↑	7%
		4～8层	≤1.8	≤1.8	0
		≥9层	≤1.8		0
天窗 K[W/(m²·K)]		≤3层	—	≤1.6	新增要求
		>3层		≤1.6	新增要求

4. 寒冷 A 区围护结构热工性能对比

（1）不透光围护结构传热系数限值（表 3-15）

关于寒冷 A 区不透光围护结构热工限值的对比　　　　　表 3-15

围护结构	层数范围	《严寒和寒冷地区居住建筑节能设计标准》JGJ 26—2010	《建筑节能与可再生能源利用通用规范》GB 55015—2021	提升比例
屋面 K[W/(m²·K)]	≤3层	≤0.35	≤0.25 ↑	29%
	4～8层	≤0.45	≤0.25 ↑	44%
	≥9层	≤0.45		44%

围护结构	层数范围	《严寒和寒冷地区居住建筑节能设计标准》JGJ 26—2010	《建筑节能与可再生能源利用通用规范》GB 55015—2021	提升比例
外墙 $K[W/(m^2 \cdot K)]$	≤3 层	≤0.45	≤0.35 ↑	**22%**
	4～8 层	≤0.60	≤0.45 ↑	**25%**
	≥9 层	≤0.70		**36%**
架空或外挑楼板 $K[W/(m^2 \cdot K)]$	≤3 层	≤0.45	≤0.35 ↑	**22%**
	4～8 层	≤0.60	≤0.45 ↑	**25%**
	≥9 层	≤0.60		**25%**
非供暖地下室顶板 $K[W/(m^2 \cdot K)]$	≤3 层	≤0.50	≤0.50	0
	4～8 层	≤0.65	≤0.50 ↑	**23%**
	≥9 层	≤0.65		**23%**
分隔供暖与非供暖空间的隔墙 $K[W/(m^2 \cdot K)]$	≤3 层	≤1.5	≤1.5	0
	4～8 层	≤1.5	≤1.5	0
	≥9 层	≤1.5		0
分隔供暖与非供暖空间的楼板 $K[W/(m^2 \cdot K)]$	≤3 层	—	≤1.5	新增要求
	4～8 层	—	≤1.5	新增要求
	≥9 层	—		新增要求
分隔供暖设计温差大于 5K 的隔墙、楼板 $K[W/(m^2 \cdot K)]$	≤3 层	—	≤1.5	新增要求
	4～8 层	—	≤1.5	新增要求
	≥9 层	—		新增要求
分隔供暖与非供暖空间的户门 $K[W/(m^2 \cdot K)]$	≤3 层	≤2.0	≤2.0	0
	4～8 层	≤2.0	≤2.0	0
	≥9 层	≤2.0		0
阳台门下部门芯板 $K[W/(m^2 \cdot K)]$	≤3 层	≤1.7	≤1.7	0
	4～8 层	≤1.7	≤1.7	0
	≥9 层	≤1.7		0
周边地面热阻 $R[(m^2 \cdot K)/W]$	≤3 层	≥0.83	≥1.6 ↑	**48%**
	4～8 层	≥0.56	≥1.6 ↑	**65%**
	≥9 层	—		新增要求

续表

围护结构	层数范围	《严寒和寒冷地区居住建筑节能设计标准》JGJ 26—2010	《建筑节能与可再生能源利用通用规范》GB 55015—2021	提升比例
地下室外墙热阻 $R[(m^2 \cdot K)/W]$	≤3 层	≥0.91	≥1.8 ↑	49%
	4～8 层	≥0.61	≥1.8 ↑	66%
	≥9 层	—		新增要求

（2）透光围护结构传热系数限值（表3-16）

关于寒冷 A 区透光围护结构热工限值的对比　　　　　表 3-16

围护结构	窗墙面积比 C_m	层数范围	《严寒和寒冷地区居住建筑节能设计标准》JGJ 26—2010	《建筑节能与可再生能源利用通用规范》GB 55015—2021	提升比例
外窗 $K[W/(m^2 \cdot K)]$	$C_m \leq 0.2$	≤3 层	≤2.8	≤1.8 ↑	36%
		4～8 层	≤3.1	≤2.2 ↑	29%
		≥9 层	≤3.1		29%
	$0.2 < C_m \leq 0.3$	≤3 层	≤2.5	≤1.8 ↑	28%
		4～8 层	≤2.8	≤2.2 ↑	21%
		≥9 层	≤2.8		21%
	$0.3 < C_m \leq 0.4$	≤3 层	≤2.0	≤1.5 ↑	25%
		4～8 层	≤2.5	≤2.0 ↑	20%
		≥9 层	≤2.5		20%
	$0.4 < C_m \leq 0.5$	≤3 层	≤1.8	≤1.5 ↑	17%
		4～8 层	≤2.0	≤2.0	0
		≥9 层	≤2.3		13%
天窗 $K[W/(m^2 \cdot K)]$		≤3 层	—	≤1.8	新增要求
		>3 层	—	≤1.8	新增要求

5. 寒冷 B 区围护结构热工性能对比

（1）不透光围护结构传热系数限值（表3-17）

关于寒冷 B 区不透光围护结构热工限值的对比　　　　　表 3-17

围护结构	层数范围	《严寒和寒冷地区居住建筑节能设计标准》JGJ 26—2010	《建筑节能与可再生能源利用通用规范》GB 55015—2021	提升比例
屋面 $K[W/(m^2 \cdot K)]$	≤3 层	≤0.35	≤0.30 ↑	14%
	4～8 层	≤0.45	≤0.30 ↑	33%
	≥9 层	≤0.45		33%

围护结构	层数范围	《严寒和寒冷地区居住建筑节能设计标准》JGJ 26—2010	《建筑节能与可再生能源利用通用规范》GB 55015—2021	提升比例
外墙 $K[W/(m^2 \cdot K)]$	≤3层	≤0.45	≤0.35 ↑	22%
	4～8层	≤0.60	≤0.45 ↑	25%
	≥9层	≤0.70		36%
架空或外挑楼板 $K[W/(m^2 \cdot K)]$	≤3层	≤0.45	≤0.35 ↑	22%
	4～8层	≤0.60	≤0.45 ↑	25%
	≥9层	≤0.60		25%
非供暖地下室顶板 $K[W/(m^2 \cdot K)]$	≤3层	≤0.50	≤0.50	0
	4～8层	≤0.65	≤0.50 ↑	23%
	≥9层	≤0.65		23%
分隔供暖与非供暖空间的隔墙 $K[W/(m^2 \cdot K)]$	≤3层	≤1.5	≤1.5	0
	4～8层	≤1.5	≤1.5	0
	≥9层	≤1.5		0
分隔供暖与非供暖空间的楼板 $K[W/(m^2 \cdot K)]$	≤3层	—	≤1.5	新增要求
	4～8层	—	≤1.5	新增要求
	≥9层	—		新增要求
分隔供暖设计温差大于5K的隔墙、楼板 $K[W/(m^2 \cdot K)]$	≤3层	—	≤1.5	新增要求
	4～8层	—	≤1.5	新增要求
	≥9层	—		新增要求
分隔供暖与非供暖空间的户门 $K[W/(m^2 \cdot K)]$	≤3层	≤2.0	≤2.0	0
	4～8层	≤2.0	≤2.0	0
	≥9层	≤2.0		0
阳台门下部门芯板 $K[W/(m^2 \cdot K)]$	≤3层	≤1.7	≤1.7	0
	4～8层	≤1.7	≤1.7	0
	≥9层	≤1.7		0
周边地面热阻 $R[(m^2 \cdot K)/W]$	≤3层	≥0.83	≥1.5 ↑	45%
	4～8层	≥0.56	≥1.5 ↑	63%
	≥9层	—		新增要求
地下室外墙热阻 $R[(m^2 \cdot K)/W]$	≤3层	≥0.91	≥1.6 ↑	43%
	4～8层	≥0.61	≥1.6 ↑	62%
	≥9层	—		新增要求

（2）透光围护结构传热系数限值（表3-18）

关于寒冷B区透光围护结构热工限值的对比　　　　　　表3-18

围护结构	窗墙面积比 C_m	层数范围	《严寒和寒冷地区居住建筑节能设计标准》JGJ 26—2010	《建筑节能与可再生能源利用通用规范》GB 55015—2021	提升比例
外窗 K [W/(m²·K)]	$C_m \leqslant 0.2$	≤3层	≤2.8	≤1.8 ↑	36%
		4~8层	≤3.1	≤2.2 ↑	29%
		≥9层	≤3.1		29%
	$0.2 < C_m \leqslant 0.3$	≤3层	≤2.5	≤1.8 ↑	28%
		4~8层	≤2.8	≤2.2 ↑	21%
		≥9层	≤2.8		21%
	$0.3 < C_m \leqslant 0.4$	≤3层	≤2.0	≤1.5 ↑	25%
		4~8层	≤2.5	≤2.0 ↑	20%
		≥9层	≤2.5		20%
	$0.4 < C_m \leqslant 0.5$	≤3层	≤1.8	≤1.5 ↑	17%
		4~8层	≤2.0	≤2.0	0
		≥9层	≤2.3		13%
外窗 $SHGC$（东西向）	$0.3 < C_m \leqslant 0.4$		≤0.39(遮阳系数换算所得)	≤0.55 ↓	−29%
	$0.4 < C_m \leqslant 0.5$		≤0.30(遮阳系数换算所得)	≤0.45 ↓	−33%
天窗 K[W/(m²·K)]		≤3层	—	≤1.8	新增要求
		>3层	—	≤1.8	新增要求

6. 权衡限值对比（表3-19）

《严寒和寒冷地区居住建筑节能设计标准》JGJ 26—2010除外窗的窗墙面积比之外，其他围护结构热工限值不满足要求时可以直接进行权衡计算，无权衡计算准入条件。与此不同的是，《建筑节能与可再生能源利用通用规范》GB 55015—2021新增了多个围护结构权衡的准入条件，当不满足规定性指标限值要求时，可以进行权衡计算，但是仍需满足权衡的准入条件，这一点比行业标准的要求高，提高了权衡计算的门槛。

《严寒和寒冷地区居住建筑节能设计标准》与《通用规范》关于权衡限值的对比　表3-19

围护结构	热工分区	《严寒和寒冷地区居住建筑节能设计标准》JGJ 26—2010	《建筑节能与可再生能源利用通用规范》GB 55015—2021	与行业标准对比的差异
权衡算法		稳态公式计算	动态逐时计算	
屋面 K、周边地面和地下室外墙 R	严寒寒冷	无要求	不得降低	不得低于规定性

围护结构	热工分区		《严寒和寒冷地区居住建筑节能设计标准》JGJ 26—2010	《建筑节能与可再生能源利用通用规范》GB 55015—2021	与行业标准对比的差异
外墙 K	严寒 A		无要求	≤0.40	给出权衡的准入条件0.4
	严寒 B		无要求	≤0.45	给出权衡的准入条件0.45
	严寒 C		无要求	≤0.50	给出权衡的准入条件0.5
	寒冷		无要求	≤0.60	给出权衡的准入条件0.6
外窗 K	严寒 A		无要求	≤2.0	给出权衡的准入条件2.0
	严寒 B/C		无要求	≤2.2	给出权衡的准入条件2.2
	寒冷		无要求	≤2.5	给出权衡的准入条件2.5
外窗 $SHGC$	严寒		无要求	无要求	要求一致
	寒冷		无要求	不可权衡	不得低于规定性
架空楼板 K	严寒 A		无要求	≤0.40	给出权衡的准入条件0.4
	严寒 B		无要求	≤0.45	给出权衡的准入条件0.45
	严寒 C		无要求	≤0.50	给出权衡的准入条件0.5
	寒冷		无要求	≤0.60	给出权衡的准入条件0.6
窗墙面积比	严寒	北	≤0.35	≤0.35	要求一致
		东、西	≤0.40	≤0.40	要求一致
		南	≤0.55	≤0.55	要求一致
	寒冷	北	≤0.40	≤0.40	要求一致
		东、西	≤0.45	≤0.45	要求一致
		南	≤0.60	≤0.60	要求一致

7. 其他指标要求对比

除围护结构热工性能参数限值对比之外，将其他要求进行归纳总结如表3-20所示，并列出《严寒和寒冷地区居住建筑节能设计标准》JGJ 26—2010与《建筑节能与可再生能源利用通用规范》GB 55015—2021的差异点。

严寒和寒冷地区居住建筑其他参数热工限值的对比 表3-20

类别	热工分区	楼层与朝向	《严寒和寒冷地区居住建筑节能设计标准》JGJ 26—2010	《建筑节能与可再生能源利用通用规范》GB 55015—2021	与行业标准对比的差异
体形系数	严寒	≤3层	≤0.50	≤0.55	放宽要求
		4～6层	≤0.30	≤0.3	
		9～13层	≤0.28		
		≥14层	≤0.25		
	寒冷	≤3层	≤0.52	≤0.57	放宽要求
		4～6层	≤0.33	≤0.33	
		9～13层	≤0.30		
		≥14层	≤0.26		

续表

类别	热工分区	楼层与朝向	《严寒和寒冷地区居住建筑节能设计标准》JGJ 26—2010	《建筑节能与可再生能源利用通用规范》GB 55015—2021	与行业标准对比的差异
窗墙面积比	严寒	北	≤0.25	≤0.25	保持不变(《通用规范》允许每套住宅有一个房间在一个朝向上超过0.6)
		东、西	≤0.30	≤0.30	
		南	≤0.45	≤0.45	
	寒冷	北	≤0.30	≤0.30	
		东、西	≤0.35	≤0.35	
		南	≤0.50	≤0.50	
天窗比例	严寒		无要求	≤10%	新增要求
	寒冷		无要求	≤15%	
门窗气密性	严寒		≥6级	≥6级	提升要求
	寒冷	1~6层	≥4级	≥6级	
		≥7层	≥6级	≥6级	
主要功能房间窗地面积比			无要求	≥1/7	新增要求

8. 《通用规范》与《严寒和寒冷地区居住建筑节能设计标准》JGJ 26—2010 相比条文汇总（表 3-21）

以《严寒和寒冷地区居住建筑节能设计标准》JGJ 26—2010 为基准，在此基础上对比《通用规范》指标要求提高、不变与新增的条文。整体来看，建筑外围护结构的限值要求整体提高，内围护的限值与原本的行业标准相比变化不大，地下部分要求提升比例较高，而对体形系数的要求放宽。

体形系数放宽的要求则是基于对时代变化的考虑，随着建筑围护结构热工性能的提升，体形系数对建筑供暖空调能耗的影响也在不断降低，因此，与围护结构要求提升相对应，《通用规范》对于体形系数的要求放宽。

下一小节将对围护结构的提升比例进行进一步的量化对比分析。

《严寒和寒冷地区居住建筑节能设计标准》与《通用规范》各条文对比汇总　表 3-21

要求提高	1. 传热系数： (1)屋面； (2)外墙； (3)架空楼板； (4)非供暖地下室顶板； (5)外窗。 2. 热阻： (1)周边地面； (2)地下室外墙。 3. 其他： 门窗气密性等级

要求不变	1. 传热系数： (1)分隔供暖与非供暖空间的隔墙； (2)分隔供暖与非供暖空间的户门； (3)阳台门下部门芯板； (4)寒冷 A 区，建筑层数≤3 层的非供暖地下室顶板； (5)寒冷 A 区，4～8 层，0.4＜窗墙面积比≤0.5 的外窗； 寒冷 B 区，4～8 层，0.4＜窗墙面积比≤0.5 的外窗。 2. 其他： 窗墙比面积权衡限值
新增要求	分隔供暖与非供暖空间的楼板； 分隔供暖设计温差大于 5K 的隔墙、楼板； 天窗传热系数； 天窗比例； 主要使用房间的窗地比

9. 不同热工分区的提升比例对比

1～5 详细归纳了各热工分区内《严寒和寒冷地区居住建筑节能设计标准》JGJ 26—2010 与《通用规范》热工限值的对比，以及相对的提升/降低比例，正值表示提高，负值表示降低，"0"表示要求不变，无数据表示两个标准均对此没有要求。

由表中可以看出，不同的热工分区和不同的围护结构构件的提升比例是不同的，以提升比例为研究对象，分别对不同热工分区和不同的构件提升比例进行整理，从而能更加直观地看到其变化情况和变化趋势。

（1）同一围护结构不同热工分区的提升比例对比

① 不同热工分区屋顶提高比例的对比（表 3-22）

不同热工分区屋顶传热系数限值提升比例趋势　　　　表 3-22

热工分区	≤3 层	4～8 层	≥9 层
严寒 A	25%	40%	40%
严寒 B	20%	33%	33%
严寒 C	33%	50%	50%
寒冷 A	29%	44%	44%
寒冷 B	14%	33%	33%

由图 3-2 可以看出，随着楼层层数的提升，屋顶传热系数的提升比例是升高的，以 4 层为分界点，4 层以上提升比例变动不大，低层屋顶提升比例显著。按照提升比例从高到低的顺序划分热工分区，依次为：严寒 C→寒冷 A→严寒 A→严寒 B→寒冷 B。

② 不同热工分区外墙提高比例的对比（表 3-23）

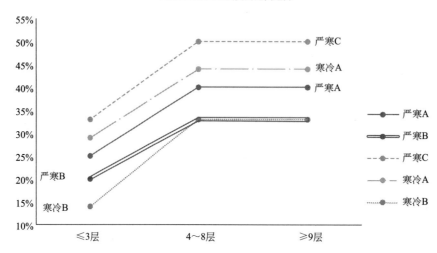

图 3-2　不同热工分区屋顶提升比例趋势图

不同热工分区外墙传热系数限值提升比例趋势　　　　　　　表 3-23

热工分区	≤3层	4～8层	≥9层
严寒 A	0	13%	30%
严寒 B	17%	22%	36%
严寒 C	14%	20%	33%
寒冷 A	22%	25%	36%
寒冷 B	22%	25%	36%

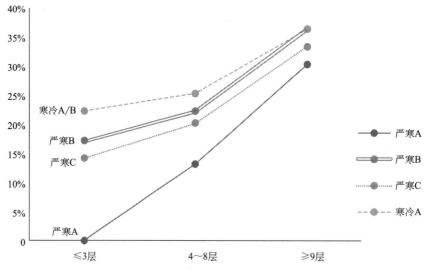

图 3-3　不同热工分区外墙提升比例趋势图

由图 3-3 可以看出，外墙提升比例在各楼层区间提升幅度相近，严寒 A 3 层以下建筑其外墙传热系数限值不变，寒冷 A、B 区提升比例相同。

③ 不同热工分区架空楼板提高比例的对比（表 3-24）

不同热工分区架空楼板传热系数限值提升比例趋势　　　　　　表 3-24

热工分区	≤3 层	4～8 层	≥9 层
严寒 A	17%	13%	13%
严寒 B	17%	22%	22%
严寒 C	14%	20%	20%
寒冷 A	22%	25%	25%
寒冷 B	22%	25%	25%

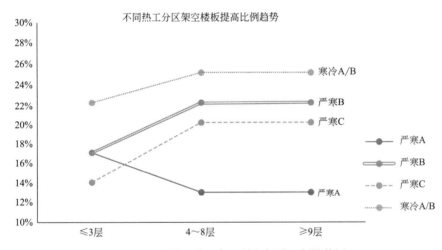

图 3-4　不同热工分区架空楼板提升比例趋势图

由图 3-4 可以看出，寒冷 A、B 区提升比例相同。其中严寒 A 区不同层高提升比例变动趋势与其他分区有所不同，在 3 层及以下限值提升比例最高，随着层数的升高，提升比例呈现下降趋势，即在楼层升高时，对于架空楼板的限值要求在逐渐放宽。

④ 不同热工分区非供暖地下室顶板提高比例的对比（表 3-25）

不同热工分区非供暖地下室顶板传热系数限值提升比例趋势　　　　　表 3-25

热工分区	≤3 层	4～8 层	≥9 层
严寒 A	0	22%	22%
严寒 B	−13%	20%	20%
严寒 C	10%	25%	25%
寒冷 A	0	23%	23%
寒冷 B	0	23%	23%

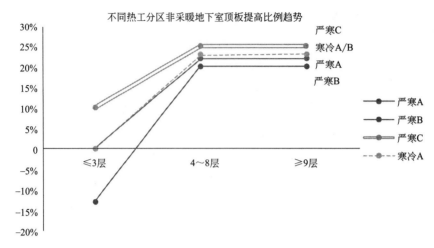

图 3-5 不同热工分区非供暖地下室顶板提升比例趋势图

由图 3-5 可以看出，各个热工分区整体提升趋势相同，即随着层数的升高，限值提升比例升高。其中一点比较突出，即严寒 B 3 层及以下建筑，其非供暖地下室顶板的传热系数限值是降低的，即《通用规范》的要求比行业标准的要求低，整体放宽了低层建筑的非供暖地下室顶板的传热系数限值。

⑤ 不同热工分区周边地面热阻 R 提高比例的对比（表 3-26）

不同热工分区周边地面热阻限值提升比例趋势 表 3-26

热工分区	≤3层	4～8层	≥9层
严寒 A	15%	30%	45%
严寒 B	22%	39%	54%
严寒 C	44%	54%	69%
寒冷 A	48%	65%	—
寒冷 B	45%	63%	—

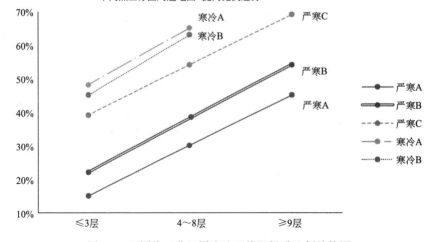

图 3-6 不同热工分区周边地面热阻提升比例趋势图

由图 3-6 可以看出，周边地面热阻的变化趋势接近线性增长。

⑥ 不同热工分区地下室外墙热阻 R 提高比例的对比（表 3-27）

不同热工分区地下室外墙热阻限值提升比例趋势 表 3-27

热工分区	≤3层	4～8层	≥9层
严寒 A	10%	25%	40%
严寒 B	25%	40%	55%
严寒 C	40%	55%	70%
寒冷 A	49%	66%	—
寒冷 B	43%	62%	—

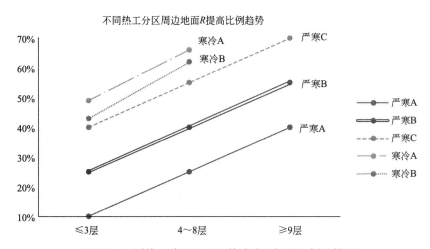

图 3-7 不同热工分区地下室外墙热阻提升比例趋势图

由图 3-7 可以看出，周边地面热阻的提升比例与层数接近，呈正增长趋势。

（2）同一热工分区不同围护结构构件的提升比例对比

以下主要分析同一热工分区内，不同的围护结构限值比例提升的差异与不同。

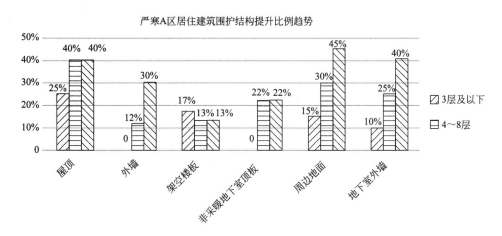

图 3-8 严寒 A 不同围护结构提升比例分布图

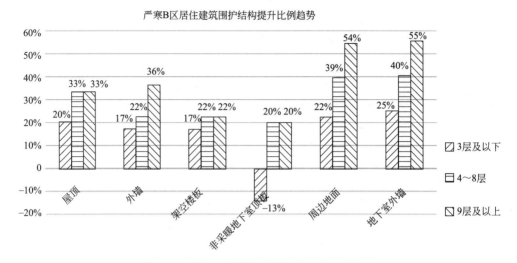

图 3-9   严寒 B 不同围护结构提升比例分布图

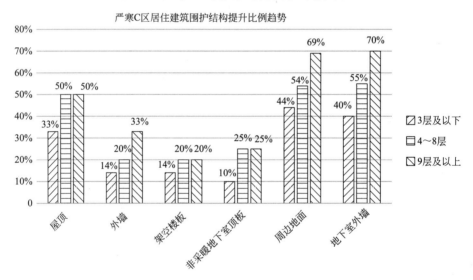

图 3-10   严寒 C 不同围护结构提升比例分布图

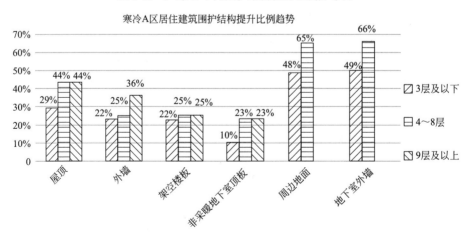

图 3-11   寒冷 A 不同围护结构提升比例分布图

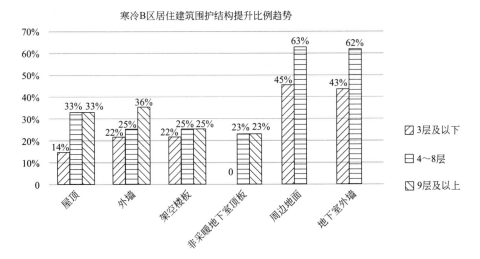

图 3-12 寒冷 B 不同围护结构提升比例分布图

由图 3-8~图 3-12 分布可以看出，整体而言，各热工分区中周边地面和地下室外墙热阻提升比例最高，外围护屋顶和外墙次之，最后是架空楼板和非供暖地下室顶板。

3.3 夏热冬冷地区《通用规范》与 2016 年执行的公共建筑/居住建筑标准对比

夏热冬冷地区，主要包括上海市、安徽省、浙江省、江苏省、湖北省、湖南省、江苏省、江西省、重庆市、四川省、贵州省部分地区。

3.3.1 公共建筑

针对公共建筑，开展《通用规范》与《公共建筑节能设计标准》GB 50189—2015（以下简称公建国标 2015）的对比。以下表格中的提升比例中，正值表示提升，"0"表示限值不变。

1. 夏热冬冷地区甲类公共建筑围护结构热工对比（表 3-28、表 3-29）

夏热冬冷地区甲类公共建筑非透光热工性能参数对比　　　　　　表 3-28

围护结构	围护结构热惰性指标	《公共建筑节能设计标准》GB 50189—2015	《建筑节能与可再生能源利用通用规范》GB 55015—2021	提升比例
屋面 $K[W/(m^2 \cdot K)]$	$D \leqslant 2.5$	$\leqslant 0.4$	$\leqslant 0.4$	0
	$D > 2.5$	$\leqslant 0.5$	$\leqslant 0.4$ ↑	**20%**
外墙 $K[W/(m^2 \cdot K)]$	$D \leqslant 2.5$	$\leqslant 0.60$	$\leqslant 0.60$	0
	$D > 2.5$	$\leqslant 0.80$	$\leqslant 0.80$	0

续表

围护结构	围护结构 热惰性指标	《公共建筑节能设计 标准》GB 50189—2015	《建筑节能与可再生 能源利用通用规范》 GB 55015—2021	提升比例
底部接触室外空气的架空 或外挑楼板 $K[W/(m^2 \cdot K)]$	$D \leqslant 2.5$	$\leqslant 0.7$	$\leqslant 0.70$	0

夏热冬冷地区甲类公共建筑透光围护结构热工性能参数对比　　　表 3-29

围护结构	窗墙面积 比 C_m	《公共建筑节能设计标准》 GB 50189—2015		《建筑节能与可再生 能源利用通用规范》 GB 55015—2021		提升比例	
		传热系数 $K[W/$ $(m^2 \cdot K)]$	太阳得热系 数 $SHGC$ (东西南/北向)	传热系数 $K[W/$ $(m^2 \cdot K)]$	太阳得热 系数 $SHGC$ (东西南/北向)	传热 系数	太阳得 热系数 $SHGC$
单一立 面外窗 $K[W/$ $(m^2 \cdot K)]$	$C_m \leqslant 0.2$	$\leqslant 3.5$	—	$\leqslant 3.0$ ↑	$\leqslant 0.45$	**14%**	新增要求
	$0.2 < C_m \leqslant 0.3$	$\leqslant 3.0$	$\leqslant 0.44/0.48$	$\leqslant 2.6$ ↑	$\leqslant 0.40/0.45$ ↑	**13%**	**9%/6%**
	$0.3 < C_m \leqslant 0.4$	$\leqslant 2.6$	$\leqslant 0.40/0.44$	$\leqslant 2.2$ ↑	$\leqslant 0.35/0.40$ ↑	**15%**	**13%/9%**
	$0.4 < C_m \leqslant 0.5$	$\leqslant 2.4$	$\leqslant 0.35/0.40$	$\leqslant 2.2$ ↑	$\leqslant 0.30/0.35$ ↑	**8%**	**14%/13%**
	$0.5 < C_m \leqslant 0.6$	$\leqslant 2.2$	$\leqslant 0.35/0.40$	$\leqslant 2.1$ ↑	$\leqslant 0.30/0.35$ ↑	**5%**	**14%/13%**
	$0.6 < C_m \leqslant 0.7$	$\leqslant 2.2$	$\leqslant 0.30/0.35$	$\leqslant 2.1$ ↑	$\leqslant 0.25/0.30$ ↑	**5%**	**17%/14%**
	$0.7 < C_m \leqslant 0.8$	$\leqslant 2.0$	$\leqslant 0.26/0.35$	$\leqslant 2.0$	$\leqslant 0.25/0.30$ ↑	0	**4%/14%**
	$0.8 < C_m$	$\leqslant 1.8$	$\leqslant 0.24/0.30$	$\leqslant 1.8$	$\leqslant 0.20$	0	**17%/33%**
屋顶透光部分(屋顶部分 透光面积 $\leqslant 20\%$)		$\leqslant 2.6$	$\leqslant 0.30$	$\leqslant 2.20$ ↑	$\leqslant 0.30$	**15%**	0

2. 夏热冬冷地区乙类公共建筑围护结构热工对比（表 3-30）

夏热冬冷地区乙类公共建筑热工性能参数对比　　　表 3-30

围护结构	《公共建筑节能设计标准》 GB 50189—2015		《建筑节能与可再生能源利用 通用规范》GB 55015—2021		提升比例	
屋面 $K[W/(m^2 \cdot K)]$	$\leqslant 0.7$		$\leqslant 0.6$ ↑		**14%**	
外墙 $K[W/(m^2 \cdot K)]$	$\leqslant 1.0$		$\leqslant 1.0$		0	
底部接触室外空气的 架空或外挑楼板 $K[W/(m^2 \cdot K)]$	$\leqslant 1.0$		$\leqslant 1.0$		0	
	传热系数 $K[W/(m^2 \cdot K)]$	太阳得热 系数 $SHGC$ (东西南/北向)	传热系数 $K[W/(m^2 \cdot K)]$	太阳得热 系数 $SHGC$ (东西南/北向)	传热系数	太阳得 热系数 $SHGC$
单一立面外窗	$\leqslant 3.0$	$\leqslant 0.52$	$\leqslant 3.0$	$\leqslant 0.45$ ↑	0	**13%**
屋顶透光部分(屋顶 部分透光面积 $\leqslant 20\%$)	$\leqslant 3.0$	$\leqslant 0.35$	$\leqslant 3.0$	$\leqslant 0.35$	0	0

3. 权衡计算热工性能对比（表3-31）

夏热冬冷地区公共建筑围护结构热工性能权衡判断基本要求对比　　表3-31

围护结构	热工分区	《公共建筑节能设计标准》GB 50189—2015			《建筑节能与可再生能源利用通用规范》GB 55015—2021		提升比例	
屋面 K [W/(m²·K)]	A区	≤0.7			≤0.40(不得降低)↑		43%	
	B区	≤0.7			≤0.40(不得降低)↑		43%	
外墙 K [W/(m²·K)]	A区	≤1.0			≤0.8 ↑		20%	
	B区	≤1.0			≤0.8 ↑		20%	
外窗	A、B区	窗墙面积比 C_m	传热系数 K[W/(m²·K)]	综合太阳得热系数 $SHGC$(东、西向/南向)	传热系数 K[W/(m²·K)]	综合太阳得热系数 $SHGC$(东、西向/南向)	传热系数 K[W/(m²·K)]	综合太阳得热系数 $SHGC$(东、西向/南向)
		$0.4<C_m≤0.7$	≤3.0	≤0.44	≤2.2 ↑	≤0.40	27%	9%
		$C_m>0.7$	≤2.6		≤2.1 ↑		19%	

4. 其他指标要求对比（表3-32）

夏热冬冷地区公共建筑其他指标参数对比　　表3-32

类别	《公共建筑节能设计标准》GB 50189—2015	《建筑节能与可再生能源利用通用规范》GB 55015—2021
遮阳措施要求	夏热冬冷区的建筑各个朝向外窗(包括透光幕墙)均应设置遮阳措施	夏热冬冷区的建筑东、西、南向外窗(包括透光幕墙)均应设置遮阳措施(与国标相比,要求降低,北向无设置遮阳措施的要求)
屋顶透光面积比例	≤屋顶总面积的20%;不满足可权衡	与国家标准一致
入口大堂非中空面积比例	全玻璃幕墙中非中空玻璃的面积不应超过统一立面透光面积的15%	与国家标准一致

5. 通用规范与国家标准相比条文汇总

为了更方便地看到《通用规范》的要求相比公建国标2015的变化,针对上述表格进行总结（表3-33）,归纳与公建国标2015的对比,《通用规范》提高、不变和要求降低的条文,以便对整体建筑性能有更好的把握,若是要求提高的条文,需要在设计中注意,因为这意味着,需要将结构做得更好才能满足要求,也就需要相应地优化建筑设计,以达到标准限值的要求。

夏热冬冷地区公建国标2015与《通用规范》对比条文汇总　　　表3-33

	甲类	乙类
	夏热冬冷地区	夏热冬冷地区
要求提高	1. 传热系数： (1)屋面； (2)外窗； (3)屋面透光部分。 2. 太阳得热系数： 外窗	1. 传热系数： 屋面 2. 太阳得热系数： 外窗
要求不变	1. 传热系数： (1)外墙； (2)底部接触室外空气的架空或外挑楼板； (3)屋面透光部分的太阳得热系数	1. 传热系数： (1)外墙； (2)底部接触室外空气的架空或外挑楼板； (3)屋面透光部分的传热系数。 2. 太阳得热系数： 屋面透光部分

由表3-33可以看出，对于大部分的围护结构，如屋面、外窗、屋面透光部分，《通用规范》的要求是提高的，部分内容二者的要求一致，如外墙、架空楼板、屋面透光部分的太阳得热系数。

而相对于面积比较小的乙类建筑，屋面和外窗的太阳得热系数，《通用规范》的要求是提高的，其他的限值要求则变动不大。

3.3.2　居住建筑

针对居住建筑，展开《通用规范》与《夏热冬冷地区居住建筑节能设计标准》JGJ 134—2010（以下简称夏热冬冷居建行标）的对比。以下表格中的提升比例中，正值表示提升，负值表示与夏热冬冷居建行标相比降低要求，"0"表示限值不变。

1. 夏热冬冷地区居住建筑非透光围护结构热工对比（表3-34）

夏热冬冷地区非透光围护结构热工性能参数对比　　　表3-34

体形系数 S	围护结构	热惰性指标 D	《夏热冬冷地区居住建筑节能设计标准》 JGJ 134—2010	《建筑节能与可再生能源利用通用规范》 GB 55015—2021		提升比例	
				夏热冬冷 A	夏热冬冷 B	夏热冬冷 A	夏热冬冷 B
S≤0.4	屋面 K [W/(m²·K)]	D≤2.5	≤0.8	≤0.4 ↑	≤0.4 ↑	50%	50%
		D>2.5	≤1.0	≤0.4 ↑	≤0.4 ↑	60%	60%
	外墙 K [W/(m²·K)]	D≤2.5	≤1.0	≤0.6 ↑	≤0.8 ↑	40%	40%
		D>2.5	≤1.5	≤1.0 ↑	≤1.2 ↑	33%	20%
	底部接触室外空气的架空或外挑楼板 K[W/(m²·K)]		≤1.5	≤1.0 ↑	≤1.2 ↑	20%	20%
	分户墙、楼板、楼梯间隔墙、外走廊隔墙		≤2.0	≤1.5 ↑	≤1.5 ↑	25%	25%

续表

体形系数 S	围护结构	热惰性指标 D	《夏热冬冷地区居住建筑节能设计标准》JGJ 134—2010	《建筑节能与可再生能源利用通用规范》GB 55015—2021 夏热冬冷 A	夏热冬冷 B	提升比例 夏热冬冷 A	夏热冬冷 B
S≤0.4	楼板		—	≤1.8	≤1.8	新增要求	新增要求
	户门		3.0(通往封闭空间);2.0(通往非封闭空间或户外)	≤2.0 ↑	≤2.0 ↑	33%	33%
S>0.4	屋面 K [W/(m²·K)]	D≤2.5	≤0.5	≤0.4 ↑	≤0.4 ↑	20%	20%
		D>2.5	≤0.6	≤0.4 ↑	≤0.4 ↑	33%	33%
	外墙 K [W/(m²·K)]	D≤2.5	≤0.8	≤0.6 ↑	≤0.8 ↑	25%	0
		D>2.5	≤1.0	≤1.0	≤1.2 ↓	0	−20%
	底部接触室外空气的架空或外挑楼板 K[W/(m²·K)]		≤1.0	≤1.0	≤1.2 ↓	0	−20%
	分户墙、楼板、楼梯间隔墙、外走廊隔墙		≤2.0	≤1.5 ↑	≤1.5 ↑	25%	25%
	楼板		—	≤1.8 ↑	≤1.8 ↑	新增要求	新增要求
	户门		3.0(通往封闭空间);2.0(通往非封闭空间或户外)	≤2.0 ↑	≤2.0 ↑	33%	33%

2. 夏热冬冷地区居建透光围护结构热工对比（表 3-35、表 3-36）

夏热冬冷 A 区透光围护结构热工性能参数对比　　　　　　表 3-35

体形系数 S	窗墙面积比 Cm	《夏热冬冷地区居住建筑节能设计标准》JGJ 134—2010 传热系数 K [W/(m²·K)]	外窗综合遮阳系数 SC(东、西/南向)(SHGC)	《建筑节能与可再生能源利用通用规范》GB 55015—2021 传热系数 K[W/(m²·K)]	太阳得热系数 SHGC(东、西/南向)	提升比例 传热系数	太阳得热系数 SHGC
S≤0.4	Cm≤0.2	≤4.7	—/—	≤2.8 ↑ (Cm≤0.25)	—/—	36%	新增要求
	0.2<Cm≤0.3	≤3.0	—/—	≤2.5 ↑ (0.25<Cm≤0.4)		17%	新增要求
	0.3<Cm≤0.4	≤3.2	夏季≤0.4(0.35)/夏季≤0.45(0.39)		夏季≤0.4/—	22%	−15%/南向无要求
	0.4<Cm≤0.45	≤2.8	夏季≤0.35(0.30)/夏季≤0.40(0.35)	≤2.0 ↑ (0.4<Cm≤0.6)		29%	18%/夏季南向无要求,冬季有要求
	0.45<Cm≤0.6	≤2.5	东、西、南向设置外遮阳,夏季≤0.25(0.22)/冬季≥0.6(0.52)		夏季≤0.25/冬季≥0.5	20%	−15%/4%

续表

体形系数S	窗墙面积比 C_m	《夏热冬冷地区居住建筑节能设计标准》JGJ 134—2010		《建筑节能与可再生能源利用通用规范》GB 55015—2021		提升比例	
		传热系数 K [W/(m²·K)]	外窗综合遮阳系数SC(东、西/南向)(SHGC)	传热系数 K [W/(m²·K)]	太阳得热系数 SHGC(东、西/南向)	传热系数	太阳得热系数 SHGC
S>0.4	$C_m \leq 0.2$	≤4.0	—/—	≤2.8 ↑ ($C_m \leq 0.25$)	—/—	30%	无要求
	$0.2 < C_m \leq 0.3$	≤3.2	—/—	≤2.5 ↑ ($0.25 < C_m \leq 0.4$)	夏季≤0.4 /—	22%	新增要求
	$0.3 < C_m \leq 0.4$	≤2.8	夏季≤0.4(0.35)/夏季≤0.45(0.39)			11%	−15%/南向无要求
	$0.4 < C_m \leq 0.5$	≤2.5	夏季≤0.35(0.3)/夏季≤0.40(0.35)	≤2.0 ↑ ($0.4 < C_m \leq 0.6$)	夏季≤0.25 ↑ /冬季≥0.5	20%	18%/夏季南向无要求,冬季有要求
	$0.5 < C_m \leq 0.6$	≤2.3	东、西、南向设置外遮阳,夏季≤0.25(0.22)/冬季≥0.6(0.52)			13%	−15%/4%
	天窗	—		≤2.8 ↑	夏季≤0.20 ↑	新增要求	新增要求

夏热冬冷 B 区透光围护结构热工性能参数对比　　　　表 3-36

体形系数S	窗墙面积比 C_m	《夏热冬冷地区居住建筑节能设计标准》JGJ 134—2010		《建筑节能与可再生能源利用通用规范》GB 55015—2021		提升比例	
		传热系数 K [W/(m²·K)]	外窗综合遮阳SC(东、西/南向)(SHGC)	传热系数 K [W/(m²·K)]	太阳得热系数 SHGC(东、西/南向)	传热系数 K[W/(m²·K)]	太阳得热系数 SHGC
S≤0.4	$C_m \leq 0.2$	≤4.7	—/—	≤2.8 ↑ (开间窗墙面积比≤0.25)	—/—	36%	新增要求
	$0.2 < C_m \leq 0.3$	≤3.0	—/—	≤2.8 ↑ ($0.25 <$开间窗墙面积比≤0.4)	夏季≤0.4 /—	7%	新增要求
	$0.3 < C_m \leq 0.4$	≤3.2	夏季≤0.4(0.35)/夏季≤0.45(0.39)			13%	/南向无要求
	$0.4 < C_m \leq 0.45$	≤2.8	夏季≤0.35(0.30)/夏季≤0.40(0.35)	≤2.5 ↑ ($0.4 <$开间窗墙面积比≤0.6)	夏季≤0.25/冬季≥0.5	11%	29%/夏季无要求,冬季有要求
	$0.45 < C_m \leq 0.6$	≤2.5	东、西、南向设置外遮阳,夏季≤0.25(0.22)/冬季≥0.6(0.52)			0	−15%/4%

续表

体形系数S	窗墙面积比 C_m	《夏热冬冷地区居住建筑节能设计标准》JGJ 134—2010		《建筑节能与可再生能源利用通用规范》GB 55015—2021		提升比例	
		传热系数 K [W/(m²·K)]	外窗综合遮阳 SC(东、西/南向)(SHGC)	传热系数 K [W/(m²·K)]	太阳得热系数 SHGC(东、西/南向)	传热系数 K[W/(m²·K)]	太阳得热系数 SHGC
S>0.4	C_m≤0.2	≤4.0	—/—	≤2.8 ↑ (开间窗墙面积比≤0.25)	—/—	30%	无要求
	0.2<C_m≤0.3	≤3.2	—/—	≤2.8 ↑ (0.25<开间窗墙面积比≤0.4)	夏季 ≤0.4 /—	13%	新增要求
	0.3<C_m≤0.4	≤2.8	夏季≤0.4(0.35)/夏季≤0.45(0.39)			0	−15%/南向无要求
	0.4<C_m≤0.5	≤2.5	夏季≤0.35(0.3)/夏季≤0.40(0.35)	≤2.5 ↑ (0.4<开间窗墙面积比≤0.6)	夏季≤0.25/冬季≥0.5	0	18%/夏季无要求,冬季有要求
	0.5<C_m≤0.6	≤2.3	东、西、南向设外置遮阳,夏季≤0.25(0.22)/冬季>0.6(0.52)			−9%	−15%/4%
天窗		—	—	≤2.8 ↑	夏季≤0.20 ↑	新增要求	新增要求

3. 权衡计算热工性能对比 (表3-37)

夏热冬冷地区围护结构热工性能权衡判断基本要求对比　　　表3-37

围护结构	热工分区	《夏热冬冷地区居住建筑节能设计标准》JGJ 134—2010	《建筑节能与可再生能源利用通用规范》GB 55015—2021		提升比例
屋面 K [W/(m²·K)]	A区	—	不得降低		新增要求
	B区	—	不得降低		新增要求
外墙 K [W/(m²·K)]	A区	—	不得降低		新增要求
	B区	—	不得降低		新增要求
外窗	窗墙面积比 C_m		传热系数 K [W/(m²·K)]	综合太阳得热系数 SHGC	
	A区	—	不得降低	夏季≤0.40	新增要求
	B区	—	不得降低	夏季≤0.40	新增要求

注:权衡计算时,对于《通用规范》,当开间窗墙面积比分别为0.6、0.7、0.8时,有各自对应的传热系数要求,不可以突破,此处不详细展开。

4. 其他指标要求对比 (表3-38)

夏热冬冷地区其他指标要求参数对比　　　表3-38

类别		《夏热冬冷地区居住建筑节能设计标准》JGJ 134—2010	《建筑节能与可再生能源利用通用规范》GB 55015—2021
体形系数S	层数≤3	≤0.55	≤0.6
	4≤层数≤11层	≤0.40	≤0.4(夏热冬冷B区无要求)
	层数≥12	≤0.35	

续表

类别	《夏热冬冷地区居住建筑 节能设计标准》JGJ 134—2010	《建筑节能与可再生能源 利用通用规范》GB 55015—2021
窗墙面积比 C_m	开间窗墙面积比	开间窗墙面积比
朝向判定	东、西代表从东或西偏北 30°（含 30°）至偏南 60°（含 60°）的范围；南代表从南偏东 30°至偏西 30°的范围	东、西代表从东或西偏北 30°（含 30°）至偏南 30°（含 30°）的范围；南代表从南偏东 30°至偏西 30°的范围
楼梯间、外走廊等非主要功能房间是否参与判定	否	是
外遮阳措施	朝向窗墙面积比大于 0.45 时，东、西、南向有设置外遮阳措施的要求（包括不同朝向对应不同的遮阳措施）	无要求
权衡判断准入条件	设计建筑耗电量不超过参照建筑即可	附录 C 中有对围护结构的强制性条文，通过强制性条文才可以进行权衡计算

5. 通用规范与夏热冬冷居建行标相比条文汇总

为了更方便地看到《通用规范》的要求相对于夏热冬冷居建行标的变化，针对上述表格进行总结（表 3-39），归纳与夏热冬冷居建行标的对比，通用规范提高、不变和要求降低的条文，以便对整体建筑性有更好的把握，若是要求提高的条文，需要在设计中注意，因为这意味着，需要将围护结构做得更好才能满足要求，也就需要相应地优化建筑设计，以达到标准限值的要求。

夏热冬冷居建行标与《通用规范》的对比总结 表 3-39

	夏热冬冷 A 区	夏热冬冷 B 区
要求提高	体形系数≤0.4 时，所有非透光围护结构的要求均有明显提升； 新增了对楼板的要求； 体形系数>0.4 时，除了外墙和底部接触室外空气的架空或外挑楼板外，其余要求均有提升； 新增了对天窗的要求； 非主要功能间的外窗也要参与判定； 权衡计算有一定的准入门槛	所有非透光围护结构的要求均有明显提升； 外窗传热系数； 新增了对楼板的要求； 体形系数>0.4 时，除了外墙和底部接触室外空气的架空或外挑楼板外，其余要求均有提升； 新增了对天窗的要求； 非主要功能间的外窗也要参与判定； 权衡计算有一定的准入门槛
要求不变	体形系数>0.4 时，热惰性指标>2.5 时，外墙的要求及底部接触室外空气的架空或外挑楼板	无
要求降低	无	体形系数>0.4 时，热惰性指标>2.5 时，外墙的要求及底部接触室外空气的架空或外挑楼板

由表 3-39 可以看出，《通用规范》对大部分的围护结构要求均有明显提升，比如屋面、外墙、外窗，还新增了对天窗、楼板的要求，因为对节能提出了更高要求。对于太阳得热系数的系数，不同的窗墙面积比下有不同的要求，夏热冬冷 A、B 区也有不同的特点。另外，关于权衡计算，《通用规范》有明确的权衡准入条件（附录 C），并非只要求设

计建筑的能耗比参照建筑低。

3.4 夏热冬暖地区《通用规范》与 2016 年执行的公共建筑/居住建筑标准对比

夏热冬暖 A 区，主要包括广东省、广西壮族自治区部分地区。夏热冬暖 B 区，主要包括广东省、广西壮族自治区、海南省、福建省、云南省部分地区。

3.4.1 公共建筑

针对公共建筑，开展《通用规范》与《公共建筑节能设计标准》GB 50189—2015 的对比。以下表格中的提升比例中，正值表示提升，负值表示与《公共建筑节能设计标准》GB 50189—2015 相比降低要求，"0"表示限值不变。

1. 围护结构热工性能对比（表 3-40、表 3-41）

夏热冬暖地区甲类公共建筑围护结构热工性能限值对比 　　　　　　　　　表 3-40

围护结构	热惰性指标 D	《公共建筑节能设计标准》GB 50189—2015	《建筑节能与可再生能源利用通用规范》GB 55015—2021	提升比例	
屋面 K [W/(m²·K)]	$D \leqslant 2.5$	$\leqslant 0.50$	$\leqslant 0.40$ ↑	20%	
	$D > 2.5$	$\leqslant 0.80$	$\leqslant 0.40$ ↑	50%	
外墙（包括非透光幕墙）K[W/(m²·K)]	$D \leqslant 2.5$	$\leqslant 0.80$	$\leqslant 0.70$	0	
	$D > 2.5$	$\leqslant 1.50$	$\leqslant 1.50$	0	
底面接触室外空气的架空或外挑楼板 K [W/(m²·K)]	—	$\leqslant 1.50$	—	无要求	

外窗（包含透光幕墙）	甲类单一立面窗墙比 C_m	传热系数 K[W/(m²·K)]	综合太阳得热系数 SHGC（东、南、西向/北向）	传热系数 K[W/(m²·K)]	综合太阳得热系数 SHGC（东、南、西向/北向）	提升比例 传热系数 K[W/(m²·K)]	提升比例 综合太阳得热系数 SHGC（东、南、西向/北向）
	$C_m \leqslant 0.20$	$\leqslant 5.20$	$\leqslant 0.52/$	$\leqslant 4.00$ ↑	$\leqslant 0.40$ ↑	23%	23%/新增要求
	$0.20 < C_m \leqslant 0.30$	$\leqslant 4.00$	$\leqslant 0.44/0.52$	$\leqslant 3.00$ ↑	$\leqslant 0.35/0.40$ ↑	25%	20%/19%
	$0.30 < C_m \leqslant 0.40$	$\leqslant 3.00$	$\leqslant 0.35/0.44$	$\leqslant 2.50$ ↑	$\leqslant 0.30/0.35$ ↑	16%	14%/16%
	$0.40 < C_m \leqslant 0.50$	$\leqslant 2.70$	$\leqslant 0.35/0.40$	$\leqslant 2.50$ ↑	$\leqslant 0.25/0.30$ ↑	7%	29%/25%
	$0.50 < C_m \leqslant 0.60$	$\leqslant 2.50$	$\leqslant 0.26/0.35$	$\leqslant 2.40$ ↑	$\leqslant 0.20/0.25$ ↑	4%	23%/29%

续表

围护结构	热惰性指标 D	《公共建筑节能设计标准》GB 50189—2015		《建筑节能与可再生能源利用通用规范》GB 55015—2021		提升比例	
外窗（包含透光幕墙）	$0.60<C_m$ $\leqslant 0.70$	≤2.50	≤0.24/0.30	≤2.40 ↑	≤0.20/0.25 ↑	4%	17%/17%
	$0.70<C_m$ $\leqslant 0.80$	≤2.50	≤0.22/0.30	≤2.40 ↑	≤0.18/0.24 ↑	4%	18%/20%
	$C_m>0.80$	≤2.00	≤0.18/0.26	≤2.00	≤0.18 ↑	0	0/30%
屋顶透光部分（屋顶透光部分面积≤20%）	—	≤3.00	≤0.30	≤2.50 ↑	≤0.25 ↑	16%	17%

夏热冬暖地区乙类公共建筑围护结构热工性能限值对比　　　　表 3-41

围护结构	《公共建筑节能设计标准》GB 50189—2015		《建筑节能与可再生能源利用通用规范》GB 55015—2021		提升比例	
屋面 K [W/(m²·K)]	≤0.90		≤0.60 ↑		33%	
外墙（包括非透光幕墙）K[W/(m²·K)]	≤1.50		≤1.50		0	
外窗	传热系数 K[W/(m²·K)]	综合太阳得热系数 SHGC（东、南、西向/北向）	传热系数 K[W/(m²·K)]	综合太阳得热系数 SHGC（东、南、西向/北向）	传热系数 K[W/(m²·K)]	综合太阳得热系数 SHGC（东、南、西向/北向）
屋顶透光部分（屋顶透光部分面积≤20%）	≤4.00	≤0.48	≤4.00	≤0.40 ↑	0	17%
	≤4.00	≤0.30	≤4.00	≤0.30	0	0

对比之下，《通用规范》对屋面的要求提升了约 33%，对外墙的要求没有提升，对外窗的要求提升比例为 17%，对节能的要求有明显提升。

2. 权衡判断热工性能对比（表 3-42）

夏热冬暖地区甲类公共建筑围护结构热工性能权衡限值对比　　　　表 3-42

围护结构	《公共建筑节能设计标准》GB 50189—2015	《建筑节能与可再生能源利用通用规范》GB 55015—2021	提升比例
屋面 K [W/(m²·K)]	≤0.90	≤0.40（不得降低）↑	55%
外墙 K [W/(m²·K)]	≤1.50	≤1.50	0

围护结构		《公共建筑节能设计标准》 GB 50189—2015		《建筑节能与可再生能源利用通用规范》 GB 55015—2021		提升比例	
	窗墙面积比 C_m	传热系数 $K[W/(m^2 \cdot K)]$	综合太阳得热系数 $SHGC$（东、南、西向/北向）	传热系数 $K[W/(m^2 \cdot K)]$	综合太阳得热系数 $SHGC$（东、南、西向/北向）	传热系数 $K[W/(m^2 \cdot K)]$	综合太阳得热系数 $SHGC$（东、南、西向/北向）
外窗	$C_m \leqslant 0.4$	—	—	≤4.00	—	新增要求	无要求
	$0.4 < C_m \leqslant 0.7$	≤4.00	0.44	≤2.50 ↑	≤0.35 ↑	38%	20%
	$C_m > 0.7$	≤3.00		≤2.30 ↑		23%	

3. 其他指标要求对比（表 3-43）

夏热冬暖地区公共建筑其他指标热工性能限值对比　　　　表 3-43

类别	分类	《公共建筑节能设计标准》 GB 50189—2015	《建筑节能与可再生能源利用通用规范》GB 55015—2021
屋面透光部分面积与所在屋面总面积比值	甲类	≤20%，可权衡	≤20%，不可权衡
可见光透射比	甲类	单一立面窗墙面积比<0.40 时，透光材料的可见光透射比≥0.60；单一立面窗墙面积比≥0.40 时，透光材料的可见光透射比≥0.40	无强制要求
窗墙面积比（单一立面）	甲类	单一立面窗墙面积比≤0.70	单一立面窗墙面积比≤0.70
外窗有效换气面积	甲类	≥10%（可开启比例占外墙面积）应设置可开启窗扇或通风换气装置	主要功能房间的外窗（包括透光幕墙）应设置可开启窗扇或通风换气装置
	乙类	≥30%（可开启比例占窗面积）	无强制要求
外窗气密性	甲/乙类	外门、外窗：10 层以上，≥7 级；10 层以下，≥6 级；玻璃幕墙≥3 级	无强制要求

4. 通用规范与国家标准相比条文汇总（表 3-44）

夏热冬暖公共建筑《通用规范》与国家标准的对比小结　　　　表 3-44

	甲类	乙类
要求提高	1. 传热系数：(1)屋面；(2)外窗	1. 传热系数：(1)屋面；(2)外窗

续表

	甲类	乙类
要求不变	1. 传热系数； 外墙	1. 传热系数： 外墙 屋顶透光部分(屋顶透光部分面积≤20%)

对比之下，《通用规范》要求屋面的传热系数不得低于规定性指标，夏热冬暖A区，两本标准对外墙的要求一致。夏热冬暖B区，《通用规范》的要求放宽了一些。《公共建筑节能设计标准》GB 50189—2015 对窗墙面积比有一定的要求，窗墙面积比 $C_m \leqslant 0.7$ 时，两本标准的要求一致，$C_m > 0.7$ 时，《公共建筑节能设计标准》GB 50189—2015 的要求更高一些。

3.4.2 居住建筑

关于居住建筑，对比《通用规范》与《夏热冬暖地区居住建筑节能设计标准》JGJ 75—2012（以下简称夏热冬暖居建行标）。以下表格中的提升比例中，正值表示提升，负值表示与夏热冬暖居建行标相比降低要求，"0" 表示限值不变。

1. 非透光围护结构（表3-45）

夏热冬暖非透光围护结构的热工性能参数限值对比 表 3-45

指标	气候分区	围护结构热惰性指标	《夏热冬暖地区居住建筑节能设计标准》JGJ 75—2012	《建筑节能与可再生能源利用通用规范》GB 55015—2021	提升比例
屋面 K [W/(m²·K)]	A区	$D \leqslant 2.5$	—	≤0.40	新增要求
		$D \geqslant 2.5$（《通用规范》不含 2.5）	0.4<K≤0.9	≤0.40 ↑	56%
	B区	$D \leqslant 2.5$	—	≤0.40	新增要求
		$D \geqslant 2.5$（《通用规范》不含 2.5）	0.4<K≤0.9	≤0.40 ↑	56%
外墙 K [W/(m²·K)]	A区	$D \leqslant 2.5$	—	≤0.70	新增要求
		$D \geqslant 2.5$	0.7<K≤1.5	≤1.50	0
		$D \geqslant 2.8$	1.5<K≤2.0	≤1.50 ↑	25%
	B区	$D \leqslant 2.5$	—	≤0.10 ↑	新增要求
		$D \geqslant 2.5$	—	≤1.00	新增要求
		$D \geqslant 2.8$	2.0<K≤2.5	≤1.00 ↑	60%

对比之下，夏热冬暖居建行标对 $D < 2.5$ 未做要求，而《通用规范》则有明确要求。当 $D > 2.5$ 时，《通用规范》在夏热冬暖居建行标的基础上有大幅度提升。夏热冬暖居建行标对屋面及外墙有最小值的限制，《通用规范》则没有。

2. 权衡计算热工性能对比（表 3-46）

夏热冬暖地区居建围护结构热工性能权衡判断基本要求对比　　　　表 3-46

围护结构	热工分区	《夏热冬暖地区居住建筑节能设计标准》JGJ 75—2012	《建筑节能与可再生能源利用通用规范》GB 55015—2021		提升比例
屋面 K $[W/(m^2 \cdot K)]$	A 区	—	不得降低		新增要求
	B 区	—	不得降低		新增要求
外墙 K $[W/(m^2 \cdot K)]$	A 区	—	不得降低		新增要求
	B 区	—	不得降低		新增要求
外窗	窗墙面积比 C_m	—	传热系数 K $[W/(m^2 \cdot K)]$	综合太阳得热系数 $SHGC$	—
	A 区	—	不得降低	夏季≤0.35	新增要求
	B 区	—	不得降低	夏季≤0.35	新增要求

注：权衡计算时，对于《通用规范》，当开间窗墙面积比分别为 0.6、0.7、0.8 时，有各自对应的传热系数要求，不可以突破，此处不详细展开。

3. 其他指标要求对比（表 3-47）

夏热冬暖地区透光围护结构的热工性能参数限值对比　　　　表 3-47

指标	热工分区	《夏热冬暖地区居住建筑节能设计标准》JGJ 75—2012	《建筑节能与可再生能源利用通用规范》GB 55015—2021	提升比例
体形系数	A/B 区	体形系数的要求为"宜"，且以建筑形式为推荐依据	依据层数划分，是规定性指标	新增要求
窗墙面积比	A/B 区	单一朝向窗墙面积比	开间窗墙面积比	新增要求
屋面天窗面积与所在房间面积比值	A/B 区	无强制要求	有明确要求	新增要求
可见光透射比	A/B 区	当房间窗地比小于 1/5 时，可见光透射比不应小于 0.4	≥0.40	新增要求
房间窗地面积比主要使用房间（卧室、书房、起居室等）	A/B 区	主要功能房间窗地比不应小于 1/7	≥1/7	要求不变
外窗的通风开启	A 区	≥10%（窗地比）或≥45%（窗墙面积比）	≥5%	−50%
	B 区		≥10%（窗地比）或≥45%（窗墙面积比）	要求不变
外窗气密性（空气渗透量 q_1）	A/B 区	1~9 层外窗气密性不应小于国家标准的 4 级，10 层及以上不应低于国家标准的 6 级	$q_1 \leq 1.5m^2$；$q_2 \leq 4.5m^2$	新增要求

4. 通用规范与夏热冬暖居建行标相比条文汇总（表 3-48）

夏热冬暖地区条文通规与国标对比　　　　　　　　表 3-48

	夏热冬暖 A 区	夏热冬暖 B 区
要求提高	1. 传热系数： (1) 屋面； (2) 外墙； (3) 相同外墙传热系数下，绝大部分对外窗综合遮阳系数有较大幅度提升； (4) 外窗； (5) 天窗。 2. 体形系数。 3. 屋面天窗面积比。 4. 可见光透射比。 5. 气密性等级	1. 传热系数： (1) 屋面； (2) 外墙； (3) 相同外墙传热系数下，绝大部分对外窗综合遮阳系数有较大幅度提升； (4) 外窗； (5) 天窗。 2. 体形系数。 3. 屋面天窗面积比。 4. 可见光透射比。 5. 气密性等级
要求不变	1. 传热系数： A 区外墙（$D \geqslant 2.5$ 时）。 2. 主要功能房间窗地比	1. 主要功能房间窗地比。 2. B 区外窗通风开启面积

3.5　温和地区《通用规范》与国家标准和行业标准公共建筑/居住建筑标准的对比

温和 A 区，主要包括贵州省部分地区、云南省；温和 B 区，主要包括云南省部分地区、四川省和西藏自治区局部地区。

3.5.1　公共建筑

针对公共建筑，开展《通用规范》与《公共建筑节能设计标准》GB 50189—2015 的对比。以下表格中的提升比例中，正值表示提升，负值表示与《公共建筑节能设计标准》GB 50189—2015 相比降低要求，"0" 表示限值不变。

1. 围护结构热工性能对比（表 3-49）

温和 A 区甲类公共建筑围护结构的热工性能参数限值对　　　　表 3-49

围护结构	热惰性指标	《公共建筑节能设计标准》GB 50189—2015		《建筑节能与可再生能源利用通用规范》GB 55015—2021		提升比例	
		传热系数 K [W/(m²·K)]	太阳得热系数 SHGC（东、西向/南向）	传热系数 K[W/(m²·K)]	太阳得热系数 SHGC（东、西向/南向）	传热系数 K[W/(m²·K)]	太阳得热系数 SHGC（东、西向/南向）
屋面	$D \leqslant 2.5$	$\leqslant 0.50$	—	$\leqslant 0.50$	—	0	无要求
	$D > 2.5$	$\leqslant 0.80$	—	$\leqslant 0.80$	—	0	无要求

续表

围护结构	热惰性指标	《公共建筑节能设计标准》GB 50189—2015		《建筑节能与可再生能源利用通用规范》GB 55015—2021		提升比例	
		传热系数 K $[W/(m^2 \cdot K)]$	太阳得热系数 $SHGC$(东、西向/南向)	传热系数 $K[W/(m^2 \cdot K)]$	太阳得热系数 $SHGC$(东、西向/南向)	传热系数 $K[W/(m^2 \cdot K)]$	太阳得热系数 $SHGC$(东、西向/南向)
外墙(包括非透光幕墙)	$D \leqslant 2.5$	$\leqslant 0.80$	—	$\leqslant 0.80$	—	0	无要求
	$D > 2.5$	$\leqslant 1.50$	—	$\leqslant 1.50$	—	0	无要求
底面接触室外空气的架空或外挑楼板		—	—	$\leqslant 1.50$	—	新增要求	无要求
单一立面外窗(包括透光幕墙)	$C_m \leqslant 0.20$	$\leqslant 5.20$	—	$\leqslant 5.20$	—	0	无要求
	$0.20 < C_m \leqslant 0.30$	$\leqslant 4.00$	$\leqslant 0.44/0.48$	$\leqslant 4.00$	$\leqslant 0.40/0.45$ ↑	0	**9%/6%**
	$0.30 < C_m \leqslant 0.40$	$\leqslant 3.00$	$\leqslant 0.40/0.44$	$\leqslant 3.00$	$\leqslant 0.35/0.40$ ↑	0	**12%/9%**
	$0.40 < C_m \leqslant 0.50$	$\leqslant 2.70$	$\leqslant 0.35/0.40$	$\leqslant 2.70$	$\leqslant 0.30/0.35$ ↑	0	**14%/13%**
	$0.50 < C_m \leqslant 0.60$	$\leqslant 2.50$	$\leqslant 0.35/0.40$	$\leqslant 2.50$	$\leqslant 0.30/0.35$ ↑	0	**14%/135**
	$0.60 < C_m \leqslant 0.70$	$\leqslant 2.50$	$\leqslant 0.30/0.35$	$\leqslant 2.50$	$\leqslant 0.25/0.30$ ↑	0	**17%/14%**
	$0.70 < C_m \leqslant 0.80$	$\leqslant 2.50$	$\leqslant 0.26/0.35$	$\leqslant 2.50$	$\leqslant 0.25/0.30$ ↑	0	**4%/14%**
	$C_m > 0.80$	$\leqslant 2.00$	$\leqslant 0.24/0.30$	$\leqslant 2.00$	$\leqslant 0.20$ ↑	0	**17%/新增要求**
屋顶透光部分(屋顶透光部分面积≤20%)		$\leqslant 3.00$	$\leqslant 0.30$	$\leqslant 3.00$	$\leqslant 0.30$	0	0

2. 权衡判断热工性能对比（表 3-50）

温和 A 区甲类公共建筑围护结构热工性能权衡判断基本要求对比　　　表 3-50

围护结构	热惰性指标	《公共建筑节能设计标准》GB 50189—2015	《建筑节能与可再生能源利用通用规范》GB 55015—2021	提升比例
屋面 $K[W/(m^2 \cdot K)]$	$D \leqslant 2.5$	无强制要求	$\leqslant 0.50$(不得降低)	新增要求
	$D > 2.5$	无强制要求	$\leqslant 0.80$(不得降低)	新增要求
外墙 $K[W/(m^2 \cdot K)]$		无强制要求	$\leqslant 1.00$	新增要求
外窗 $K[W/(m^2 \cdot K)]$		无强制要求	$\leqslant 3.20$	新增要求

3. 其他指标要求对比（表3-51）

温和A区公共建筑相关参数基本要求对比 表3-51

类别	分类	《公共建筑节能设计标准》GB 50189—2015	《建筑节能与可再生能源利用通用规范》GB 55015—2021
屋面透光部分面积与所在屋面总面积比值	甲类	≤20%,可权衡	≤20%,不可权衡
可见光透射比	甲类	单一立面窗墙面积比<0.40时,透光材料的可见光透射比≥0.60; 单一立面窗墙面积比≥0.40时,透光材料的可见光透射比≥0.40	无强制要求
外窗有效换气面积	甲类	≥10%(可开启比例占外墙面积)应设置可开启窗扇或通风换气装置	主要功能房间的外窗(包括透光幕墙)应设置可开启窗扇或通风换气装置
	乙类	≥30%(可开启比例占窗面积)	无强制要求
外窗气密性	甲/乙类	外门、外窗: 10层以上,≥7级; 10层以下,≥6级; 玻璃幕墙≥3级	无强制要求

4. 通用规范与国家标准相比条文汇总

为了更方便地看到《通用规范》的要求相对于《公共建筑节能设计标准》GB 50189—2015的变化,针对上述表格进行总结（表3-52）,归纳与《公共建筑节能设计标准》GB 50189—2015对比,《通用规范》提高、不变和要求降低的条文,以便对整体建筑性能有更好的把握,若是要求提高的条文,需要在设计中注意,因为这意味着,需要将围护结构做得更好才能满足要求,也就需要相应地优化建筑设计方案,以达到标准限值的要求。

温和地区居建条文中通规与国标对比 表3-52

甲类		
	温和A区	温和B区
要求提高	1. 传热系数: 外窗	暂无
要求不变	1. 传热系数: (1)屋面; (2)外墙。 2. 屋顶透光部分(屋顶透光部分面积≤20%)	1. 传热系数: (1)屋面; (2)外墙。 2. 屋顶透光部分(屋顶透光部分面积≤20%)
新增要求	底面接触室外空气的架空或外挑楼板 权衡(传热系数): (1)屋面; (2)外墙; (3)外窗	暂无

3.5.2　居住建筑

关于居住建筑，对比《通用规范》与《温和地区居住建筑节能设计标准》JGJ 475—2019。以下表格中的提升比例中，正值表示提升，负值表示与《温和地区居住建筑节能设计标准》JGJ 475—2019 相比降低要求，"0"表示限值不变。

1. 非透光围护结构热工性能对比（表 3-53）

温和地区居住建筑非透光围护结构的热工性能参数限值对比　　　　表 3-53

指标	气候分区	围护结构热惰性指标	《温和地区居住建筑节能设计标准》JGJ 475—2019		《建筑节能与可再生能源利用通用规范》GB 55015—2021	提升比例
			$S \leqslant 0.45$	$S > 0.45$		
屋面 K [W/(m²·K)]	A 区	$D \leqslant 2.5$	≤0.80	≤0.50	≤0.40 ↑	**50%/20%**
		$D > 2.5$	≤1.00	≤0.60	≤0.40 ↑	**60%/33%**
	B 区		≤1.00		≤1.00	0
外墙 K [W/(m²·K)]	A 区	$D \leqslant 2.5$	≤1.00	≤1.50	≤0.60 ↑	**40%/60%**
		$D > 2.5$	≤0.80	≤1.00	≤1.00	0
	B 区		≤2.00		≤1.80 ↑	10%
地面接触室外空气的架空或外挑楼板 K[W/(m²·K)]	A 区		—		≤1.00	新增要求
分户墙、楼梯间隔墙、外走廊墙 K [W/(m²·K)]	A 区		—		≤1.50	新增要求
楼板 K[W/(m²·K)]	A 区		—		≤1.80	新增要求
户门 K[W/(m²·K)]	A 区		—		≤2.00	新增要求

2. 透光围护结构热工性能对比（表 3-54）

温和地区居住建筑透光围护结构的热工性能参数限值对比　　　　表 3-54

热工分区	窗墙面积比 C_m	温和地区居住建筑节能设计标准 JGJ 475—2019			《建筑节能与可再生能源利用通用规范》GB 55015—2021		提升比例	
		传热系数 K[W/(m²·K)]		综合太阳得热系数 $SHGC$(东、西向/南向)	传热系数 K[W/(m²·K)]	综合太阳得热系数 $SHGC$(东、西向/南向)	传热系数 K[W/(m²·K)] ($S \leqslant 0.45$/$S > 0.45$)	综合太阳得热系数 $SHGC$(东、西向/南向)
		$S \leqslant 0.45$	$S > 0.45$					
A 区	$C_m \leqslant 0.20$	≤3.80	≤3.80	—/冬季 ≥0.435	≤2.80 ↑	—	**35%/35%**	无要求
	$0.20 < C_m \leqslant 0.30$	≤3.80	≤3.20	—/冬季 ≥0.435	≤2.50 ↑	—/冬季 ≥0.50	**34%/25%**	**15%**
	$0.30 < C_m \leqslant 0.40$	≤3.20	≤2.80	—/冬季 ≥0.435	≤2.50 ↑	—/冬季 ≥0.50	**22%/11%**	**15%**

续表

热工分区	窗墙面积比 C_m	温和地区居住建筑节能设计标准 JGJ 475—2019			《建筑节能与可再生能源利用通用规范》GB 55015—2021		提升比例	
		传热系数 K[W/(m²·K)]		综合太阳得热系数 SHGC(东、西向/南向)	传热系数 K[W/(m²·K)]	综合太阳得热系数 SHGC(东、西向/南向)	传热系数 K[W/(m²·K)] (S≤0.45/S>0.45)	综合太阳得热系数 SHGC(东、西向/南向)
		S≤0.45	S>0.45					
A 区	0.40<C_m≤0.45	≤2.80	≤2.50	—/冬季≥0.435	≤2.00 ↑	—/冬季≥0.50	**29%/20%**	**15%**
	0.45<C_m≤0.50	≤2.50	≤2.30	—/冬季≥0.435	≤2.00 ↑	—/冬季≥0.50	**20%/13%**	**15%**
	水平向（天窗）	—	—	夏季≤0.261/冬季≥0.435	≤2.80	夏季≤0.30/冬季≥0.50	**新增要求**	**15%**
B 区	东西向外窗	—	—	夏季0.348/—	≤4.00	夏季≤0.40/—	**新增要求**	**15%**
	水平向（天窗）	—	—	夏季≤0.234/冬季≥0.435	—	夏季≤0.30/冬季≥0.50	**0%**	**15%**

3. 权衡计算热工性能对比（表3-55、表3-56）

温和A区居住建筑围护结构热工性能权衡判断基本要求对比　　　　表3-55

围护结构	热惰性指标	《温和地区居住建筑节能设计标准》JGJ 475—2019		《建筑节能与可再生能源利用通用规范》GB 55015—2021		提升比例	
		传热系数 K[W/(m²·K)]	综合太阳得热系数 SHGC(东、西向/南向)	传热系数 K[W/(m²·K)]	综合太阳得热系数 SHGC(东、西向/南向)	传热系数 K[W/(m²·K)]	综合太阳得热系数 SHGC(东、西向/南向)
屋面 K[W/(m²·K)]	D≤2.5	≤0.8	—	≤0.40（不得降低）↑	—	**50%**	**无要求**
	D>2.5	≤1.0	—	≤0.40（不得降低）↑	—	**60%**	**无要求**
外墙 K[W/(m²·K)]	D≤2.5	≤1.2	—	≤1.00 ↑	—	**17%**	**无要求**
	D>2.5	≤1.8	—		—	**44%**	**无要求**
外窗	C_m≤0.2	≤3.8	冬季—/≥0.435	≤3.2 ↑	—	**无要求**	**无要求**
	0.2<C_m≤0.3				冬季—/≥0.5	**16%**	**15%**
	C_m>0.3	≤3.2					

温和B区居住建筑围护结构热工性能权衡判断基本要求对比　　　表3-56

围护结构	《温和地区居住建筑节能设计标准》JGJ 475—2019		《建筑节能与可再生能源利用通用规范》GB 55015—2021		提升比例	
	传热系数 K [W/(m²·K)]	综合太阳得热系数 SHGC (东、西向/南向)	传热系数 K [W/(m²·K)]	综合太阳得热系数 SHGC (东、西向/南向)	传热系数 K [W/(m²·K)]	综合太阳得热系数 SHGC (东、西向/南向)
屋面 K [W/(m²·K)]	—	—	≤1.00 (不得降低) ↑	—	新增要求	无要求
外墙 K [W/(m²·K)]	—	—	≤1.8 (不得降低) ↑	—	新增要求	无要求
外窗	—	夏季 ≤0.345/—	—	夏季≤0.40 (不得降低)/—	无要求	**15%**

4. 其他指标要求对比（表3-57）

温和地区居住建筑热工分区对比表　　　表3-57

指标	热工分区	层数	《温和地区居住建筑节能设计标准》JGJ 475—2019	《建筑节能与可再生能源利用通用规范》GB 55015—2021	提升比例
热工分区			温和A区、B区	温和A1、A2区、B区	
体形系数	A区	≤3层	0.55	≤0.60 ↑	**9%**
		1~6层	0.45	≤0.45	0
		7~11层	0.40	≤0.45 ↑	**13%**
		≥12层	0.35	≤0.45 ↑	**29%**
窗墙面积比	A区	北	≤0.40	≤0.40	0
		东、西	≤0.35	≤0.30 ↓	**14%**
		南	≤0.50	≤0.40 ↓	**20%**
屋面天窗面积与所在房间面积比值	A区		无强制要求	≤10%	新增要求
可见光透射比	A/B区		无强制要求	≥0.40	新增要求
房间窗地面积比主要使用房间(卧室、书房、起居室等)	A/B区		无强制要求	≥1/7	新增要求
外窗的通风开启	A区		无强制要求	≥5%	新增要求
	B区		无强制要求	≥10%(窗地比) 或≥45%(窗墙面积比)	新增要求
外窗气密性(空气渗透量 q_1)	A/B区		无强制要求	q_1≤1.5m²;q_2≤4.5m²	新增要求

5. 通用规范与《温和地区居住建筑节能设计标准》相比条文汇总

为了更方便地看到《通用规范》的要求相对于《温和地区居住建筑节能设计标准》JGJ 475—2019，针对上述表格进行总结（表 3-58），归纳与《温和地区居住建筑节能设计标准》JGJ 475—2019（以下简称温和居建行标）相比《通用规范》提高、不变和要求降低的条文，以便对整体建筑性能有更好的把握，若是要求提高的条文，需要在设计中注意，因为这意味着，需要将围护结构做得更好才能满足要求，也就需要相应地优化建筑设计方案，以达到标准限值的要求。

温和区各条文对比汇总

表 3-58

甲类		
	温和 A 区	温和 B 区
要求提高	1. 传热系数： (1)屋面； (2)外墙	无
要求不变	1. 传热系数： 外窗、天窗	1. 传热系数： (1)屋面； (2)外墙； (3)外窗、天窗
要求新增	1. 传热系数 $K[W/(m2 \cdot K)]$： (1)地面接触室外空气的架空或外挑楼板； (2)分户墙、楼梯间隔墙、外走廊墙； (3)楼板； (4)户门	1. 权衡： (1)屋面； (2)外墙； (3)外窗

第 4 章 《建筑节能与可再生能源利用通用规范》设计及软件应用

《建筑节能与可再生能源利用通用规范》GB 55015—2021，自 2022 年 4 月 1 日起实施，本规范为强制性工程建设规范，全部条文必须严格执行，现行工程建设标准相关强制性条文同时废止。现行工程建设标准中有关规定与本规范不一致的，以本规范的规定条文为准。

表 4-1 中给出了各标准中所废止的条文。

通用规范废止条文

表 4-1

序号	标准	废止条文
1	《建筑照明设计标准》GB 50034—2013	第 6.3.3、6.3.4、6.3.5、6.3.6、6.3.7、6.3.9、6.3.10、6.3.11、6.3.12、6.3.13、6.3.14、6.3.15 条
2	《住宅设计规范》GB 50096—2011	第 7.1.5、7.2.3、8.1.4(2)、8.3.2、8.3.4、8.3.12 条(款)
3	《公共建筑节能设计标准》GB 50189—2015	第 3.2.1、3.2.7、3.3.1、3.3.2、3.3.7、4.1.1、4.2.2、4.2.3、4.2.5、4.2.8、4.2.10、4.2.14、4.2.17、4.2.19、4.5.2、4.5.4、4.5.6 条
4	《民用建筑太阳能热水系统应用技术标准》GB 50364—2018	第 3.0.4、3.0.5、3.0.7、3.0.8、4.2.3、4.2.7、5.3.2、5.4.12、5.7.2 条
5	《地源热泵系统工程技术规范》GB 50366—2005(2009 版)	第 3.1.1、5.1.1 条
6	《住宅建筑规范》GB 50368—2005	第 7.2.2、7.2.4、8.3.1、8.3.5 、8.3.8、10.1.1、10.1.2、10.1.4、10.1.5、10.1.6、10.2.1、10.2.2、10.3.1、10.3.2、10.3.3 条
7	《建筑节能工程施工质量验收标准》GB 50411—2019	第 3.1.2、4.2.2、4.2.3、4.2.7、5.2.2、6.2.2 、7.2.2、8.2.2、9.2.2、9.2.3、10.2.2、11.2.2、12.2.2、12.2.3、15.2.2、18.0.5 条
8	《太阳能供热采暖工程技术标准》GB 50495—2019	第 1.0.5、5.1.1、5.1.2、5.1.5、5.2.13 条
9	《民用建筑供暖通风与空气调节设计规范》GB 50736—2012	第 5.2.1、5.4.3(1)、5.5.1、5.5.5、5.10.1、7.2.1、8.1.2、82.2、8.3.4(1)、8.3.5(4)、8.11.14、9.1.5(1-4)条(款)
10	《民用建筑太阳能空调工程技术规范》GB 50787—2012	第 1.0.4、3.0.6、5.3.3、5.4.2、5.6.2、6.1.1 条
11	《严寒和寒冷地区居住建筑节能设计标准》JGJ 26—2018	第 4.1.3、4.1.4、4.1.5、4.1.14、4.2.1、4.2.2、4.2.6、5.1.1、5.1.4、5.1.9、5.1.10、5.2.1、5.2.4、5.2.8、5.4.3、6.2.3、6.2.5、6.2.6、7.3.2 条

续表

序号	标准	废止条文
12	《夏热冬暖地区居住建筑节能设计标准》JGJ 75—2012	第4.0.4、4.0.5、4.0.6、4.0.7、4.0.8、4.0.10、4.0.13、6.0.2、6.0.4、6.0.5、6.0.8、6.0.13条
13	《夏热冬冷地区居住建筑节能设计标准》JGJ 134—2010	第4.0.3、4.0.4、4.0.5、4.0.9、6.0.2、6.0.3、6.0.5、6.0.6、6.0.7条
14	《辐射供暖供冷技术规程》JGJ 142—2012	第3.2.2、3.8.1条
15	《外墙外保温工程技术标准》JGJ 144—2019	第4.0.2、4.0.5、4.0.7、4.0.9条
16	《供热计量技术规程》JGJ 173—2009	第3.0.1、3.0.2、4.2.1、5.2.1、7.2.1条
17	《公共建筑节能改造技术规范》JGJ 176—2009	第5.1.1、6.1.6条
18	《采光顶与金属屋面技术规程》JGJ 255—2012	第4.5.1条
19	《建筑外墙外保温防火隔离带技术规程》JGJ 289—2012	第3.0.4、4.0.1条
20	《温和地区居住建筑节能设计标准》JGJ 475—2019	第4.2.1、4.2.2、4.3.6、4.4.3条

《通用规范》条文说明中分别列出了不同建筑各建造阶段的适用条文，详细条文分类见表4-2。

通用规范适用条文　　　　　　　　表4-2

阶段	适用条文
新建建筑设计功能、性能	第2.0.1、2.0.2、3.1.1-3.1.18、3.2.5、3.2.6、3.2.9、3.2.11-3.2.16、3.3.7、3.4.2~3.4.6条
既有建筑节能改造功能、性能	第4.1.2、4.2.3、4.3.9~4.3.11条
可再生建筑应用系统功能、性能	第5.2.2、5.2.5、5.2.9、5.2.10、5.3.3、5.3.4、5.4.3、5.4.4条
施工、调试及验收功能、性能	第6.1.1、6.1.3、6.1.5、6.2.5-6.2.8、6.3.6、6.3.13条
节能运行及管理功能、性能	第7.1.1、7.1.2、7.2.1条

4.1 基本规定

4.1.1 执行通用规范的建筑类型

1. 标准要求

《通用规范》第1.0.2条对执行本规范的建筑范围提出要求，指出新建、扩建、改建建筑以及既有建筑节能改造的民用建筑和工业建筑应执行本规范的要求，如图4-1所示。

1.0.2 新建、扩建和改建建筑 以及 既有建筑节能改造工程 的建筑节能与可再生能源建筑应用系统的设计、施工、验收及运行管理必须执行本规范。

图 4-1 《通用规范》第 1.0.2 条对执行本规范建筑范围的相关要求

条文说明中更加具体地给出了适用建筑类型和范围。

适用：新建、改建和扩建的民用建筑和工业建筑；

　　　既有建筑节能改造。

扩建：保留原有建筑，在其基础上增加另外的功能、形式、规模，使得新建部分成为与原有建筑相关的新建建筑；

改建：对原有建筑的功能或者形式进行改变，而建筑的规模和建筑的占地面积均不改变的新建建筑。

既有建筑节能改造：在建筑原有功能不变的情况下，对建筑的围护结构及用能设备或系统的改善。

不适用：没有设置供暖、空调系统的工业建筑；

　　　　战争、自然灾害等不可抗条件下对建筑节能与可再生能源利用的要求；

　　　　使用限期为 2 年以下的临时建筑。

2. 软件实现

启动界面"建筑与平台"，选择项目的建筑类型，如民用建筑或者工业建筑。进入节能模块后，在标准参数中选择节能标准为《建筑节能与可再生能源利用通用规范》GB 55015—2021，即可进行相关计算判定，如图 4-2 所示。

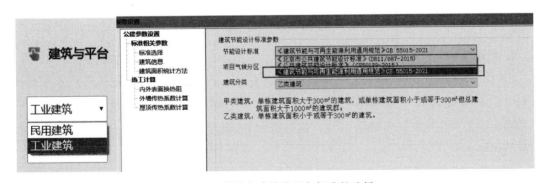

图 4-2 软件中建筑类型与标准的选择

4.1.2 审查需要提交的报告书

1. 标准要求

《通用规范》第 2.0.5 条对可行性研究、建设方案、初步设计阶段所要提交的报告书内容提出了要求，即需要提交建筑能耗、可再生能源利用及碳排放分析报告，如图 4-3 所示。

2.0.5 新建、扩建和改建建筑以及既有建筑节能改造均应进行建筑节能设计。建设项目<u>可行性研究报告</u>、<u>建设方案和初步设计文件应包含建筑能耗、可再生能源利用及建筑碳排放分析报告</u>。施工图设计文件应明确建筑节能措施及可再生能源利用系统运营管理的技术要求。

图 4-3 《通用规范》第 2.0.5 条对提交审查的报告书内容的相关要求

2. 软件实现

碳排放模块可输出对应的报告书，进入碳排放模块进行设置，计算即可输出，如图 4-4 所示。

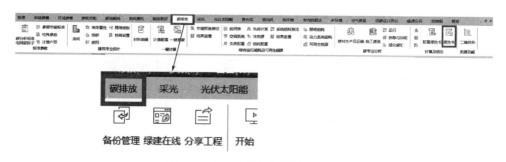

图 4-4 碳排放模块软件界面显示

4.2 公共建筑节能指标要求及软件实现

4.2.1 公共建筑节能率的要求

1. 标准要求

《通用规范》第 2.0.1 条对公共建筑的节能率提出了要求，对新建建筑节能水平的衡量是以 2016 年执行的《公共建筑节能设计标准》GB 50189—2015 的节能水平为基础，在此基础上，公共建筑能耗再降低 20%，这是执行本标准各项技术要求后全国范围建筑设计能耗的总体水平。

其中本标准比较大的变动是能耗对比基准，由以我国 20 世纪 80 年代建筑能耗水平为基准的静态节能率方式，转换为以标准实施的年代版本为基础的统称，量化提高的程度用相对上一版本的相对节能率描述。因此本标准的能耗对比的基准不再是一个确定的数值，而是以 2016 年为基准（图 4-5），而 2016 年的确定是以"十二五"向"十三五"建筑节能工作转化的一个重要时间段。

如此变动的原因主要基于以下几点考量：

（1）我国地域广大，气候差异大，若要达到相同的节能率水平，技术难度和实施成本巨大，且各地静态节能率的水平不同步。

（2）空调和生活热水逐渐成为南方建筑能耗的主要组成部分。但是 20 世纪 80 年代主要以北方供暖能耗为主，南方这部分能耗没有基线数据作为量化比较的基准。

（3）采用静态节能率的描述方式，提升的空间量化显示度将越来越小，不利于观测。

2.0.1 新建居住建筑和公共建筑平均设计能耗水平应在 2016 年执行的节能设计标准的基础上分别降低 30% 和 20%。不同气候区平均节能率应符合下列规定：

1 严寒和寒冷地区居住建筑平均节能率应为 75%；

2 除严寒和寒冷地区外，其他气候区居住建筑平均节能率应为 65%；

3 公共建筑平均节能率应为 72%。

图 4-5　《通用规范》第 2.0.1 条对公共建筑节能率的相关要求

条文关键词：新建建筑、能耗、2016 年执行的节能设计标准、72%

理解重点：

（1）节能率要达到 72%。

（2）节能率提升基准为《公共建筑节能设计标准》GB 50189—2015。

（3）节能率的计算公式为：

$$节能率 = 1 - \frac{设计建筑能耗 \times (1 - 标准节能率)}{参照建筑能耗} \times 100\%$$

标准节能率：即标准要求的节能率指标，即这里的 72%。

最终实际建筑的节能率按照上述节能率公式计算可以得到。

2. 软件实现

在软件标准选择界面选择《通用规范》，对项目模型设置材料等必要的参数，进行节能计算，规定性指标或者权衡报告满足其一，即可判定该项目满足《通用规范》的要求，满足了节能率 72% 的要求。

即报告书结论为图 4-6 或图 4-7，都判定满足要求。

规定性指标判定结论：本项目规定性指标满足《建筑节能与可再生能源利用通用规范》GB 55015—2021 的规范要求。

图 4-6　规定性满足要求报告书结论

4.2.2　可权衡条文与权衡条件

可权衡条文：即当不符合规定性指标限值要求时，可以进行权衡判定，当权衡的能耗结果不大于参照建筑的能耗数据时，也可判定为节能通过。

注意：可权衡条文，当不满足规定性限值要求时，还必须满足权衡强制性条文，即权衡准入条件后，才能进行权衡计算。

规定性指标判定结论： 本项目规定性指标不满足《建筑节能与可再生能源利用通用规范》GB 55015–2021的规范要求，但满足强制性条文要求，须进行围护结构热工性能权衡判定。

该设计建筑的全年能耗小于参照建筑的全年能耗，因此该项目已达到《建筑节能与可再生能源利用通用规范》GB 55015-2021 的设计要求。

图 4-7 规定性不满足，但权衡满足结论

可权衡条文及权衡条件如表 4-3 所示，表 4-3 中未涉及的条文，必须满足规定性指标。

可权衡条文及权衡准入条件 表 4-3

条文编号	判定指标			权衡准入条件
3.1.6	屋顶透光面积比例			无
3.1.10	围护结构热工性能			
	外墙传热系数 $K[\mathrm{W}/(\mathrm{m}^2 \cdot \mathrm{K})]$	严寒 A		≤0.4
		严寒 B		≤0.4
		严寒 C		≤0.45
		寒冷 A/B		≤0.55
		夏热冬冷 A/B		≤0.8
		夏热冬暖 A/B		≤1.5
		温和 A		≤1.0
		温和 B		无
	外窗传热系数 $K[\mathrm{W}/(\mathrm{m}^2 \cdot \mathrm{K})]$	严寒 A/B		≤2.5
		严寒 C		≤2.6
		寒冷 A/B		≤2.7
		夏热冬冷 A/B		≤3.0
		夏热冬暖 A/B		≤4.0
		温和 A		≤3.0
		温和 B		无
	单一立面外窗（包含幕墙） $K[\mathrm{W}/(\mathrm{m}^2 \cdot \mathrm{K})]$	严寒 A/B	$0.4 < C_\mathrm{m} \leqslant 0.6$	≤2.0
			$C_\mathrm{m} > 0.6$	≤1.5
		严寒 C	$0.4 < C_\mathrm{m} \leqslant 0.6$	≤2.1
			$C_\mathrm{m} > 0.6$	≤1.7
		寒冷 A/B	$0.4 < C_\mathrm{m} \leqslant 0.7$	≤2.0
			$C_\mathrm{m} > 0.7$	≤1.7
		夏热冬冷 A/B	$0.4 < C_\mathrm{m} \leqslant 0.7$	≤2.2
			$C_\mathrm{m} > 0.7$	≤2.1
		夏热冬暖 A/B	$0.4 < C_\mathrm{m} \leqslant 0.7$	≤2.5
			$C_\mathrm{m} > 0.7$	≤2.3
	综合太阳得热系数 $SHGC$	严寒、寒冷		无
		夏热冬冷	$C_\mathrm{m} > 0.4$	≤0.4
		夏热冬暖	$C_\mathrm{m} > 0.4$	≤0.35

4.2.3　不可权衡条文

不可权衡条文，是必须满足标准限值要求的条文，若不满足，需要对材料进行调整，使其通过才可以。不可权衡条文及判定指标如表 4-4 所示。

不可权衡条文　　　　　　　　　　　　　　　表 4-4

条文编号	判定指标
3.1.3	体形系数
3.1.11	乙类建筑围护结构热工
3.1.13	大堂入口非中空比例的面积
3.1.14-2	主要功能房间外窗设置可开启窗扇或通风换气装置
3.1.15-1	夏热冬冷、夏热冬暖地区南、东、西设置遮阳

注：此处列出重点条文，详细可查看第 3 章各热工分区的详细条文对比。

4.2.4　体形系数

1. 限值要求

《通用规范》第 3.1.3 条对严寒和寒冷地区的体形系数提出要求，且不允许通过权衡判断的途径满足本条要求。

考虑到严寒和寒冷地区的气候条件，围护结构等传热较大，体形系数的大小对于建筑能耗的影响非常显著，体形系数越小，单位建筑面积对应的外表面积越小，外围护结构的传热损失越小。从降低建筑能耗的角度出发，应将体形系数控制在一个较小的水平上。

夏热冬冷和夏热冬暖地区，体形系数对空调和供暖也有一定的影响，但是由于其内外的温差远不如严寒和寒冷地区大，所以不会对体形系数提出具体要求。

采用合理的建筑方案的单栋建筑面积小于 $800 m^2$，其体形系数一般不会超过 0.4，5～8 层的多层建筑体形系数在 0.30 左右，高层和超高层建筑的体形系数一般小于 0.25。实际工程中，单栋面积 $300 m^2$ 以下的小规模建筑，体形系数有可能会超过 0.5。

基于以上能耗方面的地域差异和实际工程案例的汇总，3.1.3 条以建筑面积 $800 m^2$ 为划分分界，给出不同体形系数限值如图 4-8 所示。

3.1.3 严寒和寒冷地区公共建筑体形系数应符合表 3.1.3 的规定。

表 3.1.3　严寒和寒冷地区公共建筑体形系数限值

单栋建筑面积 $A(m^2)$	建筑体形系数
$300 < A \leqslant 800$	$\leqslant 0.50$
$A > 800$	$\leqslant 0.40$

图 4-8　《通用规范》第 3.1.3 条对体形系数的相关要求

体形系数计算公式为：

$$体形系数 = \frac{建筑与室外接触的外表面积}{建筑体积}$$

建筑面积：包含半地下室的面积，不包含地下室的面积。

建筑体积：与计算建筑面积对应的建筑外表面积和底层地面所围成的体积计算。

2. 软件实现

如图 4-9 所示，针对其建筑的具体参数进行体形系数的计算，由其建筑信息（图 4-10）可知，其外表面积为 4162.72m²，体积为 22019.22m³，可得到其体形系数的计算公式为：

$$体形系数 = 外表面积/体积 = 4162.72/22019.22 \approx 0.19$$

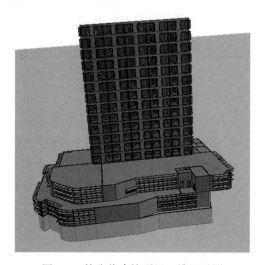

图 4-9 某公共建筑项目三维显示图

建筑朝向	南偏西24°		
指北针角度	北偏西24°		
建筑面积（计算）	总面积4403.67 m²	地上：4403.67 m²	地下：0.00 m²
建筑体积（计算）	总体积：22019.22 m³	地上：22019.22 m³	地下：0.00 m³
外表面积和体形系数	总外表面积：4162.72 m²	体形系数	0.19
建筑层数	地上：15 层	地下：1 层	
建筑高度	10.00 m		

图 4-10 节能报告书中项目信息：建筑面积与体积数据

4.2.5 屋顶透光部分面积比例

1. 标准要求

由于公共建筑形式的多样化和建筑功能的需要，需要公共建筑设计室内中庭，但是中庭围护结构的热工性能较差，导致传热损失和太阳辐射得热过大。

《通用规范》第 3.1.6 条对屋顶透光部分的面积比例提出了要求（图 4-11），考虑到通过屋顶天窗的传热和太阳辐射得热较高，使得整体建筑能耗偏高，需要控制公共建筑屋顶透光部位的面积比例，其具体比例不应大于整体建筑屋顶面积的 20%。

3.1.6 甲类公共建筑的屋面透光部分面积不应大于屋面总面积的 20%。

图 4-11 《通用规范》第 3.1.6 条对屋面透光面积比例的相关要求

注：（1）这里的透光部分的面积是指实际透光面积，不含窗框面积。

（2）屋顶面积是指建筑的总屋顶面积。

2. 软件实现

某小型公共建筑（图 4-12），创建天窗尺寸为 3m×2m，材料编辑中可查看该窗户的窗框窗洞面积比为 0.2（图 4-13），则计算得到净玻璃的面积为：6×（1−0.2）=4.8（m²），如图 4-14 所示。

创建天窗	? ₽ ×
⊟ 天窗	
创建方式	放置
窗宽度	3000
窗高度	2000
窗编号	SC29-3020-06
⊟ 窗样式设置	
开启方式	固定
样式设置	单层单列-固定 ... ⌄

图 4-12 天窗三维显示及天窗尺寸属性

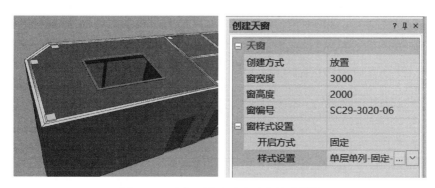

材料详情	统一设置

窗系统组成 🗗 ⚙

窗框材质 隔热金属型材多腔密封Kf… 玻璃系统名称 6透明+12空气+6透明 …

窗系统参数

* 窗传热系数[W/(m²·K)] 3.20 　　* 窗框窗洞面积比 0.20

* 窗夏季太阳得热系数 0.60 　　* 可见光透射比 0.81

* 窗冬季太阳得热系数 0.60 　　* 防火等级 A ▾

* 气密性等级 6 ▾ 　　* 水密性等级 8 ▾

* 抗风压等级 0 ▾

图 4-13 材料编辑中天窗窗框窗洞面积比例

屋顶透光部分窗框	屋顶透光部分玻璃	屋顶透光部分面积(m²)	屋顶面积(m²)	屋顶透光部分面积占屋顶面积比	屋顶透光部分面积占屋顶面积比限值
隔热金属型材多腔密封 Kf=5.0W/(m²×K)框面积20%	6透明+12空气+6透明	4.80	66.29	0.07	0.20
标准条目	《建筑节能与可再生能源利用通用规范》GB 55015—2021第3.1.6条公共建筑屋顶透光部分面积不应大于屋顶总面积的20%				
结论	满足				

图 4-14　规定性指标报告书中关于屋顶透光部分面积占屋顶面积比例的判定

4.2.6 屋顶传热系数

1. 限值要求

《通用规范》第3.1.10条从降低能耗的角度出发，规定了甲类公共建筑不同热工分区的屋顶传热系数限值，如表4-5所示。

甲类公共建筑屋顶传热系数限值表　　　　表 4-5

热工分区	传热系数限值 $K[W/(m^2 \cdot K)]$	
	体形系数≤0.30	0.30<体形系数≤0.50
严寒 A、B	≤0.25	≤0.20
严寒 C	≤0.30	≤0.25
寒冷	≤0.40	≤0.35
夏热冬冷	≤0.40	
夏热冬暖	≤0.40	
温和 A	围护结构热惰性指标 D≤2.5	围护结构热惰性指标 D>2.5
	≤0.50	≤0.80

《通用规范》第3.1.11条从降低能耗的角度出发，规定了乙类公共建筑不同热工分区的屋顶传热系数限值，如表4-6所示。

乙类公共建筑屋顶传热系数限值表　　　　表 4-6

热工分区	传热系数限值 $K[W/(m^2 \cdot K)]$
严寒 A、B	≤0.35
严寒 C	≤0.45

热工分区	传热系数限值 $K[W/(m^2 \cdot K)]$
寒冷	≤0.55
夏热冬冷	≤0.60
夏热冬暖	≤0.60

2. 计算原理

当为单一屋顶材料时，屋顶的传热系数按照现行国家标准《民用建筑热工设计规范》GB 50176取值，即传热系数为热阻的倒数，如图4-15、图4-16所示。

> **B.0.2** 对于一般建筑，取屋面的平均传热系数等于屋面平壁部分的传热系数。当屋面出现明显的结构性热桥时，屋面平均传热系数应按照现行国家标准《民用建筑热工设计规范》GB 50176的规定计算。

图4-15 《严寒和寒冷地区居住建筑节能设计标准》JGJ 26—2018 条文

3.4.2 多层匀质材料层组成的围护结构平壁的热阻应按下式计算：

$$R = R_1 + R_2 + \cdots\cdots + R_n \qquad (3.4.2)$$

式中：R_1，R_2……R_n——各层材料的热阻($m^2 \cdot K/W$)，其中，实体材料层的热阻应按本规范第3.4.1条的规定计算，封闭空气间层热阻应按本规范附录表B.3的规定取值。

3.4.3 由两种以上材料组成的、二(三)向非均质复合围护结构的热阻R应按本规范附录第C.1节的规定计算。

3.4.4 围护结构平壁的传热阻应按下式计算：

$$R_0 = R_i + R + R_e \qquad (3.4.4)$$

式中：R_0——围护结构的传热阻($m^2 \cdot K/W$)；

R_i——内表面换热阻($m^2 \cdot K/W$)，应按本规范附录B第B.4节的规定取值；

R_e——外表面换热阻($m^2 \cdot K/W$)，应按本规范附录B第B.4节的规定取值；

R——围护结构平壁的热阻($m^2 \cdot K/W$)，应根据不同构造按本规范第3.4.1～3.4.3条的规定计算。

3.4.5 围护结构平壁的传热系数应按下式计算：

$$K = \frac{1}{R_0} \qquad (3.4.5)$$

式中：K——围护结构平壁的传热系数[$W/(m^2 \cdot K)$]；

R_0——围护结构的传热阻($m^2 \cdot K/W$)，应按本规范第3.4.4条的规定计算。

图4-16 《民用热工设计规范》GB 50176—2016

当屋顶类型为多个，或者将防火隔离带考虑在内时，屋顶的传热系数采用面积加权的方式计算,如图 4-17 所示。

B.0.3 当建筑墙体(屋面)采用不同材料或构造时,应先计算各种不同类型墙体(屋面)的平均传热系数,然后再依据 **面积加权** 的原则,计算整个墙体(屋面)的平均传热系数。

图 4-17 《严寒和寒冷地区居住建筑节能设计标准》JGJ 26—2018 B.0.3

3. 软件实现

若屋顶不考虑防火隔离带的影响,则直接输出计算书,屋顶若需要将防火隔离带考虑在最终的屋顶传热系数中,实现步骤如下:

(1)首先需要在屋顶传热系数计算方式中选择防火隔离带参与屋顶平均传热系数计算(图 4-18);

(2)其次在模型中设置防火隔离带的高度(图 4-19);

(3)最后设置材料编辑防火隔离带材料,进行计算即可(图 4-20~图 4-23)。

图 4-18 设置防火隔离带参与传热系数计算

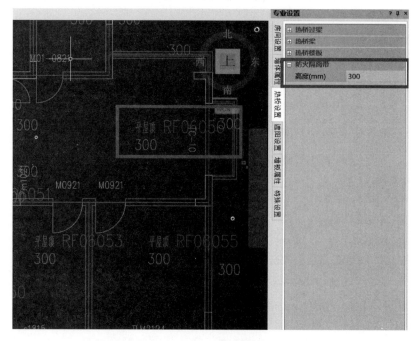

图 4-19 "专业设置"中设置防火隔离带高度

序号	材料名称	层性质	厚度 mm	导热系数 W/(m·K)	蓄热系数 W/(m²·K)	密度 kg/m³	修正系数	热阻	防
1	白石灰	外饰面层	2	—	—	—	—	0.000	
2	细石混凝土	其他层 ▼	40	1.740	17.20	2500	1.00	0.023	
3	水泥砂浆	其他层 ▼	20	0.930	11.37	1800	1.00	0.022	
4	挤塑聚苯乙烯泡沫板	保温层	60	0.030	0.34	35	1.20	1.667	
5	水泥砂浆	其他层 ▼	20	0.930	11.37	1800	1.00	0.022	
6	轻集料混凝土清捣	其他层 ▼	30	0.890	11.10	1700	1.00	0.034	
7	钢筋混凝土	主体层 ▼	120	1.740	17.20	2500	1.00	0.069	

图 4-20 "材料编辑"—"热桥设置"中设置防火隔离带材料

屋面 每层材料名称	厚度 (mm)	导热系数 [W/(m·K)]	蓄热系数 [W/(m²·K)]	热阻值 [(m²·K)/W]	热惰性指标 $D=R \cdot S$	修正系数 α
细石混凝土	40.0	1.740	17.200	0.023	0.40	1.00
沥青油毡，油毡纸	4.0	0.170	3.330	0.024	0.08	1.00
水泥砂浆	20.0	0.930	11.370	0.022	0.24	1.00
水泥膨胀珍珠岩2	30.0	0.210	3.440	0.143	0.49	1.00
挤塑聚苯板（屋面保温）	80.0	0.032	0.320	2.273	0.80	1.10
钢筋混凝土	120.0	1.740	17.200	0.069	1.19	1.00
屋面各层之和	294.0			2.55	3.20	
屋面热阻 $Ro=Ri+\sum R+Re=2.70(\text{m}^2 \cdot \text{K})/\text{W}$			$Ri=0.11[(\text{m}^2 \cdot \text{K})/\text{W}]; Re=0.04[(\text{m}^2 \cdot \text{K})/\text{W}]$			
屋面传热系数	$K=1/Ro=0.37[\text{W}/(\text{m}^2 \cdot \text{K})]$					
太阳辐射吸收系数	$\rho=0.70$					
需要进行防火隔离带综合计算						

图 4-21 规定性指标报告书中屋面主体层传热系数计算

最终的屋顶传热系数采取面积加权的方式计算，最终的热惰性指标 D 采用同样的方式计算得到。

4.2.7 外墙（包括非透光幕墙）传热系数

在学习标准指标要求前，首先需要了解该研究对象，这里判定的对象是外墙和非透光幕墙，之所以将非透光幕墙和外墙一起进行判定，是因为非透光幕墙和实体外墙的本质是

防火隔离带 每层材料名称	厚度 (mm)	导热系数 [W/(m·K)]	蓄热系数 [W/(m²·K)]	热阻值 [(m²·K)/W]	热惰性指 标D=R·S	修正系数 α
细石混凝土	40.0	1.740	17.200	0.023	0.40	1.00
水泥砂浆	20.0	0.930	11.370	0.022	0.24	1.00
挤塑聚苯乙烯泡沫板	60.0	0.030	0.340	1.667	0.68	1.20
水泥砂浆	20.0	0.930	11.370	0.022	0.24	1.00
轻集料混凝土清搅	30.0	0.890	11.100	0.034	0.37	1.00
钢筋混凝土	120.0	1.740	17.200	0.069	1.19	1.00
防火隔离带各层之和	290.0			1.84	3.12	
防火隔离带热阻 $Ro=Ri+\sum R+Re=1.99(m²·K)/W$	$Ri=0.11[(m²·K)/W]; Re=0.04[(m²·K)/W]$					
防火隔离带传热系数	$K=1/Ro=0.50[W/(m²·K)]$					
太阳辐射吸收系数	$\rho = 0.70$					

图 4-22　规定性指标报告书中屋面防火隔离带热工性能判定

构件名称	面积(m²)	面积所占比率	传热系数 K[W/(m²·K)]	热惰性指标D
屋顶	49.31	0.74	0.37	3.20
防火隔离带	16.99	0.26	0.50	3.12
屋顶平均传热系数Km	$Km= (K1.S1 + K2.S2 + K3.S3 + K4.S4 + K5.S5) / \sum S(m²) =0.40[W/(m²·K)]$ (D =3.18)			
标准条目	《建筑节能与可再生能源利用通用规范》GB 55015—2021第3.1.11条乙类公共建筑屋面、外墙、楼板热工性能的要求			
结论	0.40（限值：0.55），满足			

图 4-23　规定性指标报告书屋面传热系数综合计算

一样的，常见材质大多为石材幕墙、金属幕墙等（图 4-24），因此在建模时需要将其设置为普通墙体，与外墙类型一致。

1. 标准限值

《通用规范》第 3.1.10 条考虑不同热工分区其气候条件不同，对建筑的影响也不同，以体形系数 0.3 为分界线，区分在不同体形系数范围的外墙的传热系数限值，具体限值如表 4-7 所示。

幕墙墙体热工计算选用表

序号	外墙构造简图	工程做法	分层厚度δ mm	干密度ρ₀ kg/m³	导热系数λ W/(m·K)	修正系数a	热阻R (m²·K)/W	主体部位 传热阻R₀ (m²·K)/W	主体部位 传热系数K W/(m²·K)
1	外 内 6 543 2 1	1. 混合砂浆	20	1700	0.870	1.00	0.023		
		2. 钢筋混凝土	200	2500	1.740	1.00	0.115		
		3. 水泥砂浆找平层	20	1800	0.930	1.00	0.022		
		4. 岩棉板	70 80 90 100	100	0.040	1.10	1.591 1.818 2.045 2.273	1.901 2.106 2.333 2.583	0.526 0.475 0.429 0.387
		5. 专用贴面							
		6. 非透明幕墙							
2	外 内 6 543 2 1	1. 混合砂浆	20	1700	0.870	1.00	0.023		
		2. 加气混凝土砌块	200	600	0.200	1.25	0.800		
		3. 水泥砂浆找平层	20	1800	0.930	1.00	0.022		
		4. 岩棉板	50 60 70 80	100	0.040	1.10	1.136 1.364 1.591 1.818	2.173 2.401 2.628 2.855	0.460 0.417 0.381 0.350
		5. 专用贴面							
		6. 非透明幕墙							

注: 1. 实际平均传热系数K_m由单体工程按相关标准计算确定。
　　2. a为λ修正系数。

幕墙墙体热工计算选用表（岩棉板）	图集号 L15J188
	页 号 10

图 4-24 《L15J188 非透明幕墙建筑外墙保温构造详图》

甲类公共建筑外墙传热系数限值表

表 4-7

热工分区	传热系数限值 K[W/(m²·K)]	
	体形系数≤0.30	0.30<体形系数≤0.50
严寒 A、B	≤0.35	≤0.30
严寒 C	≤0.38	≤0.35
寒冷	≤0.50	≤0.45
夏热冬冷	围护结构热惰性指标≤2.5	围护结构热惰性指标>2.5
	≤0.60	≤0.80
夏热冬暖	≤0.60	≤0.80
温和 A	≤0.80	≤1.50

《通用规范》第 3.1.11 条给出了乙类公共建筑外墙传热系数限值，与甲类有所不同，其传热系数限值不再根据体形系数划分档次，具体要求如表 4-8 所示，且乙类建筑必须满足规定性指标要求，不允许通过权衡使其达标。

乙类公共建筑外墙传热系数限值表

表 4-8

热工分区	传热系数限值 K[W/(m²·K)]
严寒 A、B	≤0.45
严寒 C	≤0.50

热工分区	传热系数限值 $K[\text{W}/(\text{m}^2 \cdot \text{K})]$
寒冷	$\leqslant 0.60$
夏热冬冷	$\leqslant 1.00$
夏热冬暖	$\leqslant 1.50$

2. 计算原理

外墙的传热系数计算可选择面积加权的方式或者二维线性传热系数的方式，具体计算原理关注 "PKPM 绿色低碳" 微信公众号，搜索标题 "北方常见四种外墙传热系数计算公式解析"。这里保留外墙面积加权平均算法，考虑到部分南方省份审查依然延用老版的外墙传热系数计算方式，便于审查，因此提供该算法供设计师选择，推荐采用二维线性传热系数计算，如图 4-25、图 4-26 所示。

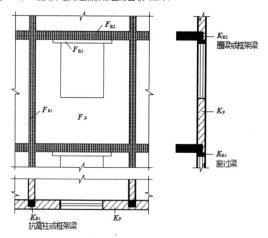

A.0.1 外墙受周边热桥的影响，其平均传热系数应按式 A.0.1 计算，单一朝向外墙主体部位和周边热桥部位按图 A.0.1 所示。

$$K_m = \frac{K_p \cdot F_p + K_{B1} \cdot F_{B1} + K_{B2} \cdot F_{B2} + K_{B3} \cdot F_{B3}}{F_p + F_{B1} + F_{B2} + F_{B3}} \qquad (\text{A.0.1})$$

式中　K_m——单一朝向外墙的平均传热系数[W/ ($\text{m}^2 \cdot$ K)]；

　　　　K_p——单一朝向外墙主体部位的传热系数[W/ ($\text{m}^2 \cdot$ K)]，取计算值或检测值；

K_{B1}、K_{B2}、K_{B3}——单一朝向外墙周边热桥部位的传热系数[W/ ($\text{m}^2 \cdot$ K)]；

　　　　F_p——单一朝向外墙主体部位的面积（m^2）；

F_{B1}、F_{B2}、F_{B3}——单一朝向外墙周边热桥部位的面积（m^2）。

图 4-25　外墙传热系数面积加权计算公式

3. 软件实现（图 4-27）

（1）面积加权

面积加权是主断面和各个热桥部分的传热系数与面积进行加权计算的一种方式。若传热系数不能通过，需要调整材料编辑界面主断面和热桥的材料，两者共同决定最终的传热系数。其中主断面一般占据面积比较多，影响热桥部位较大。

若主断面的保温与热桥部位的一致，可以点击联动热桥的功能，一键设置热桥部位的材料。

B.0.1 一个单元墙体的平均传热系数可按下式计算：

$$K_m = K + \frac{\sum \psi_j l_j}{A} \qquad (B.0.1)$$

式中：K_m——单元墙体的平均传热系数 [W/(m² · K)]；

$\quad\quad K$——单元墙体的主断面传热系数 [W/(m² · K)]；

$\quad\quad \psi_j$——单元墙体上的第 j 个结构性热桥的线传热系数 [W/(m · K)]；

$\quad\quad l_j$——单元墙体第 j 个结构性热桥的计算长度 (m)；

$\quad\quad A$——单元墙体的面积 (m²)。

B.0.2 在建筑外围护结构中，墙角、窗间墙、凸窗、阳台、屋顶、楼板、地板等处形成的热桥称为结构性热桥(图 B.0.2)。结构性热桥对墙体、屋面传热的影响可利用线传热系数 ψ 描述。

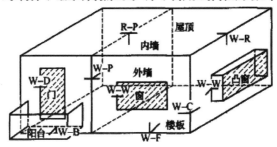

图 B.0.2 建筑外围护结构的结构性热桥示意图

W—D 外墙—门；W—B 外墙—阳台板；W—P 外墙—内墙；

W—W 外墙—窗；W—F 外墙—楼板；W—C 外墙角；

W—R 外墙—屋顶；R—P 屋顶—内墙

图 4-26 外墙传热系数二维线性传热计算公式

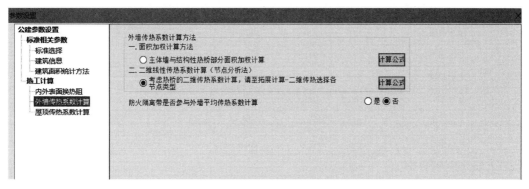

图 4-27 外墙传热系数计算方式选择

面积加权软件实现如图 4-28～图 4-33 所示。最终外墙综合传热系计算结果见图 4-33。

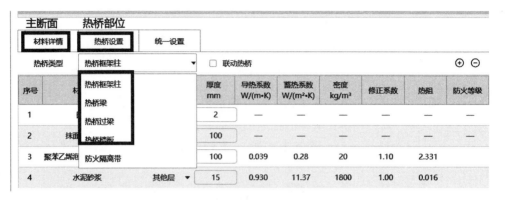

图 4-28　材料编辑热桥部位

外墙 每层材料名称	厚度 (mm)	导热系数 [W/(m·K)]	蓄热系数 [W/(m²·K)]	热阻值 [(m²·K)/W]	热惰性指 标D=R·S	修正系数 α
水泥砂浆	20.0	0.930	11.370	0.022	0.24	1.00
岩棉板	30.0	0.040	0.750	0.625	0.56	1.20
水泥砂浆	10.0	0.930	11.370	0.011	0.12	1.00
岩棉板	100.0	0.040	0.750	2.083	1.88	1.20
水泥砂浆	10.0	0.930	11.370	0.011	0.12	1.00
石灰砂浆	20.0	0.810	10.070	0.025	0.25	1.00
外墙各层之和	190.0			2.78	3.18	
外墙热阻 $Ro=Ri+\sum R+Re=2.93[(m^2·K)/W]$				$Ri=0.11[(m^2·K)/W];Re=0.04[(m^2·K)/W]$		
外墙传热系数	$K=1/Ro=0.34[W/(m^2·K)]$					
太阳辐射吸收系数	$\rho=0.70$					

图 4-29　外墙主体构造传热系数计算

热桥梁 每层材料名称	厚度 (mm)	导热系数 [W/(m·K)]	蓄热系数 [W/(m²·K)]	热阻值 [(m²·K)/W]	热惰性指 标D=R·S	修正系数 α
水泥砂浆	20.0	0.930	11.370	0.022	0.24	1.00
岩棉板	30.0	0.041	0.470	0.610	0.34	1.20
水泥砂浆	10.0	0.930	11.370	0.011	0.12	1.00
岩棉板	100.0	0.041	0.470	2.033	1.15	1.20
水泥砂浆	10.0	0.930	11.370	0.011	0.12	1.00
建筑钢材	250.0	58.200	126.000	0.004	0.54	1.00
热桥梁各层之和	420.0			2.69	2.52	
热桥梁热阻 $Ro=Ri+\sum R+Re=2.84[(m^2·K)/W]$				$Ri=0.11[(m^2·K)/W];Re=0.04[(m^2·K)/W]$		
热桥梁传热系数	$K=1/Ro=0.35[W/(m^2·K)]$					

图 4-30　外墙热桥梁传热系数计算

热桥过梁 每层材料名称	厚度 (mm)	导热系数 [W/(m·K)]	蓄热系数 [W/(m²·K)]	热阻值 [(m²·K)/W]	热惰性指 标D=R·S	修正系数 α
水泥砂浆	20.0	0.930	11.370	0.022	0.24	1.00
岩棉板	30.0	0.041	0.470	0.610	0.34	1.20
水泥砂浆	10.0	0.930	11.370	0.011	0.12	1.00
岩棉板	100.0	0.041	0.470	2.033	1.15	1.20
水泥砂浆	10.0	0.930	11.370	0.011	0.12	1.00
建筑钢材	200.0	58.200	126.000	0.003	0.43	1.00
热桥过梁各层之和	370.0			2.69	2.41	
热桥过梁热阻 $Ro=Ri+\sum R+Re=2.84[(m^2·K)/W]$		$Ri=0.11[(m^2·K)/W]; Re=0.04[(m^2·K)/W]$				
热桥过梁传热系数	$K=1/Ro=0.35[W/(m^2·K)]$					

图 4-31　外墙热桥过梁传热系数计算

热桥楼板 每层材料名称	厚度 (mm)	导热系数 [W/(m·K)]	蓄热系数 [W/(m²·K)]	热阻值 [(m²·K)/W]	热惰性指 标D=R·S	修正系数 α
水泥砂浆	20.0	0.930	11.370	0.022	0.24	1.00
岩棉板	30.0	0.041	0.470	0.610	0.34	1.20
水泥砂浆	10.0	0.930	11.370	0.011	0.12	1.00
岩棉板	100.0	0.041	0.470	2.033	1.15	1.20
水泥砂浆	10.0	0.930	11.370	0.011	0.12	1.00
建筑钢材	250.0	58.200	126.000	0.004	0.54	1.00
热桥楼板各层之和	420.0			2.69	2.52	
热桥楼板热阻 $Ro=Ri+\sum R+Re=2.84[(m^2·K)/W]$		$Ri=0.11[(m^2·K)/W]; Re=0.04[(m^2·K)/W]$				
热桥楼板传热系数	$K=1/Ro=0.35[W/(m^2·K)]$					

图 4-32　外墙热桥楼板传热系数计算

构件名称	面积(m²)	面积所占比率	传热系数 K[W/(m²·K)]	热惰性指标D	太阳辐射吸收 系数
外墙	85.72	0.80	0.34	3.18	0.70
热桥梁	14.62	0.14	0.35	2.52	0.70
热桥过梁	1.79	0.02	0.35	2.41	0.70
热桥楼板	4.62	0.04	0.35	2.52	0.70
外墙平均传热 系数 Km	$Km=(K1.S1+K2.S2+K3.S3+K4.S4+K5.S5)/\sum S(m^2)=0.34[W/(m^2·K)]$ (D =3.04)				
标准条目	《建筑节能与可再生能源利用通用规范》GB 55015-2021第3.1.11条乙类公共建筑屋面、外墙、楼板热工性能的要求				
结论	0.34（限值：0.60），满足				

图 4-33　外墙综合传热系数计算

（2）二维线性传热

二维线性传热是主断面的传热系数与各热桥节点传热系数和线长的乘积，与二维热桥构造有关。除热桥构造外，报告书还会生成各个热桥构造节点的线性传热系数与节点的数据，软件中可通过拓展计算—二维传热界面查看其热工属性。

二维线性传热软件实现如图 4-34～图 4-37 所示。

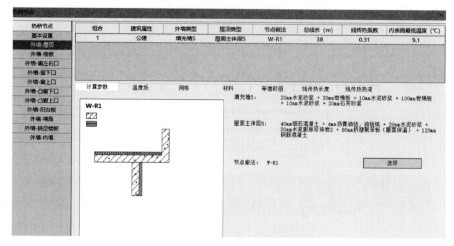

图 4-34　热桥节点做法及传热系数判定

热桥位置	朝向	节点做法	线传热系数 Ψ [W/(m·K)]	热桥计算长度 [m]	$\Psi \times L$ (W/K)
外墙-窗左右口	西向	W-WR1	0.149	11.200	1.666
	北向	W-WR1	0.149	15.800	2.351
	东向	W-WR1	0.149	3.000	0.446
外墙-窗下口	西向	W-WB1	0.071	3.439	0.243
	北向	W-WB1	0.071	9.325	0.659
	东向	W-WB1	0.071	0.800	0.057
外墙-窗上口	西向	W-WU1	0.071	3.439	0.243
	北向	W-WU1	0.071	9.325	0.659
	东向	W-WU1	0.071	0.800	0.057
外墙-屋顶	西向	W-R1	0.310	4.849	1.503
	北向	W-R1	0.310	18.505	5.738
	东向	W-R1	0.310	15.120	4.688
外墙-墙角	西向	W-C1	-0.029	7.800	-0.227
	北向	W-C1	-0.029	11.700	-0.340
	东向	W-C1	-0.029	7.800	-0.227
外墙-内墙	北向	W-P1	0.000	11.700	-0.001
	东向	W-P1	0.000	11.700	-0.001

图 4-35　建筑各热桥节点分项计算

各朝向的传热系数为主断面的传热系数与各朝向节点传热和线长的乘积之和。如图 4-36 中东向的节点传热系数与线长乘积之和为各热桥节点东朝向的数据之和：0.446＋

$0.057＋0.057＋4.688－0.227－0.001＝5.02$（W/K）。

最后汇总各朝向的数据，即可得到最终整个外墙的传热系数值（图 4-37）。

构造名称	面积(m²)	主墙体传热系数 K[W/(m²·K)]	节点 $\Psi \times L$(W/K)
填充墙5	41.88	0.34	5.02
主断面合计	41.88	0.34	5.02
总面积(A)	49.85m²(其中热桥面积为7.97m²)		
东向主体墙平均传热系数 K	$Km = K + \sum \Psi j \times Lj / A$ =0.44[W/(m²·K)]		

图 4-36 东朝向主体墙平均传热系数计算

构造名称	面积(m²)	主墙体传热系数 K[W/(m²·K)]	节点 $\Psi \times L$(W/K)
填充墙5	85.72	0.34	17.52
主断面合计	85.72	0.34	17.52
总面积(A)	106.74m²(其中热桥面积为21.02m²)		
考虑线性热桥后的 K	$Km = K + \sum \Psi j \times Lj / A$ =0.51[W/(m²·K)]		
标准条目	《建筑节能与可再生能源利用通用规范》GB 55015—2021第3.1.11条乙类公共建筑屋面、外墙、楼板热工性能的要求		
结论	0.51（限值：0.60），满足		

图 4-37 外墙平均传热系数判定

4.2.8 底面接触室外空气的架空楼板或外挑楼板

1. 限值要求

《通用规范》第 3.1.10 条考虑到架空楼板直接和室外空气进行传热，传热量较大，对架空楼板的传热系数进行限定，根据体形系数的不同，将其分为两个档次进行判定，其限值如表 4-9 所示。

甲类公共建筑架空楼板传热系数限值表

表 4-9

热工分区	传热系数限值 K[W/(m²·K)]	
	体形系数≤0.30	0.30<体形系数≤0.50
严寒 A、B	≤0.35	≤0.30
严寒 C	≤0.38	≤0.35
寒冷	≤0.50	≤0.45
夏热冬冷	≤0.70	
温和 A	≤1.50	

《通用规范》第 3.1.11 条对乙类公共建筑架空楼板的传热系数限值进行规定，其限值如表 4-10 所示。

乙类公共建筑架空楼板传热系数限值表 表 4-10

热工分区	传热系数限值 $K[W/(m^2 \cdot K)]$
严寒 A、B	≤0.45
严寒 C	≤0.50
寒冷	≤0.60
夏热冬冷	≤1.00
夏热冬暖	—

2. 软件实现

架空楼板是通过建筑模型在空间上架空而形成的，而外挑楼板则是在架空楼板的基础上设置的，若建筑模型在空间上属于非架空结构，则不能单独设置架空楼板或外挑楼板，原则是该楼板是由空间结构形成的，模型一旦确定，楼板的类型也即确定。

如图 4-38、图 4-39 所示，绿色部位楼板下方接触空气，即为架空楼板，二维模型对应的楼层平面显示楼板，也可以看到架空楼板的字样显示。

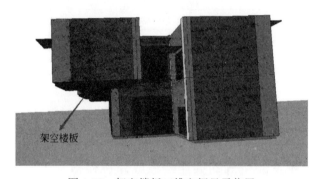

图 4-38　架空楼板三维空间显示位置

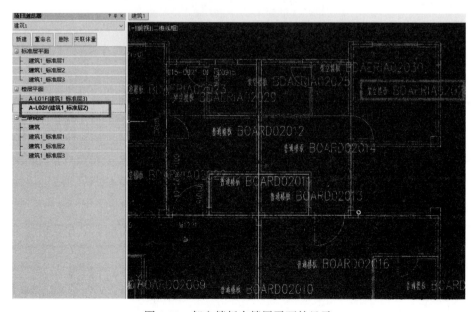

图 4-39　架空楼板在楼层平面的显示

架空楼板的形成主要有两个原因：模型空间结构形成的架空或者建模过程中由于基点未对齐、上下墙线之间有错缝形成的架空。第二种由于稍微错位造成的架空一般是条形的小部分架空楼板，可以在模型中选中该楼板，[Delete] 进行删除，如图 4-40 所示。

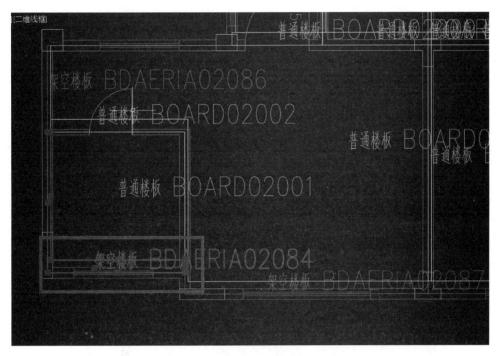

图 4-40　空间错位导致的条状架空楼板

4.2.9　地下车库与供暖房间之间的楼板

1. 限值要求

《通用规范》第 2.1.10 考虑了严寒和寒冷地区室外温差较大，地下车库大多为非供暖房间，楼板与地上供暖房间之间的传热较大，对甲类公共建筑传热系数进行了限定要求，其限值如表 4-11 所示。

甲类公共建筑地下车库与供暖房间楼板传热系数限值表　　　　表 4-11

热工分区	传热系数限值 $K[\mathrm{W}/(\mathrm{m}^2 \cdot \mathrm{K})]$	
	体形系数≤0.30	0.30＜体形系数≤0.50
严寒 A、B	≤0.35	≤0.30
严寒 C	≤0.70	≤0.70
寒冷	≤1.00	≤1.00

《通用规范》第 2.1.11 对乙类公共建筑传热系数进行了限定要求，其限值如表 4-12 所示，夏热冬冷和夏热冬暖地区不做要求。

乙类公共建筑地下车库与供暖房间楼板传热系数限值表　　　表 4-12

热工分区	传热系数限值 $K[\mathrm{W}/(\mathrm{m}^2 \cdot \mathrm{k})]$
严寒 A、B	≤0.50
严寒 C	≤0.70
寒冷	≤1.00
夏热冬冷	—
夏热冬暖	—

2. 软件实现

在软件中实现地下车库与供暖房间之间的楼板判定，需要在模型中进行正确设置，首先模型需要满足以下几个条件，软件才能正确识别到：

（1）地下一层的房间类型为非供暖属性的车库；

（2）与车库对应的地上一层房间有供暖属性的房间。

简而言之，需要有供暖房间与非供暖房间之间的楼板存在，且地下非供暖房间类型为车库，只有满足这两条规定，软件才能进行识别楼板判定，如图 4-41～图 4-43 所示。

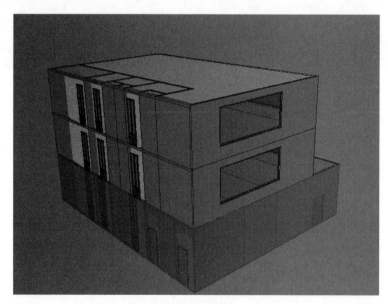

图 4-41　三维模型

房间是否供暖的房间类型，可通过房间属性查看，即选中房间名字后点击鼠标右键属性，若是供暖房间，属性空调供暖一栏为"是"，若是非供暖房间，这一栏则是"否"，如图 4-44 所示。

注意：软件默认的房间属性和参数不可修改，若要修改房间供暖属性或者房间温度等参数，需要自定义房间。

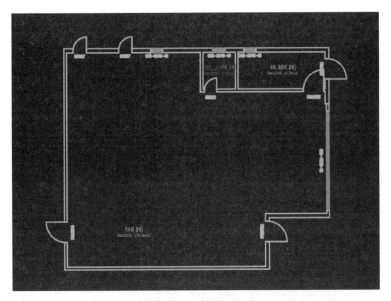

图 4-42 地下一层平面图房间类型—车库

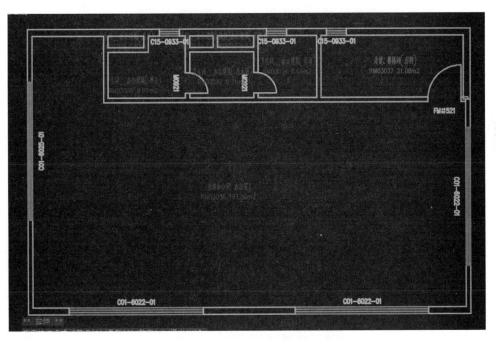

图 4-43 地上一层平面图房间类型

4.2.10 非供暖楼梯间与供暖房间之间的隔墙

1. 限值要求

《通用规范》第 2.1.10 考虑了严寒和寒冷地区室内外温差较大,非供暖楼梯间与供暖

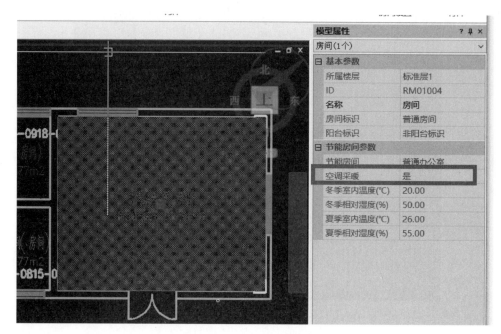

图 4-44　房间供暖属性查看

房间通过温差传热产生的建筑能耗较高，以不同体形系数为档次，对甲类公共建筑传热系数进行了限定要求，其限值如表 4-13 所示。

非供暖楼梯间与供暖房间之间的隔墙限值要求

表 4-13

热工分区	传热系数限值 $K[W/(m^2 \cdot K)]$	
	体形系数≤0.30	0.30<体形系数≤0.50
严寒 A、B	≤0.80	≤0.80
严寒 C	≤1.00	≤1.00
寒冷	≤1.20	≤1.20

2. 软件实现

非供暖楼梯间和供暖房间之间的隔墙识别与地下车库楼板的设置类似，软件通过房间名称识别是否需要判定该隔墙。非供暖房间需要设置楼梯间的类型，且临近房间为供暖类型的房间才能识别。比如卫生间和楼梯间同属于不供暖类别，但若房间设置为卫生间，就不能识别该隔墙，如图 4-45、图 4-46 所示。

4.2.11　窗墙面积比

《通用规范》对于公共建筑的窗墙面积比没有限值要求，但是在判定透光围护结构传热系数时，会根据不同的窗墙面积比的限值范围给出不同的传热系数限值要求。

公共建筑的窗墙面积比是指单一立面窗墙面积比。

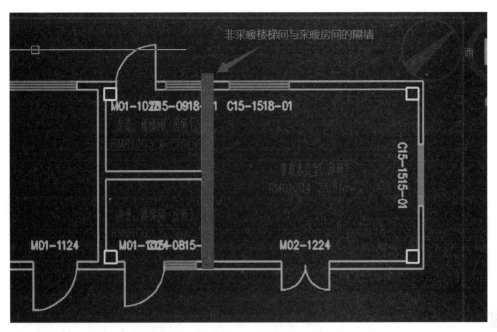

图 4-45　供暖与非供暖隔墙识别位置

指标	设计值	规范限值	是否达标	定位
体形系数	0.63	≤0.50	×	
⊞ 屋面	K = 0.37	K ≤ 0.35	×	
⊞ 外墙	K = 0.34	K ≤ 0.45	√	
非供暖楼梯间与供暖房间之间的隔墙	K = 0.42	K ≤ 1.20	√	
周边地面	R = 0.94	R ≥ 0.60	√	
⊞ 外窗（含透明幕墙）传热系数	K = 2.50	K ≤ 1.4	×	
⊞ 外窗（含透明幕墙）太阳得热系数	0.37	≤ 0.30	×	

围护结构规定性指标　权衡计算强制性条文　权衡计算结果

图 4-46　供暖与非供暖隔墙结果分析判定

定义：建筑某一个立面的窗户洞口面积与该立面总面积之比。

注意：以单一立面为对象，同一朝向不同立面不能合在一起计算窗墙面积比。

指北针的角度决定了墙体的朝向，窗户是基于墙体存在的，因此，墙体属于哪个朝向，墙体上的窗户也属于相应朝向。

1. 软件实现

软件中可以通过"墙线示意"功能，选中墙体，可查看该墙体的朝向划分（图 4-47）。

选中墙体，点击鼠标右键属性中可以看到该墙体所属的朝向和立面名称（图 4-48、图 4-49）。

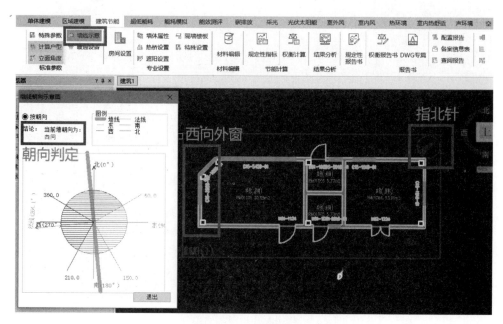

图 4-47　墙体朝向判定

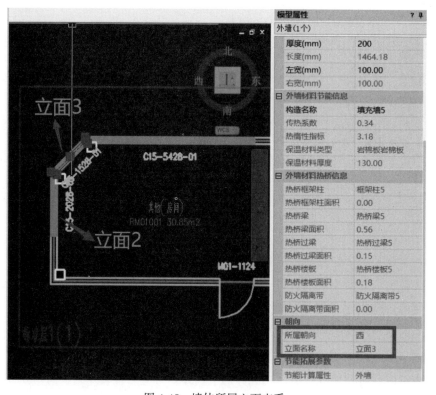

图 4-48　墙体所属立面查看

朝向	立面	规格型号	外窗面积(m²)	传热系数[W/(m²·K)]	立面窗墙面积比(包括透光幕墙)	加权传热系数[W/(m²·K)]	传热系数限值[W/(m²·K)]
东	立面1	隔热金属型材多腔密封 Kf=5.0W/(m²·K)框面积20%6高透光Low-E+12空气+6透明	1.20	2.50	0.02	2.50	2.5
西	立面2	隔热金属型材多腔密封 Kf=5.0W/(m²·K)框面积20%6高透光Low-E+12空气+6透明	5.53	2.50	0.42	2.50	2.5
	立面3	隔热金属型材多腔密封 Kf=5.0W/(m²·K)框面积20%6高透光Low-E+12空气+6透明	4.10	2.50	0.72	2.50	2.5

图 4-49 规定性指标报告书中根据立面窗墙面积比判定外窗传热系数

该西向有两个立面。以西向立面 2 为例进行说明（图 4-50～图 4-52）：

外窗面积：取洞口面积＝1.975×2.8＝5.53（m²）；

外墙面积：墙体长度×层高＝2.384×3.9＝13.19（m²）；

立面窗墙面积比：5.53/13.19＝0.42。

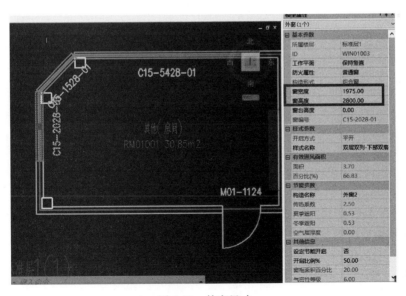

图 4-50 外窗尺寸

"PKPM 绿色低碳"微公众号中对窗墙面积比的原理有详细的说明以及当其不通过时的优化方式，可参考其中说明，具体搜索标题"节能中窗墙面积比不通过怎么办？——软

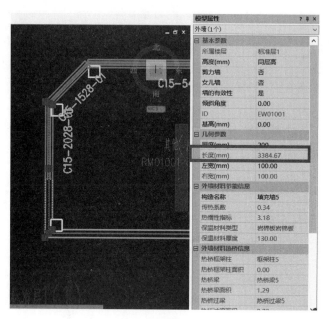

图 4-51　外墙尺寸

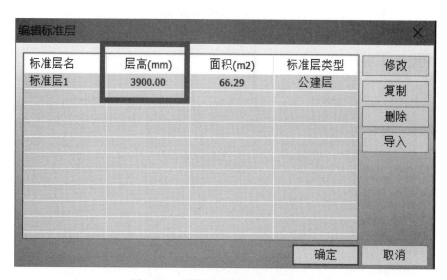

图 4-52　"编辑标准层"中查看层高

件实现方式及模型纠错方式"。

4.2.12　外窗、天窗太阳得热系数

1. 限值要求

《通用规范》第 3.1.10 条考虑了透光外围护结构通过玻璃的日射得热的影响，对外窗和天窗的太阳得热进行了限值要求，其限值如表 4-14 所示。

甲类公共建筑单一立面外窗（包括透光幕墙）太阳得热系数限值表　　表 4-14

热工分区	单一立面窗墙面积比范围	太阳得热系数 $SHGC$（东、南、西向/北向）	
		体形系数≤0.30	0.30<体形系数≤0.50
寒冷地区	0.20<C_m≤0.30	≤0.48/—	≤0.48/—
	0.30<C_m≤0.50	≤0.40/—	≤0.40/—
	0.50<C_m≤0.60	≤0.35/—	≤0.35/—
	0.60<C_m≤0.80	≤0.30/0.40	≤0.30/0.40
	C_m>0.80	≤0.25/0.40	≤0.25/0.40
夏热冬冷	C_m≤0.20	≤0.45	
	0.20<C_m≤0.30	≤0.40/0.45	
	0.30<C_m≤0.40	≤0.35/0.40	
	0.40<C_m≤0.50	≤0.30/0.35	
	0.50<C_m≤0.60	≤0.35/0.40	
	0.60<C_m≤0.80	≤0.25/0.30	
	C_m>0.80	≤0.20	
夏热冬暖	C_m≤0.20	≤0.40	
	0.20<C_m≤0.30	≤0.35/0.40	
	0.30<C_m≤0.40	≤0.30/0.35	
	0.40<C_m≤0.50	≤0.25/0.30	
	0.50<C_m≤0.70	≤0.20/0.25	
	0.70<C_m≤0.80	≤0.18/0.24	
	C_m>0.80	≤0.18	
温和 A	0.20<C_m≤0.30	≤0.40/0.45	
	0.30<C_m≤0.40	≤0.35/0.40	
	0.40<C_m≤0.60	≤0.30/0.35	
	0.60<C_m≤0.80	≤0.25/0.30	
	C_m>0.80	≤0.20	

屋顶透光部分（屋顶透光部分面积≤20%）限值如表 4-15 所示。

甲类公共建筑天窗太阳得热系数限值表　　表 4-15

热工分区	太阳得热系数 $SHGC$（东、南、西向/北向）	
	体形系数≤0.30	0.30<体形系数≤0.50
寒冷	≤0.35	≤0.35
夏热冬冷	≤0.30	
夏热冬暖	≤0.25	
温和 A	≤0.30	

《通用规范》第 3.1.11 条对外窗和天窗的太阳得热进行了限值要求，其限值如表

4-16 所示。

乙类公共建筑外窗太阳得热系数限值表　　　　　　　　　　　**表 4-16**

热工分区	太阳得热系数 SHGC
夏热冬冷地区	≤0.45
夏热冬暖地区	≤0.40

屋顶透光部分（屋顶透光部分面积≤20％）限值如表 4-17 所示。

乙类公共建筑天窗太阳得热系数限值表　　　　　　　　　　　**表 4-17**

热工分区	太阳得热系数 SHGC
寒冷地区	≤0.40
夏热冬冷地区	≤0.35
夏热冬暖地区	≤0.30

2. 软件实现

最终判定的综合太阳得热系数，由窗户的遮阳系数和外遮阳的遮阳系数共同决定（图 4-53～图 4-55）。

综合遮阳系数：考虑外窗本身和窗口的建筑遮阳装置综合遮阳效果的一个系数，其值为窗本身的遮阳系数（SC）与窗口的建筑外遮阳系数（SD）的乘积。

太阳得热系数（SHGC）：通过透光围护结构（门窗或透光幕墙）外表面上的太阳得热量与投射到透光围护结构（门窗或透光幕墙）外表面上太阳辐射量的比值。

遮阳系数与太阳得热系数之间的关系：

外窗的综合太阳得热系数（SHGC）＝外窗的综合遮阳系数×0.87

＝外窗的遮阳系数×外遮阳系数×0.87

＝玻璃的遮阳系数×（1－窗框窗洞面积比）

×外遮阳系数×0.87

图 4-53　外窗材料编辑界面太阳得热系数

朝向	立面	玻璃太阳得热系数	窗框系数	外遮阳系数SD	立面窗墙比(包括透光幕墙)	综合太阳得热系数 *SHGC*	SHGC限值
东	立面1	0.40	1.00	1.00	0.35	0.40	≤0.40
西	立面2	0.40	1.00	1.00	0.31	0.40	≤0.40
北	立面3	0.40	1.00	1.00	0.27	0.40	≤--
	立面4	0.35	0.85	1.00	0.12	0.30	≤--
标准条目	《建筑节能与可再生能源利用通用规范》GB 55015-2021第3.1.10条寒冷地区甲类外窗太阳得热系数的要求。						
结论	满足						

图 4-54　规定性报告书中外窗太阳得热系数判定

屋面透光部分窗框	屋面透光部分玻璃	屋面透光部分面积	太阳得热系数	全楼加权屋面透光部分太阳得热系数	限值
隔热金属型材多腔密封 *Kf*=5.0W/(m2·K)框面积20%	6中透光 Low-E+12氩气+6透明	5.18	0.36	0.36	0.35
标准条目	《建筑节能与可再生能源利用通用规范》GB 55015—2021第3.1.10条寒冷地区甲类屋顶透光面积太阳得热系数的要求				
结论	不满足				

图 4-55　规定性指标报告书中屋顶透光部位太阳得热系数判定

4.2.13　周边地面

1. 限值要求

《通用规范》第 3.1.10 条考虑到严寒和寒冷地区，地下土壤的温度和空气温度差距较大，在没有保温层的情况下，地面负荷占据很大的比例，因此该条对严寒和寒冷地区的甲类公共建筑进行规定，其他地区和乙类公共建筑不做要求。该条判定的对象为保温层的热阻值，因此必须设置保温层，其限值要求如表 4-18 所示。

周边地面保温层热阻限值表　　　　　　　　　　　　　表 4-18

热工分区	保温材料层热阻 $R[(m^2·K)/W]$
严寒 A、B	≥1.10
严寒 C	≥1.10
寒冷	≥0.60

周边地面的概念：对没有地下室的建筑是指底层房间外墙内侧 2m 范围内的地面（图 4-56）。

非周边地面：对没有地下室的房间是指底层地面中周边地面以外的部分。

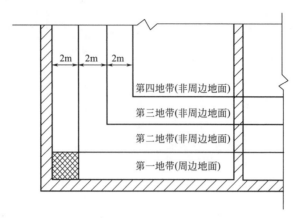

图 4-56 周边地面范围图示

2. 软件实现

软件中对于周边地面的判定逻辑如下：

（1）无地下室：有周边地面。

判定范围：建筑底层房间外墙向内 2m 之内的所属范围（图 4-57）。

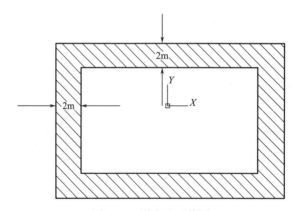

图 4-57 周边地面范围

（2）有地下室：

地上一层轮廓大于地下室轮廓——有周边地面（图 4-58）。

图 4-58 地上轮廓大于地下

地上一层出现与土壤接触的地面构件。

地上一层轮廓小于地下室轮廓——无周边地面（图 4-59）。

地上一层只有与地下室相连的楼板，无地面构造，判定无周边地面，只输出地下室外墙。

材料编辑中不显示周边地面，地下室地面判定为非周边地面。

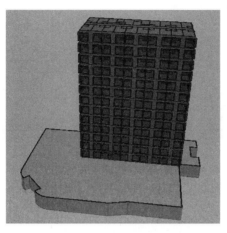

图 4-59　地下轮廓大于地上

注意：周边地面判定的是保温层的热阻，需要在材料编辑界面设置保温层（图 4-60）。

图 4-60　材料编辑界面周边地面设置保温层

4.2.14　供暖（空调）地下室与土壤接触的外墙

1. 限值要求

《通用规范》第 3.1.10 条规定了供暖地下室与土壤接触的外墙的热阻。与周边地面相似，供暖地下室对于温度有一定的要求，土壤的温度变化相比室外温度缓慢，其温度通常低于室外的空气温度，与供暖地下室发生传热交换，因此工程中一般需要设置保温层，减小温差传热。表 4-19 给出其外墙热阻的限值。

供暖地下室与土壤接触的外墙热阻限值表　　表 4-19

热工分区	保温材料层热阻 $R[(m^2 \cdot K)/W]$
严寒 A、B	≥1.50
严寒 C	≥1.50
寒冷	≥0.90

2. 软件实现

若要输出该条判定，需要在模型中进行有效设置，即地下室外墙所在房间中有供暖空调属性的房间类型（图 4-61）。

与周边地面相同，地下室外墙的判定范围也是保温层的热阻，材料编辑界面需要设置保温层（图 4-62、图 4-63）。

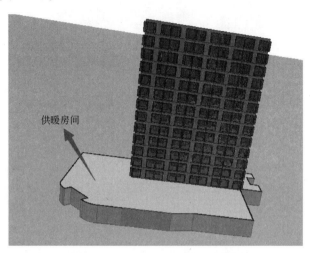

图 4-61　地下室房间设置供暖

序号	材料名称	层性质	厚度 mm	导热系数 W/(m·K)	蓄热系数 W/(m²·K)	密度 kg/m³	修正系数	热阻	防火等级
1	夯实粘土1	主体层	100	1.160	12.99	2000	1.00	0.086	A
2	挤塑聚苯板（XPS）	保温层	30	0.030	0.32	25	1.10	0.909	
3	防水卷材、聚氨酯	其他层	20	—	—	—	—	—	—
4	钢筋混凝土	主体层	300	1.740	17.20	2500	1.00	0.172	A

图 4-62　材料编辑界面地下室外墙设置保温层

指标	设计值	规范限值	是否达标	定位
体形系数	0.19	≤0.40	√	
屋面	K = 0.25	K ≤ 0.40	√	
⊞ 外墙	K = 0.89	K ≤ 0.50	×	
⊞ 周边地面	--	R ≥ 0.60	×	
供暖、空调地下室外墙	R = 0.91	R ≥ 0.90	√	
⊞ 外窗（含透明幕墙）传热系数	K = 1.80	K ≤ 1.8	√	
⊞ 外窗（含透明幕墙）太阳得热系数	0.21	≤ 0.35	√	

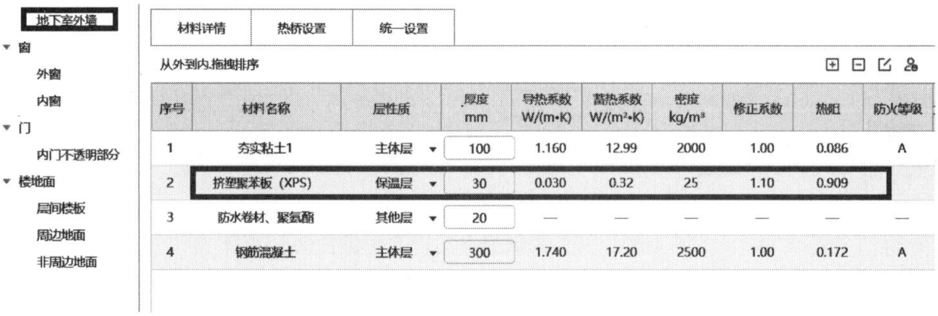

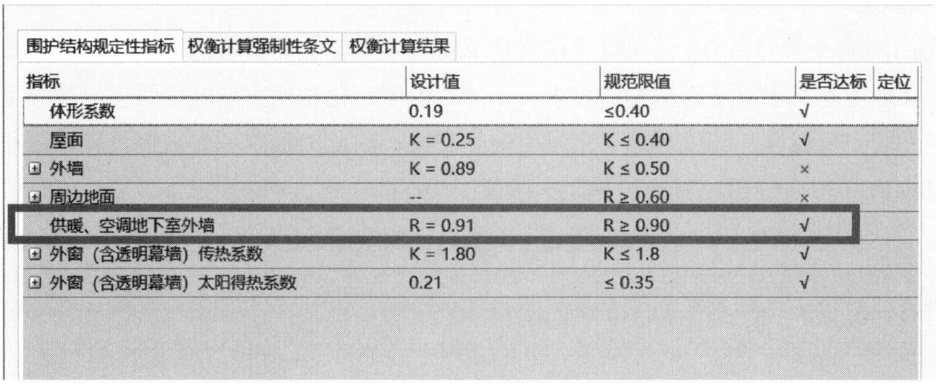

图 4-63　结果分析中地下室外墙保温层判定

4.2.15 变形缝

1. 限值要求

《通用规范》第 3.1.10 条对变形缝保温层的热阻进行规定。建筑物在外界因素作用下经常会发生变形，导致开裂甚至破坏，温度、湿度的变化都会产生影响。变形缝是针对这种情况而预留的构造缝，可分为伸缩缝、沉降缝和抗震缝。需要对变形缝做保温处理，表4-20 给出了变形缝的热阻限值。

变形缝热阻限值表 表 4-20

热工分区	保温材料层热阻 $R[(m^2 \cdot K)/W]$
严寒 A、B	$\geqslant 1.20$
严寒 C	$\geqslant 1.20$
寒冷	$\geqslant 0.90$

2. 软件实现

变形缝需要设置在外墙上，可在专业设置里的墙体属性中找到变形缝选项，可以设置"伸缩缝""抗震缝""沉降缝"，设置完成后模型中将显示变形缝的名称，如图 4-65、图 4-66 所示。

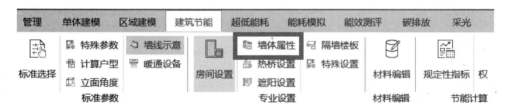

图 4-64 墙体属性-变形缝

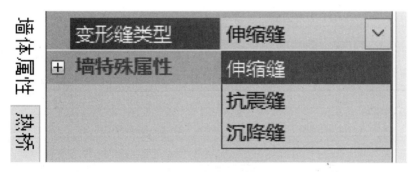

图 4-65 变形缝设置

设置完成后，材料中将出现变形缝的材料选项。此处变形缝的判定内容是保温层的热阻，因此材料编辑界面需要设置保温层。如果未设置保温层，在结果中将没有数据，如图4-67、图 4-68 所示。

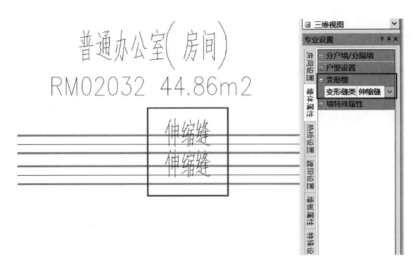

图 4-66　模型中显示设置的变形缝

围护结构规定性指标	权衡计算强制性条文	权衡计算结果		
指标	设计值	规范限值	是否达标	定位
体形系数	0.19	≤0.40	√	
屋面	K = 0.25	K ≤ 0.40	√	
⊞ 外墙	K = 0.81	K ≤ 0.50	×	
底部接触空气的架空楼板	K = 0.50	K ≤ 0.50	√	
⊞ 地下车库与供暖房间之间的楼板	K = 1.73	K ≤ 1.00	×	
⊞ 非供暖楼梯间与供暖房间之间的隔墙	K = 2.65	K ≤ 1.20	×	
⊞ 周边地面	--	R ≥ 0.60	×	
⊟ 变形缝	--	R ≥ 0.90	×	
⊞ 默认变形缝	R=0.00	≥ 0.90	×	
⊞ 外窗 (含透明幕墙) 传热系数	K = 1.80	K ≤ 1.3	×	
⊞ 外窗 (含透明幕墙) 太阳得热系数	0.25	≤ 0.25	√	

图 4-67　变形缝不设置保温层结果分析显示——无数据

围护结构规定性指标	权衡计算强制性条文	权衡计算结果		
指标	设计值	规范限值	是否达标	定位
体形系数	0.19	≤0.40	√	
屋面	K = 0.25	K ≤ 0.40	√	
⊞ 外墙	K = 0.81	K ≤ 0.50	×	
底部接触空气的架空楼板	K = 0.50	K ≤ 0.50	√	
⊞ 地下车库与供暖房间之间的楼板	K = 1.73	K ≤ 1.00	×	
⊞ 非供暖楼梯间与供暖房间之间的隔墙	K = 2.65	K ≤ 1.20	×	
周边地面	R = 4.76	R ≥ 0.60	√	
变形缝	R = 2.98	R ≥ 0.90	√	
⊞ 外窗 (含透明幕墙) 传热系数	K = 1.80	K ≤ 1.3	×	
⊞ 外窗 (含透明幕墙) 太阳得热系数	0.25	≤ 0.25	√	

图 4-68　变形缝设置保温层结果分析显示——有数据

4.2.16　外窗或幕墙设置遮阳措施

1. 限值要求

《通用规范》第 3.1.15 条规定了夏热冬暖、夏热冬冷地区甲类公共建筑需要设置遮阳措施的要求（图 4-69）。

通过外窗透光部分进入室内的热量是造成夏季室温过热、空调能耗上升的主要原因，为了节约能源，应对窗口和透光幕墙采取遮阳措施。

夏热冬暖、夏热冬冷地区的建筑，窗和透光幕墙的太阳辐射得热，夏季增加了冷负荷，冬季降低了热负荷，因此遮阳措施应根据负荷特性确定。一般外遮阳效果比较好，考虑到建筑冬夏不同的要求，设置可调节的活动遮阳能够最大限度地在冬季利用太阳辐射，在夏季避免太阳辐射的影响，有条件的建筑应提倡活动外遮阳。

> **3.1.15　建筑遮阳措施应符合下列规定：**
>
> **1　夏热冬暖、夏热冬冷地区，甲类公共建筑南、东、西向外窗和透光幕墙应采取遮阳措施；**
>
> 2　夏热冬暖地区，居住建筑的东、西向外窗的建筑遮阳系数不应大于 0.8。

图 4-69　《通用规范》第 3.1.15 条对遮阳的相关要求

2. 软件实现

该条只针对夏热冬暖、夏热冬冷地区的甲类公共建筑的东、南、西向有要求，这三个方向的外窗或者透光幕墙需要设置遮阳措施，而对于外遮阳系数没有要求。

可以进行判定的遮阳措施：

（1）外遮阳构件：“标准参数”——“特殊参数设置”——“遮阳设置”中的遮阳构件（图 4-70）。

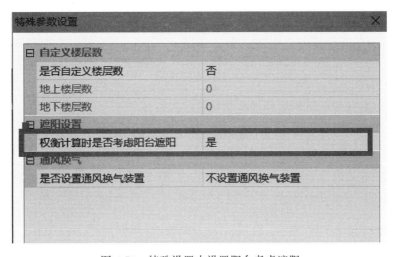

图 4-70　特殊设置中设置阳台考虑遮阳

（2）设置阳台，并作为遮阳构件考虑。

（3）设置遮阳一体化外窗（图 4-71、图 4-72）。

图 4-71　材料编辑中设置遮阳一体化外窗

围护结构规定性指标	权衡计算强制性条文	权衡计算结果		
指标	设计值	规范限值	是否达标	定位
屋面	K = 0.25	K ≤ 0.40	√	
⊞ 外墙	K = 0.88	K ≤ 0.80	×	
底部接触空气的架空楼板	K = 0.50	K ≤ 0.70	√	
⊞ 外窗（含透明幕墙）传热系数	K = 4.08	K ≤ 2.1	×	
⊞ 外窗（含透明幕墙）太阳得热系数	0.45	≤ 0.25	×	
⊟ 外窗和透光幕墙遮阳措施	水平遮阳/中置遮阳/垂直遮阳/挡板遮…	应采取遮阳措施	√	
东	水平遮阳/中置遮阳/垂直遮阳/挡板遮…	应采取遮阳措施	√	
南	水平遮阳/中置遮阳/垂直遮阳/部分无…	应采取遮阳措施	√	
西	水平遮阳/中置遮阳/垂直遮阳/挡板遮…	应采取遮阳措施	√	

图 4-72　结果分析界面判定遮阳措施

4.2.17　权衡计算方式

建筑围护结构热工性能的权衡判断采用对比评定法，判定指标为总耗电量，并符合下列规定：

（1）总耗电量应为全年供暖和供冷总耗电量。

（2）当设计建筑总耗电量不大于参照建筑时，应判定围护结构的热工性能符合标准规范的要求。

（3）当实际建筑的总能耗大于参照建筑时，应调整围护的热工性能重新计算，直至设计建筑的总能耗不大于参照建筑。

4.3　居住建筑节能指标要求及软件实现

4.3.1　居住建筑节能率的要求

居住建筑节能率的要求见图 4-73、表 4-21。

2.0.1　新建居住建筑和公共建筑平均设计能耗水平应在 2016 年执行的节能设计标准的基础上分别降低 30% 和 20%。不同气候区平均节能率应符合下列规定：

> **1**　严寒和寒冷地区居住建筑平均节能率应为 75%；
>
> **2**　除严寒和寒冷地区外，其他气候区居住建筑平均节能率应为 65%；

　　3　公共建筑平均节能率应为 72%。

图 4-73　《通用规范》第 2.0.1 条居住建筑节能率的相关要求

关于 2016 年执行的节能标准的节能率要求　　　　　　表 4-21

热工分区	《通用规范》节能率要求	2016 年执行的节能标准
严寒寒冷	75%	《严寒和寒冷地区居住建筑节能设计标准》JGJ 26—2010
夏热冬冷	65%	《夏热冬冷地区居住建筑节能设计标准》JGJ 134—2010
夏热冬暖	65%	《夏热冬暖地区居住建筑节能设计标准》JGJ 75—2012

4.3.2　可权衡条文与权衡条件

可权衡条文及权衡准入条件如表 4-22 所示，表中无涉及的条文或标记不得降低的指标，必须满足规定性指标。

可权衡条文及权衡准入条件　　　　　　表 4-22

条文编号	判定指标			权衡准入条件
3.1.2	体形系数			无
3.1.4	窗墙面积比	严寒	南	≤0.55
			北	≤0.35
			东、西	≤0.40
		寒冷	南	≤0.60
			北	≤0.40
			东、西	≤0.45

续表

条文编号	判定指标			权衡准入条件
	围护结构热工性能			
3.1.8	外墙传热系数 K [W/(m²·K)]	严寒 A		≤0.4
		严寒 B		≤0.45
		严寒 C		≤0.50
		寒冷 A/B		≤0.60
		夏热冬冷 A/B		不得降低
		夏热冬暖 A		≤1.5(仅南北外墙，东西向不得降低)
		夏热冬暖 B		≤2.0(仅南北外墙，东西向不得降低)
		温和 A		≤1.0
		温和 B		不得降低
	架空或外挑楼板传热系数 K [W/(m²·K)]	严寒 A		≤0.40
		严寒 B		≤0.45
		严寒 C		≤0.50
		寒冷 A/B		≤0.60
		夏热冬冷/夏热冬暖		无
		温和		无
3.1.9	外窗(包含幕墙)传热系数 K [W/(m²·K)]	严寒 A	Cm≤0.45	≤2.0
		严寒 B	Cm≤0.45	≤2.2
		严寒 C	Cm≤0.45	≤2.2
		寒冷 A	Cm≤0.50	≤2.5
		寒冷 B	Cm≤0.50	≤2.5
		夏热冬冷 A	Cm≤0.60	不得降低
			0.60<Cm≤0.70	≤2.0
			0.70<Cm≤0.80	≤1.8
			Cm>0.8	≤1.5
		夏热冬冷 B	Cm≤0.60	不得降低
			0.60<Cm≤0.70	≤2.2
			0.70<Cm≤0.80	≤2.0
			Cm>0.8	≤1.8
		夏热冬暖 A	Cm≤0.4	不得降低
			0.60<Cm≤0.70	≤2.2
			0.70<Cm≤0.80	≤2.0
			Cm>0.8	≤2.0
		夏热冬暖 B	Cm≤0.4	不得降低
			0.60<Cm≤0.70	≤2.8
			0.70<Cm≤0.80	≤2.5
			Cm>0.8	≤2.2
		温和 A	Cm≤0.5	≤3.2
		温和 B	东西向外窗	无
	综合太阳得热系数 SHGC(东、西)	夏热冬冷 A(东、西)		≤0.4(夏)

4.3.3　不可权衡条文

不可权衡条文见表 4-23、图 4-74。

不可权衡条文　　　　　　　　　　　　　　　　表 4-23

3.1.5	天窗面积比例
3.1.9	寒冷 B 区东西向透光部分的太阳得热系数 SHGC 不可权衡
3.1.14-1	通风开口面积占地板面积的比例
3.1.15-2	夏热冬暖地区东、西向外窗的建筑遮阳系数
3.1.16	幕墙、外窗、阳台门的空气渗透量
3.1.17	外窗玻璃的可见光透射比
3.1.18	主要使用功能房间的窗地面积比

注：此处列出重点条文，详细可查看第 3 章各热工分区的详细条文对比。

表 C.0.1-3　居住建筑和工业建筑透光围护结构太阳得热系数基本要求

热工区划	居住建筑 SHGC	工业建筑 SHGC	
	东、西	东、南、西	北
寒冷 B 区	不可权衡		—
夏热冬冷 A 区	≤0.40（夏）	总窗墙面积比大于 0.2 时，≤0.60	总窗墙面积比大于 0.4 时，≤0.55

图 4-74　《通用规范》表 C.0.1-3 对寒冷 B 太阳得热的强制要求

4.3.4　居住建筑体形系数限值

《通用规范》第 3.1.2 条考虑到不同气候地区体形系数对建筑整体能耗的影响不同，以 3 层为分界线，规定了不同层数的居住建筑的体形系数限值范围，如图 4-75 所示。

3.1.2　居住建筑体形系数应符合表 3.1.2 的规定。

表 3.1.2　居住建筑体形系数限值

热工区划	建筑层数	
	≤3 层	>3 层
严寒地区	≤0.55	≤0.30
寒冷地区	≤0.57	≤0.33
夏热冬冷 A 区	≤0.60	≤0.40
温和 A 区	≤0.60	≤0.45

图 4-75　《通用规范》第 3.1.2 条对体形系数限值的相关要求

体形系数对建筑能耗影响非常显著,体形系数越大,单位建筑面积对应的外表面积越大,传热损失就越大。

体形系数以建筑层数进行分类,一般1~3层多为别墅,4层以上的多为大量建造的居住建筑。低层建筑的体形系数较大,多层建筑的体形系数较小,因此,在体形系数的限值上有所区别。

4.3.5 窗墙面积比

1. 限值要求

《通用规范》第3.1.4条考虑到窗墙面积比对建筑能耗的重要影响,对其限值范围做了如图4-76的规定。其中,每套住宅应允许一个房间在一个朝向上的窗墙面积比不大于0.6。

窗墙面积比是影响建筑能耗的重要因素,一般窗户的保温性能比外墙差很多,且容易出现热桥,窗户越大,温差传热也越大,因此,从降低建筑能耗的角度出发,必须合理地限制窗墙面积比。

> **3.1.4** 居住建筑的窗墙面积比应符合表3.1.4的规定;其中,每套住宅应允许一个房间在一个朝向上的窗墙面积比不大于0.6。

表3.1.4 居住建筑窗墙面积比限值

朝向	窗墙面积比				
	严寒地区	寒冷地区	夏热冬冷地区	夏热冬暖地区	温和A区
北	≤0.25	≤0.30	≤0.40	≤0.40	≤0.40
东、西	≤0.30	≤0.35	≤0.35	≤0.30	≤0.35
南	≤0.45	≤0.50	≤0.45	≤0.40	≤0.50

图4-76 《通用规范》第3.1.4条对窗墙面积比的限值

该条严格执行条文的要求,当超过规定性指标的要求时,允许权衡,但是严寒、寒冷地区仍需要满足图4-77的要求,具体数据要求可查看本书4.3.2节权衡准入条件。

居住建筑的窗墙面积比按照开间窗墙面积比进行判定。如此判定的原因主要如下:

(1)窗户的传热损失总是比较大的,需要严格控制;

(2)居住建筑的中的房间相对独立,某个房间窗墙面积比过大会造成该房间室内热环境难以控制;

(3)施工图审图比较方便,只需审查最可能超标的开间即可。

2. 软件实现

以下以安徽蚌埠地区为例,该地区属于夏热冬冷A区,《通用规范》要求当不满足规

表 C. 0.1-4 严寒和寒冷地区居住建筑窗墙面积比基本要求

热工区划	居住建筑窗墙面积比		
	南	北	东、西
严寒 A 区	0.55	0.35	0.40
严寒 B 区	0.55	0.35	0.40
严寒 C 区	0.55	0.35	0.40
寒冷 A 区	0.60	0.40	0.45
寒冷 B 区	0.60	0.40	0.45

图 4-77 权衡要求

定性指标要求的时候，可允许进行权衡计算。权衡强制性条文判定表中将不会出现窗墙面积比的判定条件（图 4-78）。

表7 四朝向最不利开间窗墙比判定表

朝向	实际最不利窗墙比	窗墙比限值
东	0.28	0.35
南	0.43	0.45
西	0.28	0.35
北	0.42(满足户型窗墙比0.6的要求)	0.40
标准条目	《建筑节能与可再生能源利用通用规范》GB 55015-2021第3.1.4条夏热冬冷地区居住建筑的窗墙面积比应符合表3.1.4的规定	
结论	满足	

注：详细结果查看附录开间窗墙比报告书

表8 不满足开间窗墙比限值结果汇总

楼层	户型	开间所在房间	朝向	窗墙比	开间窗墙比限值	每套住宅窗墙比限值
A-L01F	分户区_CA01001	RM01018	北	0.42	0.40	0.60
A-L02F	分户区_CA02001	RM02018	北	0.42	0.40	0.60

图 4-78 最不利开间窗墙面积比判定

但若该项目处于严寒寒冷地区，按照《通用规范》附录 C 的要求，当不满足规定性指标要求的时候，还需要满足附录 C 的限值要求，方可进行权衡判定，将地点切换到北京，规定性指标中的限值判定标准——《通用规范》第3.1.4条中最不利的窗墙面积比。权衡强条中的限值为附录C中给出的各朝向的限值，因此两者数据不一致。若不满足权衡强制性条文的限值，仍不允许项目进行权衡计算，如图4-79～图4-81所示。

1.2 窗墙面积比

表7 四朝向最不利开间窗墙比判定表

朝向	实际最不利窗墙比	窗墙比限值
东	0.28	0.35
南	0.43	0.50
西	0.28	0.35
北	0.42(满足户型窗墙比0.6的要求)	0.30
标准条目	《建筑节能与可再生能源利用通用规范》GB 55015-2021第3.1.4条严寒和寒冷地区居住建筑的窗墙面积比要求	
结论	满足	

注：详细结果查看附录开间窗墙比报告书

表8 不满足开间窗墙比限值结果汇总

楼层	户型	开间所在房间	朝向	窗墙比	开间窗墙比限值	每套住宅窗墙比限值
A-L01F	分户区_CA01001	RM01018	北	0.42	0.30	0.60
A-L02F	分户区_CA02001	RM02018	北	0.42	0.30	0.60

图 4-79　规定性指标报告书中南向窗墙面积比

表22 规定性指标判定情况

序号	建筑构件	设计值	标准限值	是否达标
1	体形系数满足《建筑节能与可再生能源利用通用规范》GB 55015-2021第3.1.2条的要求	0.40	≤0.57	满足
2	开间窗墙比满足《建筑节能与可再生能源利用通用规范》GB 55015-2021第3.1.4条的要求	0.43	≤ 0.50	满足
3	屋面满足《建筑节能与可再生能源利用通用规范》GB 55015-2021第3.1.8条的要求	$K = 0.23$	$K ≤ 0.30$	满足
4	外墙满足《建筑节能与可再生能源利用通用规范》GB 55015-2021第3.1.8条的要求	$K = 0.33$	$K ≤ 0.35$	满足

图 4-80　规定性指标判定

表23　强制性条文判定情况

序号	建筑构件	设计值	标准限值	是否达标
1	东向最不利开间窗墙比	0.28	≤0.45	满足
2	南向最不利开间窗墙比	0.43	≤0.60	满足
3	西向最不利开间窗墙比	0.28	≤0.45	满足
4	北向最不利开间窗墙比	0.42	≤0.40	不满足
5	屋面	$K=0.23$	$K≤0.30$	满足
6	外墙	$K=0.33$	$K≤0.60$	满足

图 4-81　强制性条文判定条件

可能的出错原因及纠错方案：

居住建筑一般判断开间窗墙比，即判定某个朝向最不利开间的窗墙比是否满足限值要求，需要计算该朝向所有外窗所在房间的窗墙比，取其中最差的数据作为判定对象。

注意：该指标的内容决定了判定的是最不利房间，因此当修改模型后还出现不能通过时，一定要去附件中查看，修改后，最不利房间是否已经变成其他房间，最不利房间已经发生转换，只有所有房间都满足要求，此条才能通过，否则，最不利房间会不断进行转换，直到最后一个满足要求。

附件查看方式：点击"查阅报告"（图 4-82、图 4-83）。

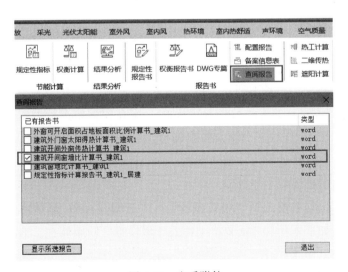

图 4-82　查看附件

若结果与手算的不一致，或者修改窗户尺寸后结果并不发生变化，则需要到模型中进行核对，多数是模型造成的，主要原因如下，可依据以下几点进行核查：

楼层名	套间编号	套间是否采暖	开间编号	开间所在房间号	开间朝向	开间窗墙面积比实际值	窗墙面积比限值
A-L01F	分户区_CA01001	否		RM01001	西	0.16	0.35
A-L01F	分户区_CA01001	否		RM01002	北	0.29	0.30
A-L01F	分户区_CA01001	否		RM01003	西	0.28	0.35
A-L01F	分户区_CA01001	否		RM01004	北	0.26	0.30
A-L01F	分户区_CA01001	否		RM01005	南	0.26	0.50
A-L01F	分户区_CA01001	否		RM01021	东	0.16	0.35
A-L01F	分户区_CA01001	否		RM01022	南	0.26	0.50
A-L01F	分户区_CA01001	否		RM01023	北	0.29	0.30
A-L02F	分户区_CA02001	否		RM02026	南	0.35	0.50
A-L02F	分户区_CA02001	否		RM02027	东	0.08	0.35
A-L02F	分户区_CA02001	否		RM02027	南	0.43	0.50
标准条目	《建筑节能与可再生能源利用通用规范》GB 55015-2021第3.1.4条严寒和寒冷地区居住建筑的窗墙面积比要求						
结论	满足						

图 4-83　附件开间窗墙比详细判定表

（1）修改的房间并不是最不利的房间

如图 4-82 中的不通过的房间编号 RM01001，可在模型中进行搜索，步骤为：点击菜单栏"管理"—"按 ID 查找"—输入房间编号，可直接显示模型中该房间位置，之后对该房间的窗户尺寸进行修改即可（图 4-84）。

（2）模型中外墙的墙线不连续

可在标准层空白处右键选择"墙线显示"—"三线显示"，显示墙体的中心线，查看是否为一整条线，如果有断开，需要手动调整或者设置开间墙属性。有以下三种可能会造成墙线断开：

① 填充墙和剪力墙连接

这种情况下，因为墙体属性不同，会导致墙线断开，实际参与窗墙面积比的墙体为外窗所依附的墙体，即图 4-85 方框中所示墙。

处理办法：该情况因为墙体属性的不同，只能通过设置开间墙属性来设置，设置方式

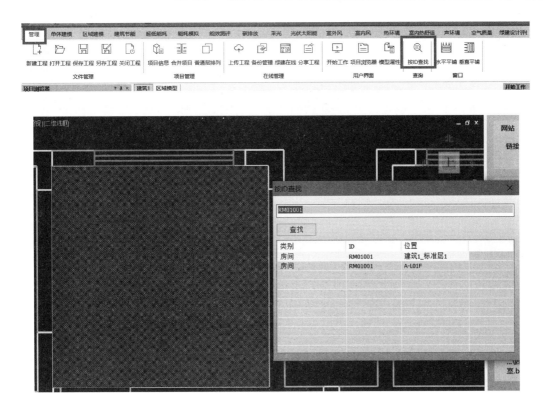

图 4-84　查找最不利开间

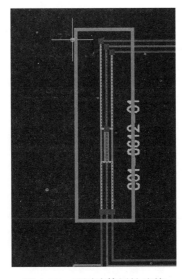

图 4-85　不同墙体属性连接

可参考软件中小视频介绍。

② 房间为凸凹造型

此时参与计算窗墙面积比的墙体是图 4-86 方框中的墙线。

处理办法：设置开间墙属性。

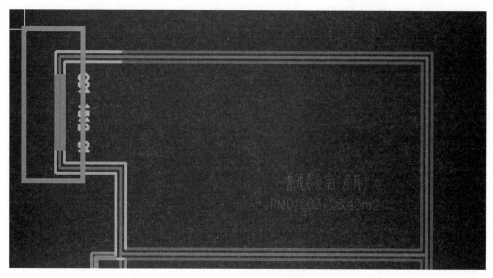

图 4-86　房间凸凹造型

③ 建模错误

常见于天正导入图纸建立的模型，由于原本天正图纸建模的错误，导致转过来的模型出现墙线断了的情况。

处理办法：可手动调整，也可以使用 V3 修复进行全楼合并。在弹出的修正框里面勾选"合并同一直线的墙体"（图 4-87）。

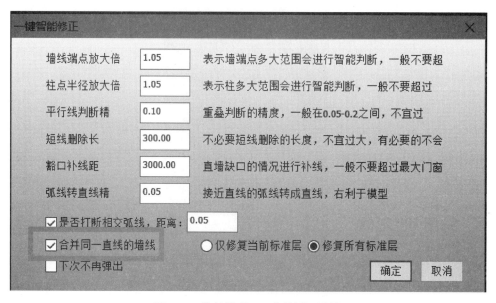

图 4-87　修复模型——合并同一墙线

在"PKPM 绿色低碳"公众号中搜索"开间窗墙比与它的应对小妙招"可以查看更多关于软件对于开间窗墙比设置与说明。

4.3.6 屋顶天窗比例

1. 限值要求

夏季屋顶的水平太阳辐射强度最大，屋顶的透光面积越大，相应建筑的能耗越大，因此对屋顶透光部分的面积和热工性能应予以严格的限值。天窗平面与水平的夹角应小于或等于 60°，当夹角大于 60°时，应按照所在朝向的外窗进行节能设计。

《通用规范》第 3.1.5 条对于以上因素的考虑，对不同地区的天窗面积比例进行了要求，其限值如图 4-88 所示。

计算方式与公共建筑一致，具体可查看本书 4.2.5 节。

> **3.1.5** 居住建筑的屋面天窗与所在房间屋面面积的比值应符合表 3.1.5 的规定。

表 3.1.5 居住建筑屋面天窗面积的限值

屋面天窗面积与所在房间屋面面积的比值				
严寒地区	寒冷地区	夏热冬冷地区	夏热冬暖地区	温和 A 区
≤10%	≤15%	≤6%	≤4%	≤10%

图 4-88 《通用规范》第 3.1.5 条对天窗面积比例的相关要求

2. 软件实现（图 4-89～图 4-91）

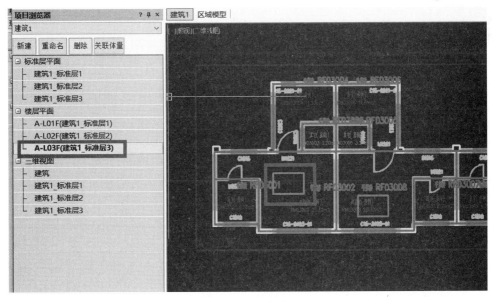

图 4-89 设置天窗

图 4-90　建筑三维

屋面透光部分窗框	屋面透光部分玻璃	屋面透光部分面积	传热系数[W/(m²·K)]	K限值
隔热金属型材多腔密封K_f=5.0W/(m²·K)框面积20%	6透明+12空气+6透明	3.46	3.20	1.80
标准条目	《建筑节能与可再生能源利用通用规范》GB 55015-2021第3.1.9条寒冷地区居住建筑透光围护结构传热系数限值要求			
结论	不满足			

图 4-91　规定性指标报告书中屋顶透光部位传热系数的判定

4.3.7　阳台门下部芯板

1. 限值要求

《通用规范》第 3.1.8 条基于对严寒寒冷地区气候条件的影响，室内外温差较大，通过阳台门的温差传热形成的负荷较高，因此对阳台下部门芯板的传热系数做了限值要求，其限值如表 4-24 所示。

阳台门下部芯板传热系数限值　　　　　　　　　　　　　　　　表 4-24

热工分区	传热系数 K[W/(m²·K)]	
	≤3 层	>3 层
严寒	≤1.2	≤1.2
寒冷	≤1.7	≤1.7

2. 软件实现

阳台门下部芯板的传热系数，即阳台门的传热系数，模型中需要建立阳台，若为开敞阳台，可在单体建模中用栏杆进行建模，围合后将自动形成开敞阳台（图4-92）。

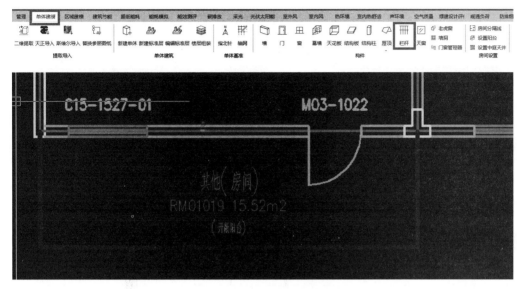

图4-92 使用栏杆创建开敞阳台

若为封闭阳台，需要用墙体进行建模，之后将房间设置为封闭阳台（图4-93）。

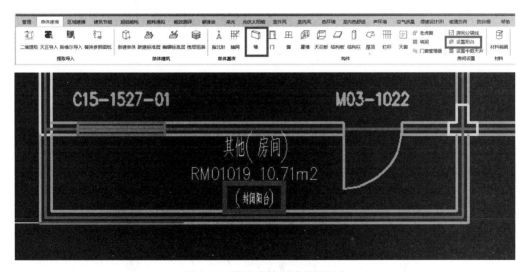

图4-93 使用墙体创建封闭阳台

阳台门若为不透光门，则通过样式设置无亮窗即可。若为上部有亮窗或者有观察窗的，可通过门样式进行设置，门属性中也会显示透光部分的面积及比例。材料编辑中也将自动识别。如图4-94～图4-96所示。

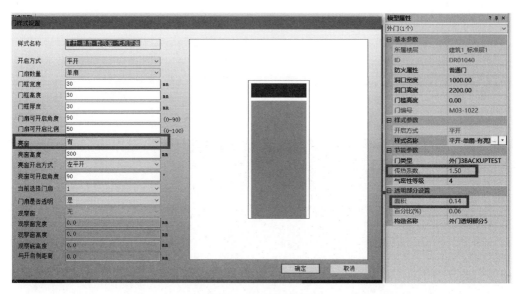

图 4-94　门样式设置

图 4-95　材料编辑门传热系数

非透光外门类型	规格型号	传热系数[W/(m² · K)]	指标限值[W/(m² · K)]
外门3BACKUPTEST	节能门2	1.50	1.70
标准条目	《建筑节能与可再生能源利用通用规范》GB 55015-2021第3.1.8条寒冷(B)区居住建筑的阳台门下部芯板的传热系数要求		
结论	满足		

图 4-96　规定性指标报告书对阳台门下部芯板的判定

4.3.8　分隔供暖设计温差大于 5K 的隔墙、楼板

1. 限值要求

《通用规范》第 3.1.8 条对于严寒寒冷地区分隔供暖设计温差大于 5K 的隔墙和楼板的传热系数做了要求，要求其传热系数 K 不大于 $1.5W/(m^2 \cdot K)$（表 4-25）。

分隔供暖设计温差大于 5K 的隔墙、楼板 表 4-25

热工分区	传热系数 $K[\mathrm{W}/(\mathrm{m}^2 \cdot \mathrm{K})]$
严寒、寒冷	≤1.5

2. 软件实现

分隔供暖设计温度大于 5K 的隔墙指的是供暖楼梯间和供暖房间之间的隔墙，模型中需要设置供暖楼梯间和分户墙，才能进行识别输出。

比如图中的画圈部位需要首先通过房间名称被识别为满足要求的隔墙（图 4-97）。

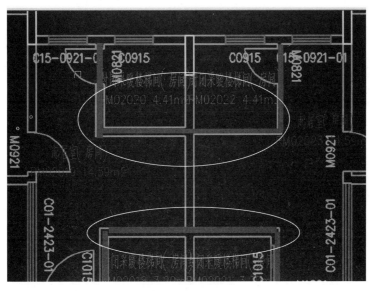

图 4-97 房间识别判定

其次还需要将该墙体设置分户墙，使得模型中出现分户区（图 4-98）。

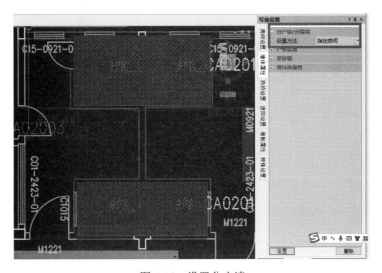

图 4-98 设置分户墙

分隔供暖设计温度大于 5K 的楼板则是通过房间名称进行识别，上下层对应部位分别是供暖楼梯间和供暖房间即可进行识别判定（图 4-99）。

指标	设计值	规范限值	是否达标
围护结构规定性指标 权衡计算强制性条文 权衡计算结果			
体形系数	0.40	≤0.57	√
开间窗墙比	0.42	≤ 0.30	×
屋面	K = 0.23	K ≤ 0.30	√
外墙	K = 0.33	K ≤ 0.35	√
外窗（含透明幕墙）传热系数	K = 1.10	K ≤ 1.5	√
周边地面	R = 0.63	R ≥ 1.50	×
外窗（含透明幕墙）太阳得热系数	0.30/0.30	≤ --/≥--	√
外窗的气密性等级	7级	≥6级	√
分隔供暖与非供暖空间的楼板	K = 2.49	K ≤ 1.50	×
分隔供暖设计温度温差大于5K的隔墙	K = 1.36	K ≤ 1.50	√
分隔供暖设计温度温差大于5K的楼板	K = 2.49	K ≤ 1.50	×
可见光透射比	0.60	≥0.40	√
窗地面积比	0.07	≥ 0.14	×

图 4-99　结果分析

隔墙和楼板计算见图 4-100、图 4-101。

分隔供暖设计温度温差大于5K的隔墙 每层材料名称	厚度 (mm)	导热系数 [W/(m·K)]	蓄热系数 [W/(m²·K)]	热阻值 [(m²·K)/W]	热惰性指标D=R·S	修正系数 α
无机保温砂浆	20.0	0.065	2.300	0.268	0.71	1.15
碎石，卵石混凝土1	340.0	1.510	15.360	0.225	3.46	1.00
水泥砂浆	20.0	0.930	11.370	0.022	0.24	1.00
分隔供暖设计温度温差大于5K的隔墙各层之和	380.0			0.51	4.41	
分隔供暖设计温度温差大于5K的隔墙热阻 $R_0=R_i+\sum R+R_e=0.73(m^2 \cdot K)/W$	$R_i=0.11[(m^2 \cdot K)/W]; R_e=0.11[(m^2 \cdot K)/W]$					
分隔供暖设计温度温差大于5K的隔墙传热系数	$K=1/R_0=1.36[W/(m^2 \cdot K)]$					
标准条目	《建筑节能与可再生能源利用通用规范》GB 55015-2021第3.1.8条寒冷(B)区居住建筑的分隔供暖设计温度温差大于5K的隔墙的传热系数要求					
结论	1.36（限值：1.50），满足					

图 4-100　分隔供暖设计温差大于 5K 的隔墙热工性能判定

分隔供暖设计温度温差大于5K的楼板 每层材料名称	厚度 (mm)	导热系数 [W/(m·K)]	蓄热系数 [W/(m²·K)]	热阻值 [(m²·K)/W]	热惰性指标$D=R\cdot S$	修正系数 α
水泥砂浆	20.0	0.930	11.370	0.022	0.24	1.00
钢筋混泥土	240.0	1.740	17.200	0.138	2.37	1.00
水泥砂浆	20.0	0.930	11.370	0.022	0.24	1.00
分隔供暖设计温度温差大于5K的楼板各层之和	280.0			0.18	2.86	
分隔供暖设计温度温差大于5K的楼板热阻 $R_o=R_i+\sum R+R_e=0.40(m^2\cdot K)/W$	$R_i=0.11[(m^2\cdot K)/W]$；$R_e=0.11[(m^2\cdot K)/W]$					
分隔供暖设计温度温差大于5K的楼板传热系数	$K=1/R_o=2.49[W/(m^2\cdot K)]$					
标准条目	《建筑节能与可再生能源利用通用规范》GB 55015-2021第3.1.8条寒冷(B)区居住建筑的分隔供暖设计温度温差大于5K的传热系数要求					
结论	2.49（限值：1.50），不满足					

图 4-101　分隔供暖设计温差大于 5K 的楼板热工性能判定

4.3.9　非供暖地下室顶板（上部为供暖房间时）

1. 限值要求

《通用规范》第 3.1.8 条考虑到非供暖地下室顶板和上部供暖房间之间通过楼板的传热损失，对地下室顶板的传热系数限值做了如表 4-26 所示的要求。

非供暖地下室地顶板传热系数限值　　　　　　　　　　　　　　　表 4-26

热工分区	传热系数 $K[W/(m^2\cdot K)]$
严寒 A	≤0.35
严寒 B	≤0.40
严寒 C	≤0.45
寒冷	≤0.50

2. 软件实现

此处需要模型中地下一层为非供暖房间类型，地上一层为供暖房间，之间的楼板才能被识别为非供暖地下室的顶板。居住建筑中，不供暖的房间类型有：封闭不供暖楼梯间、开敞楼梯间、不封闭架空层、封闭架空层、车库、走廊、辅助房间（图 4-102）。剩下的是供暖房间。

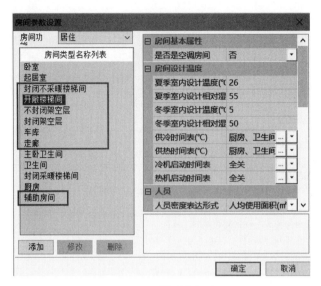

图 4-102　不供暖房间类型

4.3.10　分隔供暖与非供暖空间的隔墙、楼板

1. 限值要求

《通用规范》第3.1.8条对严寒寒冷地区供暖与非供暖的隔墙和楼板的传热系数限值做了如表4-27所示要求。

分隔供暖与非供暖空间的隔墙、楼板限值　　　　　　　　表 4-27

热工分区	传热系数 $K[\mathrm{W}/(\mathrm{m}^2 \cdot \mathrm{K})]$
严寒 A/B	≤1.2
严寒 C	≤1.5
寒冷	≤1.5

2. 软件实现

分隔供暖与非供暖空间的隔墙的实现方式需要满足以下两点：

（1）通过房间的供暖属性识别，即存在供暖房间和非供暖房间毗邻；

（2）将供暖房间与非供暖房间之间的隔墙设置为分户墙。

分隔供暖与非供暖空间的楼板：

仅需要上下空间对应位置上供暖属性不同即可。

4.3.11　分隔供暖与非供暖空间的户门

1. 限值要求

《通用规范》第3.1.8条对严寒寒冷地区供暖与非供暖的户门的传热系数限值做了如表4-28所示要求。

分隔供暖与非供暖空间户门限值　　　　表4-28

热工分区	传热系数 $K[\mathrm{W}/(\mathrm{m}^2 \cdot \mathrm{K})]$
严寒	$\leqslant 1.5$
寒冷	$\leqslant 2.0$

2. 软件实现

分隔供暖与非供暖空间的户门一般指的是楼梯间与户之间的门。软件中若要识别该条件，则需要满足本书4.3.10节中分隔供暖与非供暖空间之间的隔墙的设置要求，该分户墙上的门识别为分户门。

如图4-103中走廊和卧室之间的墙体属于供暖与非供暖房间之间的隔墙，在基础上，设置分户墙，则在此分户墙上的门将识别为户门（图4-104）。

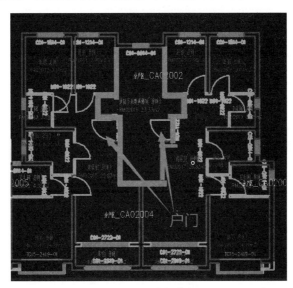

图4-103　户门位置

图4-104　结果分析界面户门的判定

4.3.12　分户墙、楼梯间隔墙、外走廊隔墙

1. 限值要求

《通用规范》第3.1.8条对夏热冬冷地区和温和A区的分户墙、楼梯间隔墙和外走廊隔墙的传热系数限值做了如表4-29所示要求。

<table>
<tr><td colspan="2">分户墙、楼梯间隔墙、外走廊隔墙　　　　　　　　　　　　　　　　　　表4-29</td></tr>
<tr><td>热工分区</td><td>传热系数 $K[\text{W}/(\text{m}^2 \cdot \text{K})]$</td></tr>
<tr><td>夏热冬冷A</td><td>≤1.5</td></tr>
<tr><td>夏热冬冷B</td><td>≤1.5</td></tr>
<tr><td>温和A</td><td>≤1.5</td></tr>
</table>

2. 软件实现

分户墙：通过"专业设置"—"墙体属性"设置分户墙，分户墙设置后，墙体将显示红色，并出现分户区。

楼梯间隔墙：通过"楼梯间"房间名称进行识别（图4-105～图4-108）。

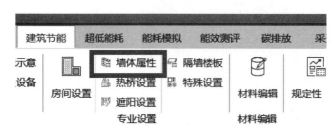

图4-105　墙体属性

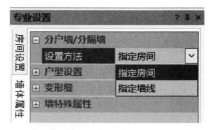

图4-106　分户墙设置

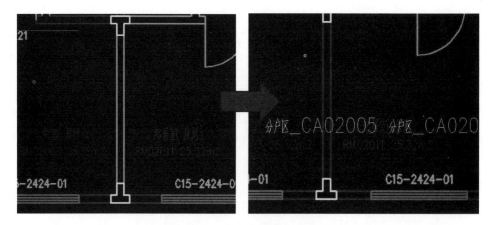

图4-107　分户墙设置前后显示

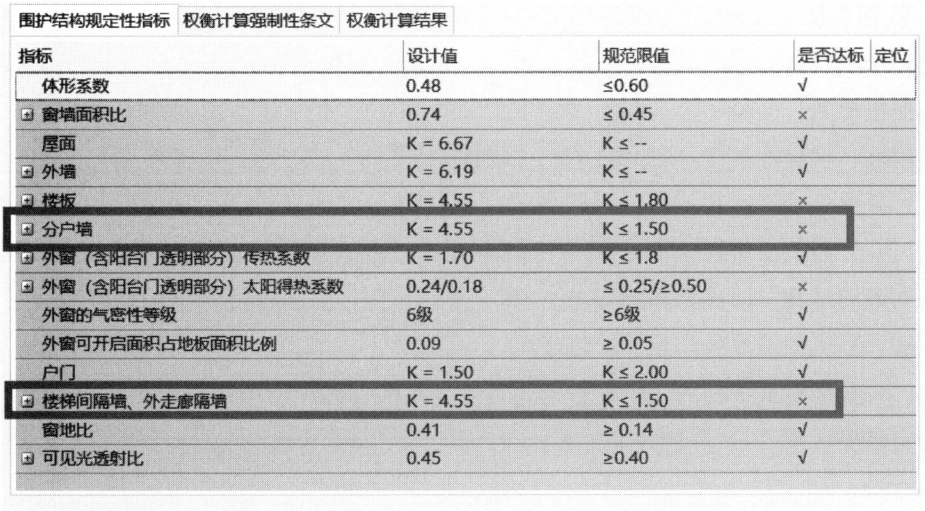

指标	设计值	规范限值	是否达标	定位
体形系数	0.48	≤0.60	√	
⊟ 窗墙面积比	0.74	≤ 0.45	×	
屋面	K = 6.67	K ≤ --	√	
⊟ 外墙	K = 6.19	K ≤ --	√	
⊟ 楼板	K = 4.55	K ≤ 1.80	×	
⊟ 分户墙	K = 4.55	K ≤ 1.50	×	
⊟ 外窗（含阳台门透明部分）传热系数	K = 1.70	K ≤ 1.8	√	
外窗（含阳台门透明部分）太阳得热系数	0.24/0.18	≤ 0.25/≥0.50	×	
外窗的气密性等级	6级	≥6级	√	
外窗可开启面积占地板面积比例	0.09	≥ 0.05	√	
户门	K = 1.50	K ≤ 2.00	√	
⊟ 楼梯间隔墙、外走廊隔墙	K = 4.55	K ≤ 1.50	×	
窗地比	0.41	≥ 0.14	√	
⊟ 可见光透射比	0.45	≥0.40	√	

图 4-108 结果分析中分户墙、楼梯间隔墙判定

4.3.13 通风开口面积比例

1. 限值要求

《通用规范》第 3.1.14 条对通风开口面积占地板面积或外窗面积的比例做了如图 4-109 所示要求。

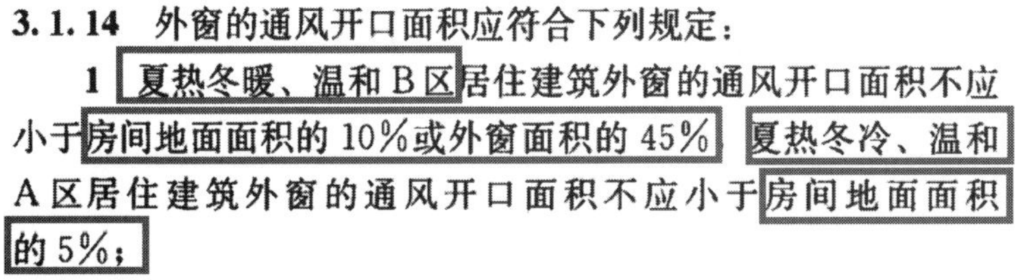

3.1.14 外窗的通风开口面积应符合下列规定：

1 夏热冬暖、温和 B 区居住建筑外窗的通风开口面积不应小于房间地面面积的 10% 或外窗面积的 45%，夏热冬冷、温和 A 区居住建筑外窗的通风开口面积不应小于房间地面面积的 5%；

图 4-109 《通用规范》第 3.1.4-1 条对外窗通风开口面积比例的相关要求

该条的判断范围是夏热冬冷、夏热冬暖、温和地区，对于严寒寒冷地区不做要求。主要强调南方地区居住建筑应能依靠自然通风改善房间热环境，缩短房间空调设备使用时间，发挥节能作用。

2. 判定要点

判定目标：通风开口面积占房间地面面积的比例；

通风开口面积占外窗面积的比例。

哪些地区判定：夏热冬冷、夏热冬暖、温和 A、温和 B（表 4-30）。

分区判定内容 表 4-30

分区	夏热冬冷	夏热冬暖	温和 A	温和 B
通风开口面积占房间地面面积的比例	≥5%	≥10%	≥5%	≥10%
通风开口面积占外窗面积的比例	—	≥45%(或)	—	≥45%(或)

3. 软件实现

判定房间：套内空间如卧室、起居室、有外窗的厨房和卫生间；

其他楼梯间、储藏间等房间不做判定。

强制性：强制性条文，不通过不允许权衡。

（1）夏热冬暖和温和B区的居住建筑判定规则

通风开口面积占房间地面面积的比例≥10%或者通风开口面积占外窗面积的比例≥45%，两者满足其一即视为满足要求。

举例：夏热冬暖地区广州一居住建筑

软件将分别对最不利的房间进行判定，以满足的一方作为最终判定结果呈现在规定性指标判定表里（图4-110～图4-112）。

楼层名	房间名	空调房间编号	房间地板轴线面积(m²)	外窗可开启面积(m²)	外窗可开启面积占房间地板面积最不利的比例	外窗可开启面积占房间地板面积的比例限值
A-L01F	卫生间	RM01073	4.42	0.48	0.09	0.10
标准条目	《建筑节能与可再生能源利用通用规范》GB 55015-2021第3.1.14条居住建筑外窗的通风开口面积不应小于房间地面面积的5%或外窗的通风开口面积不应小于外窗面积的45%					
结论	不满足					

图4-110　夏热冬暖地区—外窗可开启比例占房间地板面积最不利比值判定

楼层名	房间名	空调房间编号	房间外窗面积(m²)	外窗可开启面积(m²)	外窗可开启面积占房间外窗面积最不利的比例	外窗可开启面积占房间外窗面积的比例限值
A-L08F	卫生间	RM08073	0.84	0.48	0.57	0.45
标准条目	《建筑节能与可再生能源利用通用规范》GB 55015-2021第3.1.14条居住建筑外窗的通风开口面积不应小于房间地面面积的5%或外窗的通风开口面积不应小于外窗面积的45%					
结论	满足					

图4-111　夏热冬暖地区—外窗可开启比例占房间外窗面积最不利比值判定

（2）夏热冬冷和温和A区居住建筑的判定规则

通风开口面积占房间地面面积的比例≥5%。

举例：湖北宜昌一居住建筑

软件将会计算模型中所有卧室、起居室、厨房、卫生间的外窗可开启面积占地面面积的比例，取最不利的进行判定（图4-113、图4-114）。

7	外窗可见光透射比满足《建筑节能与可再生能源利用通用规范》GB 55015-2021第3.1.17条的要求	0.60	≥0.40	满足
8	外窗（包含阳台门）可开启面积与外窗面积之比满足《建筑节能与可再生能源利用通用规范》GB 55015-2021第3.1.14条的要求	0.57	≥ 0.45	满足
9	外窗气密性等级满足《建筑节能与可再生能源利用通用规范》GB 55015-2021第3.1.16条的要求	7级	≥6级	满足
10	建筑外遮阳系数SD不满足《建筑节能与可再生能源利用通用规范》GB 55015-2021第3.1.15条的要求	1.00	≤ 0.80	不满足

图 4-112　夏热冬暖地区—规定性指标判定表

楼层名	房间名	空调房间编号	房间地板轴线面积(m²)	外窗可开启面积(m²)	外窗可开启面积占房间地板面积最不利的比例	外窗可开启面积占房间地板面积的比例限值
A-L01F	主卧卫生间	RM01001	5.03	0.65	0.13	0.05
A-L01F	卧室	RM01002	11.90	1.25	0.11	0.05
A-L01F	卧室	RM01003	7.93	1.76	0.22	0.05
A-L01F	厨房	RM01005	5.04	1.05	0.21	0.05
A-L01F	起居室	RM01006	16.11	2.24	0.14	0.05
A-L01F	起居室	RM01011	15.84	2.24	0.14	0.05
A-L01F	厨房	RM01012	4.89	1.05	0.21	0.05
A-L01F	卧室	RM01014	11.90	1.25	0.11	0.05

图 4-113　夏热冬冷地区—外窗可开启面积占房间地板面积比例译表

楼层名	房间名	空调房间编号	房间地板轴线面积(m²)	外窗可开启面积(m²)	外窗可开启面积占房间地板面积最不利的比例	外窗可开启面积占房间地板面积的比例限值
A-L01F	卧室	RM01002	11.90	1.25	0.11	0.05
标准条目	《建筑节能与可再生能源利用通用规范》GB 55015-2021第3.1.14条夏热冬冷地区居住建筑外窗的通风开口面积不应小于房间地面面积的5%。					
结论	满足					

图 4-114　夏热冬冷地区—外窗可开启面积占房间地板面积最不利比例

4. 软件如何控制开启比例

地板面积计算方式：该处判定的房间地面的面积，即套内面积，是不包含墙体厚度的地板面积（图 4-115）。

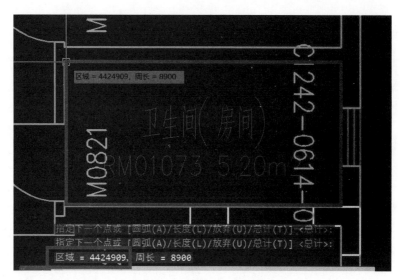

图 4-115　地面面积划定范围

外窗可开启面积分为两种情况：

（1）设定了节能开启

即在窗户属性中设定了节能开启，则其开启比例将按照输入比例进行判定（图 4-116、图 4-117）。

外窗可开启面积＝房间外窗面积×开启比例＝0.84×0.6＝0.504m²。

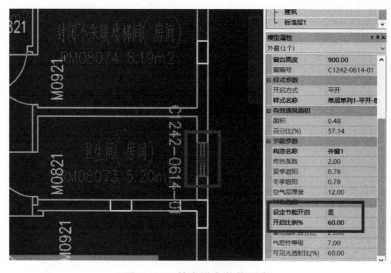

图 4-116　外窗设定节能开启

（2）若房间未设置节能开启，则将按照窗户的样式自动进行计算（图 4-118、图 4-119）。

这里的 0.48 是根据窗户样式进行计算的，如图 4-120 所示，点开属性中的样式，即

楼层名	房间名	空调房间编号	房间外窗面积(m²)	外窗可开启面积(m²)	外窗可开启面积占房间外窗面积最不利的比例	外窗可开启面积占房间外窗面积的比例限值
A-L08F	卫生间	RM08073	0.84	0.50	0.60	0.45
标准条目	《建筑节能与可再生能源利用通用规范》GB 55015-2021第3.1.14条居住建筑外窗的通风开口面积不应小于房间地面面积的5%或外窗的通风开口面积不应小于外窗面积的45%					
结论	满足					

图 4-117　设定节能开启后的可开启面积

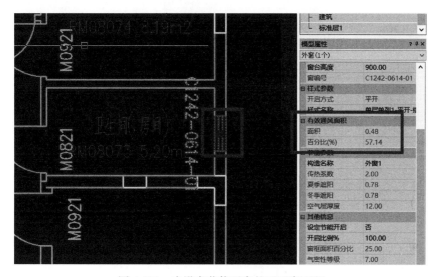

图 4-118　未设定节能开启的可开启面积

楼层名	房间名	空调房间编号	房间外窗面积(m²)	外窗可开启面积(m²)	外窗可开启面积占房间外窗面积最不利的比例	外窗可开启面积占房间外窗面积的比例限值
A-L08F	卫生间	RM08073	0.84	0.48	0.57	0.45
标准条目	《建筑节能与可再生能源利用通用规范》GB 55015-2021第3.1.14条居住建筑外窗的通风开口面积不应小于房间地面面积的5%或外窗的通风开口面积不应小于外窗面积的45%					
结论	满足					

图 4-119　外窗可开启面积占房间外窗面积最不利比例判定（未设定节能开启）

可看到所使用窗户的样式，0.48 为刨除窗框之外玻璃的面积，判定为可开启部分的面积，计算方式为：

$$(0.6-0.2)\times(1.4-0.2)=0.48$$

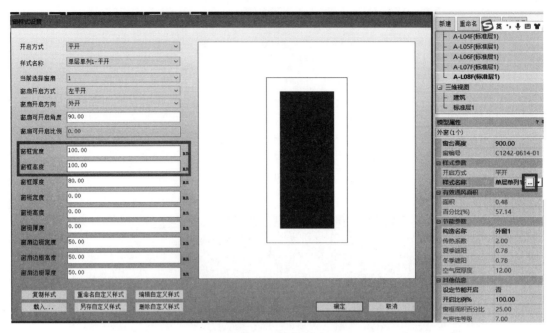

图 4-120　窗户样式

4.3.14　夏热冬暖地区东、西向外窗的建筑遮阳系数

1. 限值要求

《通用规范》第 3.1.15—2 条对夏热冬暖地区的东、西向外窗的建筑遮阳系数做了如图 4-121 所示的要求规定。

> **3.1.15　建筑遮阳措施应符合下列规定：**
>
> 　　**1　夏热冬暖、夏热冬冷地区，甲类公共建筑南、东、西向外窗和透光幕墙应采取遮阳措施；**
>
> 　　**2　夏热冬暖地区，居住建筑的东、西向外窗的建筑遮阳系数不应大于 0.8。**

图 4-121　《通用规范》第 3.1.15 条对建筑遮阳系数的相关要求

要求区域：夏热冬暖地区。

对象：东、西向外窗的建筑遮阳系数。

建筑遮阳系数：在照射时间内，同一窗口（或透光围护结构部件外表面）在有建筑外遮阳和没有建筑外遮阳的两种情况下，接收到的两个不同太阳辐射量的比值。

2. 软件实现

此处遮阳通过识别模型中的外遮阳构件来判定。

4.3.15　空气渗透量

1. 限值要求

《通用规范》第 3.1.16 条对外窗的气密性做了如图 4-122 所示的要求规定：

3.1.16　居住建筑幕墙、外窗及敞开阳台的门在 10Pa 压差下，每小时每米缝隙的空气渗透量 q_1 不应大于 1.5m³，每小时每平方米面积的空气渗透量 q_2 不应大于 4.5m³。

图 4-122　《通用规范》第 3.1.16 条对外窗气密性的相关要求

本条规定的气密性要求相当于国家标准《建筑幕墙、门窗通用技术条件》GB/T 31433—2015 中建筑外门窗气密性 6 级，幕墙气密性 3 级。

判定对象：幕墙、外窗、凸窗、敞开阳台门。

2. 软件实现

软件通过判定幕墙、外窗、阳台门材料的气密性等级进行计算（图 4-123～图 4-126）。

图 4-123　材料编辑处外窗气密性等级

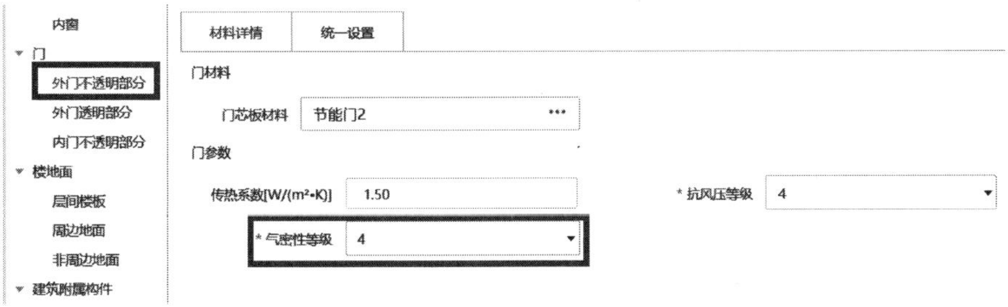

图 4-124　材料编辑处外门气密性等级

楼层	外窗类型	单位缝长指数	单位面积指数	气密性等级	气密性等级限值
A-L01F	100系列铝合金单层推拉窗（铝、织物卷帘一体化）5+6Ar+5+6Ar+5	1.50	4.50	气密性6级	≥6级
A-L02F	100系列铝合金单层推拉窗（铝、织物卷帘一体化）5+6Ar+5+6Ar+5	1.50	4.50	气密性6级	≥6级
A-L03F	100系列铝合金单层推拉窗（铝、织物卷帘一体化）5+6Ar+5+6Ar+5	1.50	4.50	气密性6级	≥6级
标准条目	《建筑节能与可再生能源利用通用规范》GB 55015-2021第3.1.16条外窗的空气渗透量要求				
结论	满足				

图 4-125　规定性指标报告书中外窗气密性判定

楼层	外窗类型	单位缝长指数	单位面积指数	气密性等级	气密性等级限值
A-L01F	节能门2	2.50	7.50	气密性4级	≥6级
标准条目	《建筑节能与可再生能源利用通用规范》GB 55015-2021第3.1.16条敞开阳台门的空气渗透量要求				
结论	不满足				

图 4-126　规定性指标中敞开阳台门气密性判定

4.3.16　可见光透射比

1. 限值要求

《通用规范》第 3.1.17 条对外窗玻璃的可见光透射比做了如图 4-127 所示要求。

3.1.17　居住建筑外窗玻璃的可见光透射比不应小于 0.40。

图 4-127　《通用规范》第 3.1.17 条对外窗玻璃可见光透射比的相关要求

2. 软件实现

软件通过识别外窗材料编辑中的"可见光透射比"来进行判定（图 4-128、图 4-129）。

4.3.17　窗地比

1. 限值要求

《通用规范》第 3.1.18 条对主要功能房间的窗地面积比做了如图 4-130 所示要求。

判定对象：主要功能房间：卧室、书房、起居。

图 4-128　外窗可见光透射比

朝向	可见光透射比实际值	可见光透射比限值
东	0.75	0.40
南	0.75	0.40
西	0.75	0.40
北	0.75	0.40
标准条目	《建筑节能与可再生能源利用通用规范》GB 55015-2021第3.1.17条居住建筑外窗玻璃的可见光透射比不应小于0.4	
结论	满足	

图 4-129　规定性指标报告书外窗可见光透射比判定

3.1.18　居住建筑的主要使用房间(卧室、书房、起居室等)的房间窗地面积比不应小于 1/7。

图 4-130　《通用规范》第 3.1.18 条对主要功能房间窗地比的相关要求

住宅中的厨房、卫生间常设置在内凹的部分,朝外的窗主要用于通风,所以不对厨房、卫生间提出要求。

2. 软件实现

软件会对上述提到的主要功能房间进行窗地比的计算判定,最终找到最不利的房间进行判定,若满足要求,则判定通过该指标。通过查阅报告,可查看各个主要功能房间的窗地比计算详细表格(图 4-131、图 4-132)。

楼层名	房间名	空调房间编号	房间套内面积(m²)	外窗面积(m²)	外窗面积占房间地板面积的比例	外窗面积占房间地板面积的比例限值
A-L01F	卧室	RM01001	7.84	3.24	0.41	0.14
A-L01F	卧室	RM01004	7.84	3.24	0.41	0.14
A-L01F	起居室	RM01005	58.70	8.37	0.14	0.14
A-L01F	起居室	RM01006	58.87	8.37	0.14	0.14
A-L01F	卧室	RM01007	7.84	3.24	0.41	0.14
A-L01F	卧室	RM01010	7.84	3.24	0.41	0.14

图 4-131　外窗面积占房间地板面积详细判定表

楼层名	房间名	空调房间编号	房间套内面积(m²)	外窗面积(m²)	外窗面积占房间地板面积最不利的比例	外窗面积占房间地板面积的比例限值
A-L01F	卧室	RM01001	7.84	3.24	0.41	0.14
标准条目	《建筑节能与可再生能源利用通用规范》GB 55015-2021第3.1.18条居住建筑的主要使用房间（卧室、书房、起居室等）的房间窗地面积比不应小于1/7					
结论	满足					

图 4-132　外窗面积占空间地板面积最不利判定表

有时候项目也会存在不同的房间类型共用一个空间的情况，若想要分开房间，可以用房间分割线功能将其分开，此时的窗地比将发生变化，如图 4-133、图 4-134 所示，房间 RM01022 原本是起居室，窗地比为 0.07，现在对其进行设置，将该空间进行分隔。

在"模型建立"—"其他"中设置房间分割线。起居室编号变成 RM01024。窗地比从 0.07 变成了 0.15。通过此方式可优化窗地比（图 4-135、图 4-136）。

4.3.18　权衡计算

1. 权衡计算方式

建筑围护结构热工性能的权衡判断采用对比评定法，判定指标为总耗电量，并符合下列规定：

（1）总耗电量应为全年供暖和供冷总耗电量。

（2）当设计建筑总耗电量不大于参照建筑时，应判定围护结构的热工性能符合标准规范的要求。

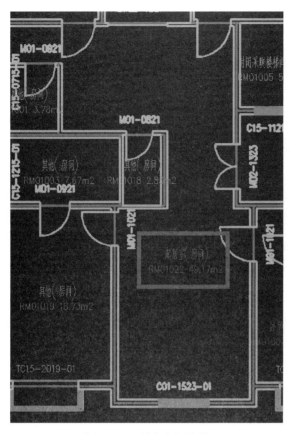

图 4-133 判定房间编号

楼层名	房间名	空调房间编号	房间套内面积(m²)	外窗面积(m²)	外窗面积占房间地板面积的比例	外窗面积占房间地板面积的比例限值
A-L01F	其他	RM01001	3.23	1.05	0.33	—
A-L01F	其他	RM01020	16.83	7.77	0.46	—
A-L01F	起居室	RM01022	45.30	3.38	0.07	0.14
A-L02F	其他	RM02001	3.23	1.05	0.33	—
A-L02F	其他	RM02002	8.99	3.15	0.35	—

图 4-134 外窗面积占房间地板面积详细判定表（原始表格）

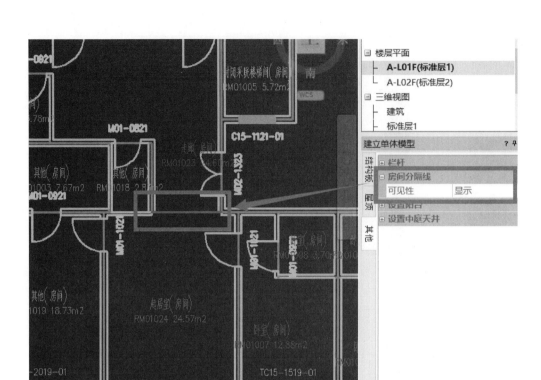

图 4-135　模型中设置无效墙

楼层名	房间名	空调房间编号	房间套内面积(m²)	外窗面积(m²)	外窗面积占房间地板面积的比例	外窗面积占房间地板面积的比例限值
A-L01F	其他	RM01001	3.23	1.05	0.33	—
A-L01F	封闭采暖楼梯间	RM01006	44.70	8.00	0.18	—
A-L01F	卧室	RM01007	11.42	4.63	0.40	0.14
A-L01F	走廊	RM01023	22.50	—	—	—
A-L01F	起居室	RM01024	22.82	3.38	0.15	0.14
A-L02F	其他	RM02001	3.23	1.05	0.33	—

图 4-136　外窗面积占房间地板面积详细判定表（设置房间分割线后）

（3）当设计建筑的总能耗大于参照建筑时，应调整围护的热工性能重新计算，直至设计建筑的总能耗不大于参照建筑。

2. 参照建筑

参照建筑的形状、大小、朝向、内部的空间划分、使用功能与设计建筑完全一致。

参照建筑的围护结构热工应符合规范的要求，规范未做要求的内容保持与设计一致。

判定能耗分类：

供暖能耗：计入全年。

供冷能耗：只计入日平均温度高于 26℃时的能耗（表 4-31）。

各分区判定能耗内容 表 4-31

热工分区	计入的能耗
严寒	供暖能耗
寒冷 A	供暖能耗
寒冷 B	供暖能耗＋供冷能耗
夏热冬冷	供暖能耗＋供冷能耗
夏热冬暖 A	供暖能耗＋供冷能耗
夏热冬暖 B	供冷能耗
温和 A	供暖能耗

4.4 工业建筑节能指标要求及软件实现

4.4.1 适用范围

1. 标准要求

按照《通用规范》的要求，工业建筑只对设置空调和供暖系统的工业建筑（一类工业建筑）有要求，二类工业建筑不做要求。

《通用规范》第 1.0.2 条对工业建筑的执行该标准的范围做了如图 4-137 所示的规定。

> **1.0.2** 新建、扩建和改建建筑以及既有建筑节能改造工程的建筑节能与可再生能源建筑应用系统的设计、施工、验收及运行管理必须执行本规范。
>
> 不适用于没有设置供暖、空调系统的工业建筑，也不适用于战争、自然灾害等不可抗条件下对建筑节能与可再生能源利用的要求。对使用期限为 2 年以下的临时建筑不做强制要求，可参照执行。

图 4-137 《通用规范》第 1.0.2 条对工业建筑适用范围的相关要求

《工业建筑节能设计统一标准》GB 51245—2017 的适用范围如图 4-138 所示。

3.1.1 工业建筑节能设计应按表 3.1.1 进行分类设计。

表 3.1.1 工业建筑节能设计分类

类别	环境控制及能耗方式	建筑节能设计原则
一类工业建筑	供暖、空调	通过围护结构保温和供暖系统节能设计,降低冬季供暖能耗;通过围护结构隔热和空调系统节能设计,降低夏季空调能耗
二类工业建筑	通风	通过自然通风设计和机械通风系统节能设计,降低通风能耗

图 4-138 《工业建筑节能设计统一标准》适用范围

2. 适用范围对比（表 4-32）

适用范围对比 表 4-32

类别	《建筑节能与可再生能源利用通用规范》GB 55015—2021	《工业建筑节能设计统一标准》GB 51245—2017
适用建筑范围	一类工业建筑（供暖、空调为主）	一类工业建筑（供暖、空调为主）二类工业建筑（通风为主）
适用热工分区	严寒、寒冷、夏热冬冷、夏热冬暖新增温和 A 区设计要求	严寒、寒冷、夏热冬冷、夏热冬暖

4.4.2 窗墙面积比

1. 限值要求

《通用规范》第 3.1.7 条对工业建筑的窗墙面积比做了如下的规定，该条文与《工业建筑节能设计统一标准》GB 51245—2017 要求一致，当不满足该条的要求时，可进行权衡计算（图 4-139）。

3.1.7 设置供暖、空调系统的工业建筑总窗墙面积比不应大于 0.50 且屋顶透光部分面积不应大于屋顶总面积的 15%。

图 4-139 《通用规范》第 3.1.7 条对窗墙面积比的相关要求

2. 软件实现

工业建筑计算窗墙面积比与民用建筑不同的一点是，这里的总窗面积计入幕墙和门的面积（图 4-140～图 4-142）。

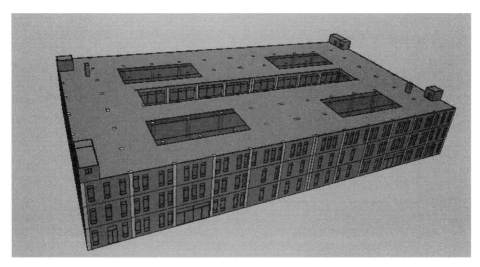

图 4-140 某一工业建筑三维显示图

屋顶透光部分窗框	屋顶透光部分玻璃	屋顶透光部分面积(m²)	屋顶面积(m²)	屋顶透光部分面积占屋顶面积比	屋顶透光部分面积占屋顶面积比限值
隔热金属型材多腔密封 K_f=5.0W/(m²·K)框面积20%	6透明+12空气+6透明	960.00	7194.27	0.13	0.15
标准条目	《建筑节能与可再生能源利用通用规范》GB 55015-2021第3.1.7条设置供暖、空调的工业建筑屋顶透光部分面积不应大于屋顶总面积的15%				
结论	满足				

图 4-141 规定性指标报告书中屋顶透光部分面积占屋顶面积比例判定

外门窗总面积（m²）	各立面总面积之和（m²）	总窗墙比实际值	总窗墙比限值
3556.20	10190.24	0.35	0.50
标准条目	《建筑节能与可再生能源利用通用规范》GB 55015-2021第3.1.7条设置供暖、空调的工业建筑总窗墙面积比不应大于0.50		
结论	满足		

图 4-142 规定性指标总窗墙面积比判定

4.4.3 热工性能限值指标

《通用规范》第 3.1.12 条对工业节能的围护结构热工性能做了如图 4-143 所示指标要求，计算原理和方式和民用的是一致，这里就不再多加赘述。

3.1.12 设置供暖空调系统的工业建筑围护结构热工性能应符合表3.1.12-1～表3.1.12-9的规定。

表3.1.12-1 严寒A区工业建筑围护结构热工性能限值

<table>
<tr><td rowspan="2" colspan="2">围护结构部位</td><td colspan="3">传热系数 K[W/(m²·K)]</td></tr>
<tr><td>体形系数
≤0.10</td><td>0.10<体形
系数≤0.15</td><td>体形系数
>0.15</td></tr>
<tr><td colspan="2">屋面</td><td>≤0.40</td><td>≤0.35</td><td>≤0.35</td></tr>
<tr><td colspan="2">外墙</td><td>≤0.50</td><td>≤0.45</td><td>≤0.40</td></tr>
<tr><td rowspan="3">立面
外窗</td><td>窗墙面积比≤0.20</td><td>≤2.70</td><td>≤2.50</td><td>≤2.50</td></tr>
<tr><td>0.20<窗墙面积比≤0.30</td><td>≤2.50</td><td>≤2.20</td><td>≤2.20</td></tr>
<tr><td>窗墙面积比>0.30</td><td>≤2.20</td><td>≤2.00</td><td>≤2.00</td></tr>
<tr><td colspan="2">屋面透光部分</td><td colspan="3">≤2.50</td></tr>
</table>

表3.1.12-2 严寒B区工业建筑围护结构热工性能限值

<table>
<tr><td rowspan="2" colspan="2">围护结构部位</td><td colspan="3">传热系数 K[W/(m²·K)]</td></tr>
<tr><td>体形系数
≤0.10</td><td>0.10<体形
系数≤0.15</td><td>体形系数
>0.15</td></tr>
<tr><td colspan="2">屋面</td><td>≤0.45</td><td>≤0.45</td><td>≤0.40</td></tr>
<tr><td colspan="2">外墙</td><td>≤0.60</td><td>≤0.55</td><td>≤0.45</td></tr>
<tr><td rowspan="3">立面
外窗</td><td>窗墙面积比≤0.20</td><td>≤3.00</td><td>≤2.70</td><td>≤2.70</td></tr>
<tr><td>0.20<窗墙面积比≤0.30</td><td>≤2.70</td><td>≤2.50</td><td>≤2.50</td></tr>
<tr><td>窗墙面积比>0.30</td><td>≤2.50</td><td>≤2.20</td><td>≤2.20</td></tr>
<tr><td colspan="2">屋面透光部分</td><td colspan="3">≤2.70</td></tr>
</table>

表3.1.12-3 严寒C区工业建筑围护结构热工性能限值

<table>
<tr><td rowspan="2" colspan="2">围护结构部位</td><td colspan="3">传热系数 K[W/(m²·K)]</td></tr>
<tr><td>体形系数
≤0.10</td><td>0.10<体形
系数≤0.15</td><td>体形系数
>0.15</td></tr>
<tr><td colspan="2">屋面</td><td>≤0.55</td><td>≤0.50</td><td>≤0.45</td></tr>
<tr><td colspan="2">外墙</td><td>≤0.65</td><td>≤0.60</td><td>≤0.50</td></tr>
<tr><td rowspan="3">立面
外窗</td><td>窗墙面积比≤0.20</td><td>≤3.30</td><td>≤3.00</td><td>≤3.00</td></tr>
<tr><td>0.20<窗墙面积比≤0.30</td><td>≤3.00</td><td>≤2.70</td><td>≤2.70</td></tr>
<tr><td>窗墙面积比>0.30</td><td>≤2.70</td><td>≤2.50</td><td>≤2.50</td></tr>
<tr><td colspan="2">屋面透光部分</td><td colspan="3">≤3.00</td></tr>
</table>

图4-143 《通用规范》第3.1.12条对围护结构热工性能的相关要求

表 3.1.12-4 寒冷 A 区工业建筑围护结构热工性能限值

围护结构部位		传热系数 $K[\mathrm{W}/(\mathrm{m^2 \cdot K})]$		
		体形系数 ≤0.10	0.10<体形系数≤0.15	体形系数 >0.15
屋面		≤0.60	≤0.55	≤0.50
外墙		≤0.70	≤0.65	≤0.60
立面外窗	窗墙面积比≤0.20	≤3.50	≤3.30	≤3.30
	0.20<窗墙面积比≤0.30	≤3.30	≤3.00	≤3.00
	窗墙面积比>0.30	≤3.00	≤2.70	≤2.70
屋面透光部分		≤3.30		

表 3.1.12-5 寒冷 B 区工业建筑围护结构热工性能限值

围护结构部位		传热系数 $K[\mathrm{W}/(\mathrm{m^2 \cdot K})]$		
		体形系数 ≤0.10	0.10<体形系数≤0.15	体形系数 >0.15
屋面		≤0.65	≤0.60	≤0.55
外墙		≤0.75	≤0.70	≤0.65
立面外窗	窗墙面积比≤0.20	≤3.70	≤3.50	≤3.50
	0.20<窗墙面积比≤0.30	≤3.50	≤3.30	≤3.30
	窗墙面积比>0.30	≤3.30	≤3.00	≤2.70
屋面透光部分		≤3.50		

表 3.1.12-6 夏热冬冷地区工业建筑围护结构热工性能限值

围护结构部位		传热系数 $K[\mathrm{W}/(\mathrm{m^2 \cdot K})]$	
屋面		≤0.70	
外墙		≤1.10	
外窗		传热系数 K $[\mathrm{W}/(\mathrm{m^2 \cdot K})]$	太阳得热系数 $SHGC$ (东、南、西/北向)
立面外窗	窗墙面积比≤0.20	≤3.60	—
	0.20<窗墙面积比≤0.40	≤3.40	≤0.60/——
	窗墙面积比>0.40	≤3.20	≤0.45/0.55
屋面透光部分		≤3.50	≤0.45

图 4-143 《通用规范》第 3.1.12 条对围护结构热工性能的相关要求（续）

表 3.1.12-7　夏热冬暖地区工业建筑围护结构热工性能限值

围护结构部位		传热系数 K [W/(m²·K)]	
屋面		≤0.90	
外墙		≤1.50	
外窗		传热系数 K [W/(m²·K)]	太阳得热系数 $SHGC$（东、南、西/北向）
立面外窗	窗墙面积比≤0.20	≤4.00	—
	0.20<窗墙面积比≤0.40	≤3.60	≤0.50/0.60
	窗墙面积比>0.40	≤3.40	≤0.40/0.50
屋面透光部分		≤4.00	≤0.40

表 3.1.12-8　温和 A 区工业建筑围护结构热工性能限值

围护结构部位		传热系数 K [W/(m²·K)]	
屋面		≤0.70	
外墙		≤1.10	
外窗		传热系数 K [W/(m²·K)]	太阳得热系数 $SHGC$（东、南、西/北向）
立面外窗	窗墙面积比≤0.20	≤3.60	—
	0.20<窗墙面积比≤0.40	≤3.40	≤0.60/—
	窗墙面积比>0.40	≤3.20	≤0.45/0.55
屋面透光部分		≤3.50	≤0.45

表 3.1.12-9　工业建筑地面和地下室外墙热阻限值

热工区划	围护结构部位		热阻 R [(m²·K)/W]
严寒地区	地面	周边地面	≥1.1
		非周边地面	≥1.1
	供暖地下室外墙（与土壤接触的墙）		≥1.1
寒冷地区	地面	周边地面	≥0.5
		非周边地面	≥0.5
	供暖地下室外墙（与土壤接触的墙）		≥0.5

注：1　地面热阻系指建筑基础持力层以上各层材料的热阻之和；

　　2　地下室外墙热阻系指土壤以内各层材料的热阻之和。

图 4-143　《通用规范》第 3.1.12 条对围护结构热工性能的相关要求（续）

与工业节能的热工指标对比见表 4-33。

热工指标对比 表 4-33

	《工业建筑节能设计统一标准》 GB 51245—2017	《建筑节能与可再生能源利用通用规范》 GB 55015—2021
围护结构限值	一致	基本一致
体形系数	明确,一类工业建筑强制性要求	未要求
SHGC 强制性要求	未要求	明确,附录 C
各分区热工指标	严寒、寒冷、夏热冬冷、夏热冬暖	严寒、寒冷、夏热冬冷、夏热冬暖 新增温和 A 区设计要求

4.4.4 权衡计算方式

建筑围护结构热工性能的权衡判断采用对比评定法,判定指标为总耗煤量,并符合下列规定:

(1) 总耗煤量应为全年供暖耗热量和供冷耗冷量的折算标煤量。

(2) 当设计建筑总耗煤量不大于参照建筑时,应判定围护结构的热工性能符合标准规范的要求。

(3) 当设计建筑的总能耗大于参照建筑时,应调整围护的热工性能重新计算,直至设计建筑的总能耗不大于参照建筑。

与工业节能标准对比见表 4-34、图 4-144、图 4-145。

权衡章节对比 表 4-34

类别	《工业建筑节能设计统一标准》 GB 51245—2017	《建筑节能与可再生能源利用通用规范》 GB 55015—2021
权衡计算公式和 计算参数	未明确	明确,附录 C
权衡计算门槛值	屋顶、外墙、外窗、地下围护结构等 均可放宽	屋顶、地下室外墙、周边地面 均不得放低
运行时间表	未明确	明确,附录 C

4.3.2 根据建筑所在地的气候分区，一类工业建筑围护结构的热工性能应分别符合表4.3.2-1～表4.3.2-8的规定，当不能满足本条规定时，必须进行权衡判断。

4.4.1 当一类工业建筑进行权衡判断时，设计建筑围护结构的传热系数最大限值不应超过表4.4.1的规定

表4.4.1 建筑围护结构的传热系数最大限值

气候分区	围护结构部位	传热系数K[W/(m²·K)]
严寒A区	屋面	0.50
	外墙	0.60
	外窗	3.00
	屋顶透光部分	3.00
严寒B区	屋面	0.55
	外墙	0.65
	外窗	3.50
	屋顶透光部分	3.50
严寨C区	屋面	0.60
	外墙	0.70
	外窗	3.80
	屋顶透光部分	3.80
寒冷A区	屋面	0.65
	外墙	0.75
	外窗	4.00
	屋顶透光部分	4.00
寨冷B区	屋面	0.70
	外墙	0.80
	外窗	4.20
	屋顶透光部分	4.20
夏热冬冷地区	屋面	0.80
	外墙	1.20
	外窗	4.50
	屋顶透光部分	4.50
夏热冬暖地区	屋面	1.00
	外墙	1.60
	外窗	5.00
	屋顶透光部分	5.00

图 4-144 工业节能标准热工权衡准入条件

C.0.1 进行权衡判断的设计建筑，其围护结构的热工性能应符
合下列规定：

1 围护结构传热系数基本要求不得低于表C.0.1-1的规定。

表C.0.1-1 围护结构传热系数基本要求

热工区划	外窗K [W(m²·K)]			外窗K [W(m²·K)]			架室或外挑楼板K[W(m²·K)]	屋面K,周边地面和地下室外墙的R
	公共建筑	居住建筑	工业建筑	公共建筑	居住建筑	工业建筑	居住建筑	公共、居住、工业建筑
严寒A区	0.10	0.10	0.60	2.5	2.0	3.0	0.10	不得降低
严寒B区	0.10	0.15	0.65	2.5	2.2	3.5	0.15	
严寒C区	0.15	0.50	0.70	2.6	2.2	3.8	0.50	
寒冷A区	0.55	0.60	0.75	2.7	2.5	1.0	0.60	
寒冷B区	0.55	0.60	0.80	2.7	2.5	4.2	0.60	
夏热冬冷A区	0.8	不得降低	1.20	3.0	不得降低	4.5		
夏热冬冷B区	0.8	不得降低	1.20	3.0	不得降低	4.5		
夏热冬暖A区	1.50	1.50(仅南北向外墙，东西向不得降低)	1.60	4.0	不得降低	5.0		
夏热冬暖B区	1.50	2.0(仅南北向外墙，东西向不得降低)	1.60	4.0	不得降低	5.0		
温和A区	1.00	1.00	1.20	3.0	3.2	4.5		
温和B区	不得降低							

图4-145 《通用规范》C.0.1条对围护热工权衡准入条件的相关要求

第5章 《建筑环境通用规范》设计及软件应用

《建筑环境通用规范》GB 55016—2021 为国家标准，自 2022 年 4 月 1 日起实施。本规范为强制性工程建设规范，全部条文必须严格执行。现有的 PKPM 绿色低碳系列软件 2023 版本已经在建筑节能、采光、空气质量、背景噪声等多个模块，全面实现了对该规范的深度、系统、全面的支持。下面主要介绍《建筑环境通用规范》设计要点及软件应用。

《建筑环境通用规范》GB 55016—2021 规定了建筑声环境、建筑光环境、建筑热工、室内空气质量四个方面的强制性要求，以室内环境为主，兼顾考虑室外环境。适用于新建、改建和扩建民用建筑以及工业建筑中辅助类办公建筑的声环境、光环境、建筑热工及室内空气质量的设计、检测验收。现行工程建设标准相关强制性条文同时废止。现行工程建设标准中有关规定与本规范不一致的，以本规范的规定为准。

相关废止的条文：

(1)《建筑采光设计标准》GB 50033—2013 第 4.0.2、4.0.4、4.0.6 条；

(2)《住宅设计规范》GB 50096—2011 第 7.3.1、7.4.1、7.4.2、7.5.3 条；

(3)《民用建筑隔声设计标准》GB 50118—2010 第 4.1.1 条；

(4)《民用建筑热工设计规范》GB 50176—2016 第 4.2.11、6.1.1、6.2.1、7.1.2 条；

(5)《民用建筑工程室内环境污染控制标准》GB 50325—2020 第 3.1.1、3.1.2、3.6.1、4.1.1、4.2.4、4.2.5、4.2.6、4.3.1、4.3.6、5.2.1、5.2.3、5.2.5、5.2.6、5.3.3、5.3.6、6.0.4、6.0.14、6.0.23 条；

(6)《住宅建筑规范》GB 50368—2005 第 3.1.8、7.1.1、7.1.4、7.1.6、7.2.3、7.3.1、7.3.2、7.4.1、10.1.3 条；

(7)《体育场馆照明设计及检测标准》JGJ 153—2016 第 4.4.11 条；

(8)《体育建筑电气设计规范》JGJ 354—2014 第 9.1.4 (1) 条（款）。

5.1 背景噪声

5.1.1 背景噪声中涉及标准

《绿色建筑评价标准》GB/T 50378—2019

《民用建筑隔声设计规范》GB 50118—2010

《建筑隔声评价标准》GB/T 50121—2005

《建筑声学设计手册》(中国建筑工业出版社出版，中国建筑科学研究院建筑物理研究所主编，出版时间 1987 年)

《建筑隔声设计—空气声隔声技术》(中国建筑工业出版社出版，康玉成主编，出版时间 2004 年)

《民用建筑热工设计规范》GB 50176—2016

《建筑隔声与吸声构造》08J931

《建筑环境通用规范》GB 55016—2021

5.1.2 条文解析

《建筑环境通用规范》GB 55016—2021 中第 2.1.3 条指出建筑物外部噪声源传播至主要功能房间室内的噪声限值及适用条件应符合下列规定：

（1）建筑物外部噪声源传播至主要功能房间室内的噪声限值，应符合表 5-1 的规定；

建筑物外部噪声传播至主要功能房间室内的噪声限值   表 5-1

房间的使用功能	噪声限值(等效声级 $L_{Aeq,T}$, dB)	
	昼间	夜间
睡眠	40	30
日常生活	40	
阅读、自学、思考	35	
教学、医疗、办公、会议	40	

注：当建筑位于 2 类、3 类、4 类声环境功能区时，噪声限值可放宽 5dB；

（2）建筑物内部建筑设备传播至主要功能房间室内的噪声限值应符合表 5-2 的规定。

建筑物内部建筑设备传播至主要功能房间室内的噪声限值   表 5-2

房间的使用功能	噪声限值(等效声级 $L_{Aeq,T}$, dB)
睡眠	33
日常生活	40
阅读、自学、思考	40

续表

房间的使用功能	噪声限值(等效声级 $L_{Aeq,T}$,dB)
教学、医疗、办公、会议	45
人员密集的公共空间	55

背景噪声模块规范对比见表5-3。

背景噪声模块《绿色建筑评价标准》和《建筑环境通用规范》的对比　　表5-3

《绿色建筑评价标准》GB/T 50378—2019	条文	《建筑环境通用规范》GB 55016—2021	条文	标准对比
室内噪声级满足《民用建筑隔声设计规范》GB 50118,达到平均值得4分;达到高要求得8分。 卧室≤45/40dB(昼),37/30dB(夜) 起居室≤45/40dB 单人办公室≤40/35dB 多人办公室≤45/40dB 会议室≤45/40dB	5.2.6 评分项	睡眠≤40dB(昼)30dB(夜) 日常生活≤40dB 阅读、自学、思考≤40dB 教学、医疗、办公、会议≤45dB 人员密集的公共空间≤55dB	2.1.3	《建筑环境通用规范》比《绿色建筑评价标准》中一般住宅的要求更严格,与要求住宅要求一致;对于其他类型的建筑《绿色建筑评价标准》中由于房间细分较《建筑环境通用规范》限值有高有低

5.1.3　PKPM 绿色低碳系列软件——背景噪声模块实现

针对建筑室内背景噪声性能的评价标准主要为《绿色建筑评价标准》GB/T 50378—2019 第 5.1.4-1 条控制项及第 5.2.6 条评分项的要求,评价分值 8 分。具体要求如下:

5.1.4-1　主要功能房间的室内噪声级应满足现行国家标准《民用建筑隔声设计规范》GB50118 中的低限要求。【控制项】

5.2.6　采取措施优化主要功能房间的室内声环境,评价总分值为 8 分。【评分项】

噪声级达到现行国家标准《民用建筑隔声设计规范》GB 50118 中的低限标准限值和高要求标准限值的平均值,得 4 分;

达到高要求标准限值,得 8 分。

5.1.4　原理概要

1. 单个构件的分频隔声量

不同围护结构的隔声性能有好有坏,而构件隔声性能一般采用实验室测量的方法,不过在设计阶段,无法获得实际的测量数据。于是目前常用的方法主要有:公式计算法、类比法。

(1) 公式法

公式法可分为理论公式及经验公式。哈里斯、理查逊、久我新一等都提出了相关的理论公式,这些公式的隔声量与面密度 m 和频率 f 相关。而经验公式都加进了实践的因素,即包括实验室测定、现场测定、主观评估、判断等研究成果，它比理论公式接近实际，已不再完全符合质量定律中的假定条件。但这些经验公式的基本变量还是质量 m 与频率 f，所以这类公式还是以质量定律为基本理论的隔声量经验计算式，是理论上的质量定律向实践的延伸。

康玉成在《建筑隔声设计——空气声隔声技术》书中，整理了前人大量的经验公式，并总结出更加符合实际情况的经验公式，这个经验公式对轻、重两种构件进行区分，该经验公式为：

$$R = 23\lg m + 11\lg f - 41 \quad (m \geqslant 200 \text{kg/m}^2)$$
$$R = 13\lg m + 11\lg f - 18 \quad (m < 200 \text{kg/m}^2)$$

式中　m——面密度，kg/m^2；

　　　f——频率，Hz。

（2）类比法

各类声学书籍、文献几乎都附录了各种不同类型建筑围护构件的空气声隔声量实测数据，本书选取了几本权威的声学手册、图集：《建筑声学设计手册》《建筑隔声设计——空气声隔声技术》《建筑隔声与吸声构造》08J931，将实际构件与声学手册、图集或权威的检测报告中的实测数据类比，将文献中的实测数据作为实际构件的隔声量。

2. 组合墙的分频隔声量

（1）组合隔声量

透声系数是指在给定频率和条件下，经过分界面（墙或间壁等）的透射声能通量与入射声能通量之比。一般指两个扩散声场间的声能传输，否则应具体说明测量条件。

透声系数按照下式计算：

$$\tau = 10 - 0.1R$$

式中　τ——透声系数；

　R——隔声量，dB。

由于外围护结构是由多个构件组合而成，即在墙上带有门、窗。一般地说，门窗的隔声量要比均质密实的墙差，因此组合墙的隔声量经常比墙体本身的隔声量低，在等传声度的原则下，组合墙的平均透声系数为：

$$\bar{\tau} = \frac{\sum \tau_i S_i}{\sum S_i}$$

式中　$\bar{\tau}$——组合墙平均透声系数；

　τ_i——组合墙上各构件的透声系数；

　S_i——组合墙上各构件的面积，m^2。

则组合墙的平均隔声量为：

$$\bar{R} = 10\lg \frac{1}{\tau} = 10\lg \left(\frac{\sum S_i}{\sum S_i \times 10^{-0.1R_i}} \right)$$

式中 $\overline{R}$——组合墙的平均隔声量，dB；

R_i——组合墙上各构件的隔声量，dB。

（2）房间吸声量

吸声量又称等效吸声面积。与某表面或物体的声吸收能力相同而吸声系数为 I 的面积。一个表面的等效吸声面积等于它的吸声系数乘以其实际面积。物体在室内某处的等效吸声面积等于该物体放入室内后，室内总的等效吸声面积的增加量。单位为平方米。

房间总吸声量 A 由下式确定：

$$A = \sum \alpha_i S_i$$

式中 A——房间总吸声量，m^2；

α_i——材料的吸声系数，在不同声音频率下 α 的值不同；

S_i——室内围护结构的面积，m^2，这里包括内墙、内窗、地板和天花板。

（3）有效隔声量

声音通过围护结构构件传入室内后，室内噪声水平不只是入射声级与构件隔声量的差值，还与室内各构件的表面吸声状况、构件面积大小等相关。因此组合墙的隔声量需要进行修正，根据《建筑声学设计》计算房间的外围护结构组合后的实际有效隔声量。计算公式如下：

$$R_{有效} = \overline{R} + 10\lg \frac{A}{\sum S_i}$$

式中 $R_{有效}$——组合墙的有效隔声量，dB；

$\overline{R}$——组合墙的平均隔声量，dB；

A——房间总吸声量，m^2；

S_i——组合墙上各构件的面积，m^2。

3. 组合墙隔声量单值评价

通过上述计算，可以得到组合墙的分频隔声量，接下来需要将其转换为单值，才能进一步进行背景噪声计算。将分频隔声量转换为单值有多种方法，比如平均隔声量法，即取六个中心频率隔声量的算术平均值；还有以 500Hz 或 550Hz 的隔声量作为单值评价。但这些方法并不能对各种构件的隔声性能做统一比较，且与人对隔声性能的主观判定有一定差距，于是就有了计权隔声量法，即隔声指数法。

计权隔声量是用构件的隔声频率特性曲线，与标准折线（参考曲线）相比较而得出的，折线走向规定为：100～400Hz 时为 9dB/oct，400～1250Hz 时为 3dB/oct，1250～3150Hz 时为平直，如图 5-1 所示。

将已知构件的隔声频率特性曲线绘制在坐标纸上，其横纵坐标比例与标准折线比例相同，可以用 1/3 倍频程，也可以用 1/1 倍频程的坐标，将标准折线（空气声隔声参考曲线）与组合墙隔声曲线相互对照，对准两图的频率坐标，并沿垂直方向上下移动，直至满

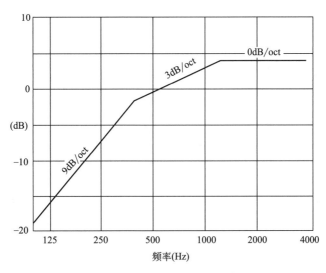

图 5-1 空气声隔声的参考曲线特征图

足以下两个条件：

（1）当为 1/3 倍频程坐标时：

① 移动后空气声基准隔声曲线与组合墙隔声曲线相比较，各频率在移动后标准曲线之下不利偏差的总和不大于 32dB；

② 组合墙隔声频率特性曲线的任一频带的隔声量在移动后标准曲线之下不利偏差的最大值不大于 8dB；

（2）当为 1/1 倍频程坐标时：

① 移动后空气声基准隔声曲线与组合墙隔声曲线相比较，各频率在移动后标准曲线之下不利偏差的总和不大于 10dB；

② 组合墙隔声频率特性曲线的任一频带的隔声量在移动后标准曲线之下不利偏差的最大值不大于 5dB；

然后，从 500Hz 处向上作垂线与移动后标准曲线相交，通过交点作水平线与隔声频率特性曲线图的纵坐标相交，则交点即为所求的 500Hz 下空气声隔声计权隔声量。

将 3.2 节计算的不同频率的有效隔声量，用计权隔声量法得到组合墙的单值隔声量，作为空气声隔声的单值评价量，用于计算室内的背景噪声值。

4. 孔和缝隙

一个隔声结构的孔和缝隙对其隔声性能有很大的影响。孔和缝隙的影响主要决定于它们的尺寸和声波波长的比值。如果孔的尺寸大于声波波长时，透过孔的声能可近似认为与孔的面积成正比。由于孔洞的透声系数为 1，隔声量为零，所以哪怕是很小的孔洞其透声也很大，从而成为隔声的薄弱环节，故需要考虑其影响。

将孔洞看成组合墙的一个构件，通过 3.2.1 节的平均透声系数公式，能得到如下公式：

$$\tau' = \frac{\tau_0 S_0 + \tau_1 S_1}{S_0 + S_1}$$

式中 τ'——考虑孔洞后组合墙透声系数；

τ_0——孔洞的透声系数，取1；

τ_1——组合墙的透声系数，由 $R_{有效}$ 得到；

S_0——孔、缝隙的面积，m^2；

S_1——组合墙的面积，m^2。

通过换算得到考虑孔洞后，组合墙的实际的隔声量：

$$R_{实际} = 10\lg\frac{1}{\tau'} = 10\lg\frac{S_1 + S_0}{S_1 \times 10^{-0.1R有效} + S_0}$$

通常窗和墙之间有 0.5cm 左右的缝隙，该处缝隙会用材料填实。考虑到填充材料并不一定具备较好的隔声性能，因此认为该处为窗墙间缝隙。于是 S_0 为 0.005m 乘以外窗周长。

5. 多噪声源影响值

两个以上独立声源作用于某一点，产生噪声的叠加总声压级 L_P 通过下述公式计算得到：

$$L_p = 10\lg\frac{\sum_{i=1}^n Pi_2}{P_{02}} = 10\lg\left(\sum_{i=1}^n 10^{\frac{L_{Pi}}{10}}\right)$$

式中，L_P——总声压级，dB（A）；

Pi——考察点 i 的声压，Pa；

P_0——基准声压，在空气中 $P_0 = 2\times10^{-5}$Pa；

L_{Pi}——考察点 i 的声压级，dB（A）。

5.1.5 噪声源初始值设置

考虑主要功能房间室内噪声源的初始值，目前软件包含多种噪声来源。分别有生活噪声、空调设备等、电脑等办公设备及家用风扇等噪声参考值。

典型考察房间设置：房间类型设置成功后进入典型考察房间，选定分析范围。用户可对典型考察房间进行自定义设置，右侧菜单对室内噪声源同时设置，在框选评价分析范围的同时，室内声源也设置成功。这里的室内声源主要有：暖通空调等设备噪声，人们活动的噪声，空气流通对门缝的摩擦声等（图 5-2）。

5.1.6 室内噪声源

考虑建筑内部设备传播至主要功能房间室内影响，目前软件可以实现对于邻近声源构件如内墙、上下楼板的噪声来源。主要包含如设备机房噪声、不同制冷量系统下空调室外机噪声参照值（图 5-3、图 5-4）。

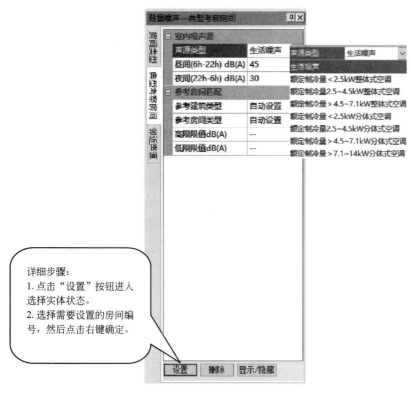

图 5-2　典型考察房间室内噪声源设置

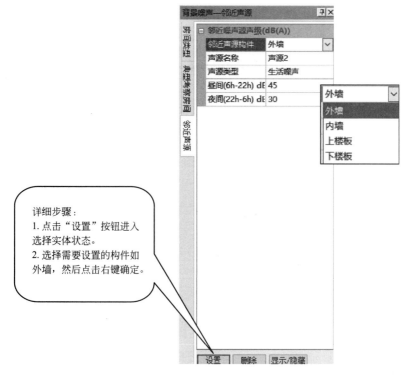

图 5-3　邻近声源设置

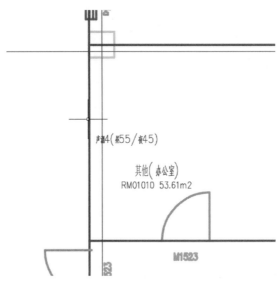

图 5-4　软件中邻近声源设置情况

5.1.7　室外噪声源

考虑建筑物外部噪声源传播至主要功能房间室内影响。目前软件在设置界面可以设置外部声源传播至外墙的类型，主要包含交通噪声、交通干线道路两侧噪声、社会生活噪声、商业区生活噪声、建筑施工噪声参照值（图 5-5）。

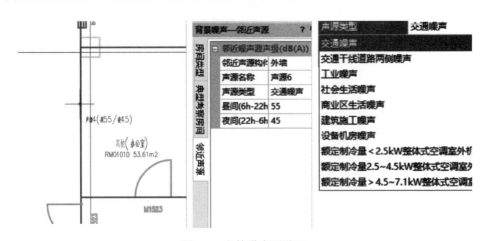

图 5-5　室外噪声源设置

5.1.8　隔声设计

空气声隔声设计：设置完成声源及典型房间后即可进行隔声设计，隔声设计包括空气声隔声和撞击声隔声，软件自动读取项目不同构件的材料，并对外墙、楼板、隔墙、门窗等构造类型进行分类，对不同分析范围进行罗列，用户可以逐一进行设置。如图 5-6 所示。

图 5-6 空气声隔声设计界面

（1）构件分类包括：外墙、外窗、隔墙、普通楼板、门、窗。与土壤接触的底板为地面。

（2）材料构造：软件自动读取模型中的材料构造，包括厚度、面密度及层特性。

（3）隔声吸声系数：显示当前构造和材料对应的不同声频率下（125Hz，250Hz，500Hz，1000Hz，2000Hz，4000Hz）的隔声量和吸声系数。当所选材料变化时，实际材料的背景噪声量随之变动。

（4）交通噪声频谱修正量：用户还可以根据项目实际情况，修改交通噪声修正值，一般来说为零或负数，且保留一位小数。

（5）计算方法：包含公式法和类比法。一般混凝土材料优先选用公式法，非混凝土材料或空心材料构件一般选用类比法。

公式法选自《建筑隔声设计——空气声隔声设计》中的艾尔杰经验公式。

$$R = 23\lg m - 9 \quad (m \geqslant 200 \text{kg/m}^2)$$

$$R = 13.5\lg m + 13 \quad (m < 200 \text{kg/m}^2)$$

类比法是与实际检测过的构造进行对比，选择类似的构造进行。类比构件筛选顺序为结构—主体层—主体层厚度—面密度—是否有保温层。

（6）类比隔声量：类比材料在不同频率下的隔声量和吸声系数。

（7）综合面密度：根据各材料厚度、密度，进行加权计算材料的综合面密度。

（8）类比构造：软件中类比构造主要来源图集《建筑隔声与吸声构造》08J931，同时软件提供厂家材料选择，用户可根据需求选取经检测认证合格的厂家材料，达到相应的隔声设计效果。根据类比规则选取类似构造材料，双击类比材料，在该行前显示"√"，表示选择该材料，若选取不到相关材料，可在更多材料中查找。同时在类比构造中，软件提供智能搜索功能，可根据材料类比及关键字搜索相应的材料（图 5-7）。

图 5-7　构造搜索功能

（9）隔声措施：选择是否有隔声措施，用户可以根据项目实际情况，或对项目进行优化，选择符合要求的隔声措施。在楼板的选择中，有地毯、木地板等减振措施。

注意：

隔声措施是一种最直接的减少撞击声声压级的方式，用户可以根据项目的实际情况进行选择，或者作为项目的优化减振措施，下方的类比材料自动显示相匹配的材料，同时显示构造简称、总厚度、综合面密度和隔声量。鼠标悬浮在材料简称处，可以显示该构造的详细材料。

5.1.9　结果分析

计算完成后，软件自动生成室内背景噪声结果分析，输出典型考察房间的昼夜噪声值，与《绿色建筑评价标准》GB/T 50378—2019 的要求对比，判断达标情况。同时输出总体判断结论，给出优化方向（图 5-8）。

5.1.10　背景噪声报告书

软件提供订制报告书功能，可选择输出报告书的详尽程度。一种为推荐样式，即输出所有房间的计算结果，对于相同功能房间只输出最不利房间的计算过程。此种样式，报告书篇幅小，结果展示足够全面，生成报告书速度快、篇幅小。另一种报告书样式是

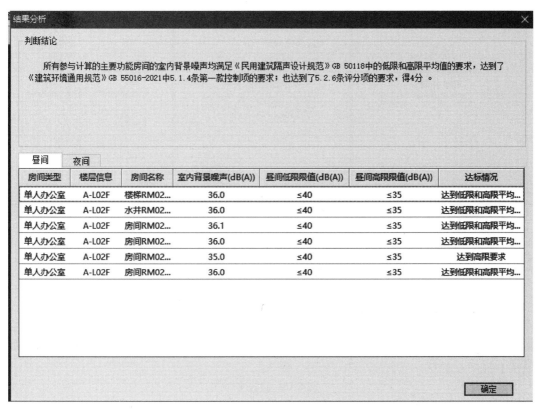

图 5-8　结果分析

输出全部房间的计算结果和计算过程，若房间过多时，计算时间会过长，文件也相应变大（图 5-9、图 5-10）。

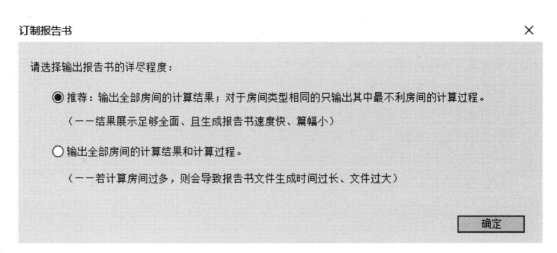

图 5-9　订制报告书

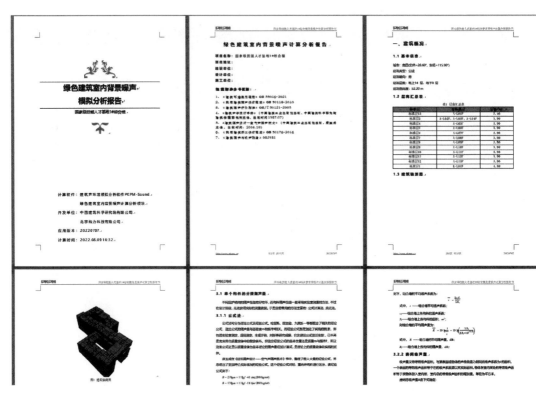

图 5-10　报告书样式

5.2　采光

5.2.1　采光设计中涉及标准

《建筑照明设计标准》GB 50034—2013；

《采光测量方法》GB/T 5699—2017；

《建筑采光设计标准》GB 50033—2013；

《民用建筑绿色性能计算标准》JGJ/T 449—2018；

《绿色建筑评价标准》GB/T 50378—2019；

《城市居住区规划设计标准》GB 50180—2018；

《绿色建筑评价技术细则 2019》。

5.2.2　条文解析

（1）采光设计

《建筑环境通用规范》GB 55016—2021：

3.2.2 采光设计应以采光系数为评价指标，并应符合下列规定：

1 采光等级与采光系数标准值应符合表 3.2.2-1 的规定。

2 光气候区划应按本规范附录 B 确定。各光气候区的光气候系数应按表 3.2.2-2 确定。

光气候系数 K 值   表 3.2.2-1

光气候区	Ⅰ	Ⅱ	Ⅲ	Ⅳ	Ⅴ
K 值	0.85	0.90	1.00	1.10	1.20
室外天然光设计照度值 E_s(lx)	18000	16500	15000	13500	12000

采光等级与采光要求值   表 3.2.2-2

采光等级	侧面采光		顶部采光	
	采光系数标准值（%）	室内天然光照度标准值（lx）	采光系数标准值（%）	室内天然光照度标准值（lx）
Ⅰ	5	750	5	750
Ⅱ	4	600	3	450
Ⅲ	3	450	2	300
Ⅳ	2	300	1	150

3.2.3 对天然采光需求较高的场所，应符合下列规定：

1 卧室、起居室和一般病房的采光等级不应低于Ⅳ级的要求；

2 普通教室的采光等级不应低于Ⅲ级的要求；

3 普通教室侧面采光的采光均匀度不应低于 0.5。

（2）室内外照明

《建筑环境通用规范》GB 55016—2021：

3.3.4 长时间视觉作业的场所，统一眩光值 UGR 不应高于 19。

3.3.5 长时间工作或停留的房间或场所，照明光源的颜色特性应符合下列规定：

1 同类产品的色容差不应大于 5SDCM；

2 一般显色指数（R_a）不应低于 80；

3 特殊显色指数（R_9）不应小于 0。

《绿色建筑评价标准》与《建筑环境通用规范》对比   表 5-4

《绿色建筑评价标准》GB/T 50378—2019	条文		《建筑环境通用规范》GB 55016—2021	条文	标准对比
照明数量和质量应符合现行国家标准《建筑照明设计标准》GB 50034 的规定：UGR（19～22），R_a≥80	5.1.5-1	控制项	长时间视觉作业的场所，统一眩光值 UGR 不应高于 19	3.3.4	《建筑环境通用规范》统一眩光值要求变高
	5.1.5-2		长时间视觉作业的场所，一般显色指数 R_a 不应低于 80	3.3.5	两者要求一样

续表

《绿色建筑评价标准》 GB/T 50378—2019	条文	《建筑环境通用规范》 GB 55016—2021	条文	标准对比
人员长期停留的场所应采用符合现行国家标准《灯和灯系统的光生物安全性》GB/T 20145规定的无危险类照明产品,符合RGO等级的要求	5.1.5-2 控制项	儿童及青少年长时间学习或活动的场所采用的光源或灯具光生物安全应符合RG0等级的要求;其他人员长时间工作或停留的场所,光源或灯具的光生物安全应符合RG1等级的要求	3.3.6	《建筑环境通用规范》的光生物安全性要求有所放宽
室外夜景照明光污染的限制符合现行国家标准《室外照明干扰光限制规范》GB/T 35626和现行行业标准《城市夜景照明设计规范》JGJ/T 163的规定。得5分	8.2.7-2 得分项	1. 居住空间窗户外表面上产生的垂直照度; 2. 灯具朝居室方向的发光强度; 3. 采用闪动照明时,灯具朝居室方向的发光强度	3.4	《建筑环境通用规范》的光生物安全性要求有所放宽

解读:室内照明设计中,通用规范主要增加了室内照明设计的重点条文,主要涉及采光和照明设计计算,采光设计中《建筑采光设计标准》GB 50033—2013第4.0.2、4.0.4、4.0.6条废止,其他要求和《建筑采光设计标准》GB 50033一致。目前在绿建模拟中,除了《绿色建筑评价标准》中的得分要求,还增加了对采光设计中采光等级、室内各表面的反射比强制性要求。

(3) 幕墙光污染分析

《建筑环境通用规范》GB 55016—2021:

3.2.8 建筑物设置玻璃幕墙时应符合下列规定:

1 在居住建筑、医院、中小学校、幼儿园周边区域以及主干道路口、交通流量大的区域设置玻璃幕墙时,应进行玻璃幕墙反射光影响分析;

2 长时间工作或停留的场所,玻璃幕墙反射光在其窗台面上的连续滞留时间不应超过30min;

3 在驾驶员前进方向垂直角20°、水平角±30°、行车距离100m内,玻璃幕墙对机动车驾驶员不应造成连续有害反射光。

5.2.3 PKPM绿色低碳系列软件——自然采光模块实现

《绿色建筑评价标准》GB/T 50378—2019中对建筑室内光环境与视野的具体要求为:

5.2.8 充分利用天然光,评价总分值为12分,并按下列规则分别评分并累计:

1 住宅建筑室内主要功能空间至少60%面积比例区域,其采光照度值不低于300lx的小时数平均不少于8h/d,得9分。

2 公共建筑按下列规则分别评分并累计:

1) 内区采光系数满足采光要求的面积比例达到60%,得3分;

2) 地下空间平均采光系数不小于 0.5% 的面积与地下室首层面积的比例达到 10% 以上，得 3 分；

3) 室内主要功能空间至少 60% 面积比例区域的采光照度值不低于采光要求的小时数平均不少于 4h/d，得 3 分。

3 主要功能房间有眩光控制措施，得 3 分。

其中：主要功能房间的不舒适眩光指数（DGI）不高于表 5-5 规定的数值。

窗的不舒适眩光指数（DGI）　　　　　　　　　表 5-5

采光等级	眩光指数值 DGI
I	20
II	23
III	25
IV	27
V	28

来源：《建筑采光设计标准》GB 50033—2013 中表 5.0.3。

5.2.4　模拟概述

目前常用的采光评价的方法有平均采光系数（Cav）公式法、采光系数（DF）静态模拟法、动态模拟法。其中平均采光系数（Cav）公式法是在典型条件下的快速算法，《建筑采光设计标准》GB 50033—2013 给出了具体的计算公式；采光系数（DF）是室内目标点上的照度与全阴天下室外水平照度的比值，表征全年中最不利的天气条件下的采光情况。以上的评价方法具有计算简单、使用方便等优点，但这种评价方法的缺点也很明显，未考虑建筑朝向、太阳光直射、天空状况、季节与时间等因素。近年来国际上发展起来一些新的天然采光评价指标，包括 Daylight Autonomy（DA）、Useful Daylight Illuminances（UDI）等。2019 年修订的《绿色建筑评价标准》提出了一种动态分析的方法：动态采光评价法。

5.2.5　原理概要

动态采光评价法指的是主要功能房间采用全年中建筑空间各位置满足采光照度要求的时长来进行采光效果评价，计算时应采用标准年的光气候数据。对于设计阶段，计算参数按照现行行业标准《民用建筑绿色性能计算标准》JGJ/T 449 执行（地面反射比 0.3，墙面反射比 0.6，外表面反射比 0.5，顶棚反射比 0.75）；对于运行阶段可按照建筑实际参数进行计算，以获得准确的采光效果计算结果。

5.2.6　分析软件

主要采用绿色建筑天然采光模拟分析软件 PKPM-Daylight 进行建模和室内采光计算，

分析判断室内主要功能空间的采光效果是否达到《绿色建筑评价标准》GB/T 50378—2019 的要求，并根据《民用建筑绿色性能计算标准》JGJ/T 449 的要求输出报告书。

绿色建筑天然采光模拟分析软件 PKPM-Daylight 由北京构力科技有限公司（PKPM）自主研发，软件的操作环境为 Windows 7～Win10 系统，并可在 AutoCAD 平台及 PKPM-BIM 平台上运行。该软件配套《绿色建筑评价标准》GB/T 50378—2019 及各地地标，自动生成可溯源的天然采光模拟计算报告书，帮助用户快速完成我国建筑领域的室内光环境设计评价工作。该软件获住房和城乡建设部建设行业科技成果评估、国家建筑工程质量监督检验中心双重认证；典型案例的软件计算值与实际工程测量值误差在 7% 以内。

对于采光系数的计算，本软件采用逐时、逐点照度模拟计算法。即对民用建筑模型每个房间的距地面 0.75m（工业建筑取 1m，公用场所取地面）高度处的水平面按一定精度划分为多个网格，设置室内材质、外部遮挡建筑物等影响采光的基本条件参数，通过调用美国 Radiance 计算内核，利用蒙特卡洛算法优化的反向光线追踪算法和自然光系数的方法，对每一个网格以 1h 为步长进行照度计算。公共建筑还会分析内区及地下室的采光系数。

5.2.7 采光系数

目前软件对于采光系数的输出，可以在结果分析界面，查看对应的功能房间的采光系数平均值和过渡色效果图。选择采光设计标准，可以直接生成到报告书中（图 5-11）。

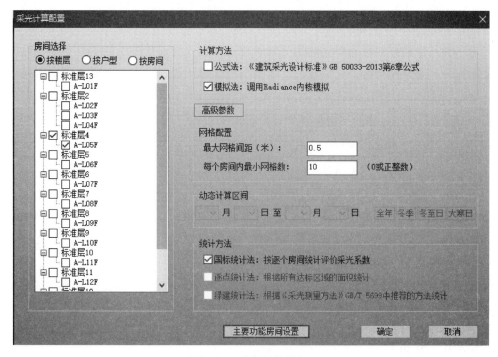

图 5-11 采光系数分析

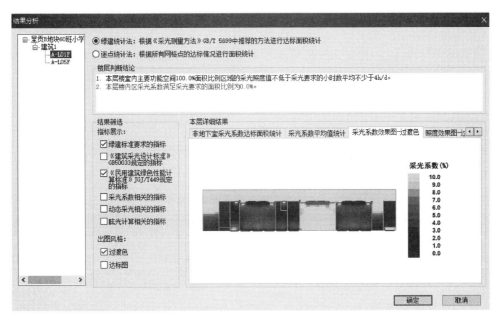

图 5-11　采光系数分析（续）

5.2.8　采光均匀度

目前软件对于采光均匀度的输出，可以在结果分析界面，查看对应的功能房间的采光均匀度和限值要求（图 5-12）。

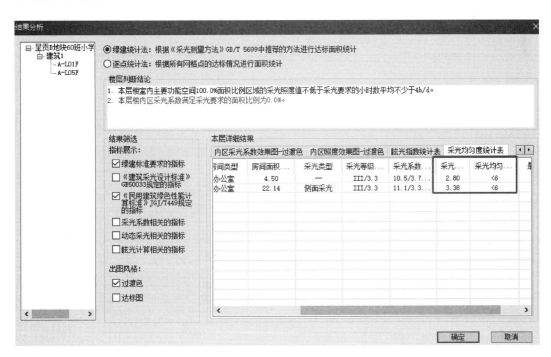

图 5-12　采光均匀度分析

5.2.9 室内表面可见光透射比

材料的材质、颜色、表面状况决定光的吸收、反射与透射性能，对建筑采光影响较大，模拟分析时需根据实际材料性状对参数进行选值。

主要参考《建筑采光设计标准》GB 50033—2013 的表 5.0.4 及附录 D 和《全国民用建筑工程设计技术措施节能专篇-建筑》中表 6.3.1 对各种不同材料构造的光学性能参数提供的参考指导值进行赋值计算分析，其中玻璃及内饰面材料光学性能参数取值具体如表5-6 所示。

玻璃及内饰面材料光学性能参数取值   表 5-6

构造部位	材料	内饰面反射比	可见光透射比
墙面 1	绿建新国标推荐值	0.60	—
顶棚 1	绿建新国标推荐值	0.75	—
地板 1	绿建新国标推荐值	0.30	—
外窗 1	3mm 透明玻璃	—	0.91
外窗 2	Low-E 中空 SuperSE-Ⅲ 6mm＋12A＋6mm	—	0.62
内窗 1	3mm 透明玻璃	—	0.91
外玻璃幕墙 1	Low-E 中空 SuperSE-Ⅲ 6mm＋12A＋6mm	—	0.62
内玻璃幕墙 1	3mm 透明玻璃	—	0.91
内玻璃幕墙 2	Low-E 中空 SuperSE-Ⅲ 6mm＋12A＋6mm	—	0.62
外门的透明部分 1	3mm 透明玻璃	—	0.91
内门的透明部分 1	3mm 透明玻璃	—	0.91

5.2.10 不舒适眩光指数（DGI）

目前软件对于眩光值计算中，点击眩光设计，选择具体的眩光配置，软件即可输出对应的指标，结果分析中展示对应标准楼层中主要功能房间的统一眩光值（图 5-13～图 5-15）。

5.2.11 控制眩光的措施

软件提供多种控制眩光的措施，包括：

（1）主要功能房间的作业区可避免直射阳光；

（2）工作人员的视觉背景不是窗口；

（3）窗结构的内表面采用浅色饰面；

（4）窗周围的内墙面采用浅色饰面。

眩光计算分析配置见图 5-16。

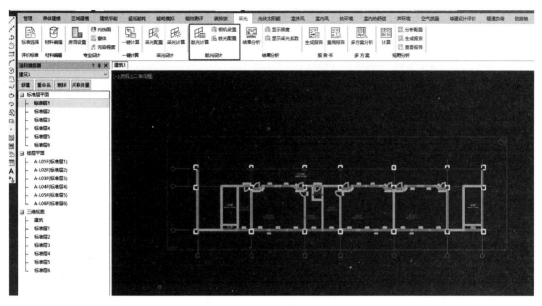

图 5-13 眩光设计

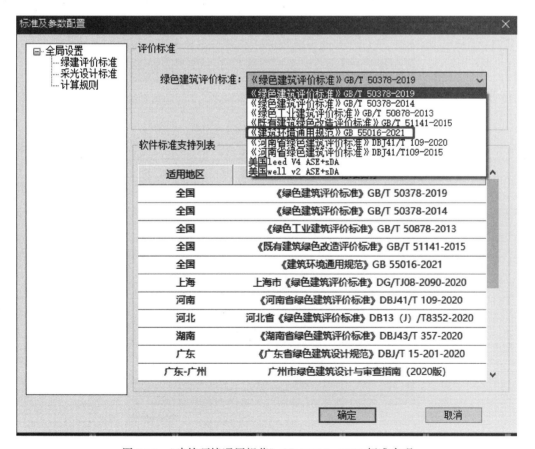

图 5-14 《建筑环境通用规范》GB 55016—2021 标准实现

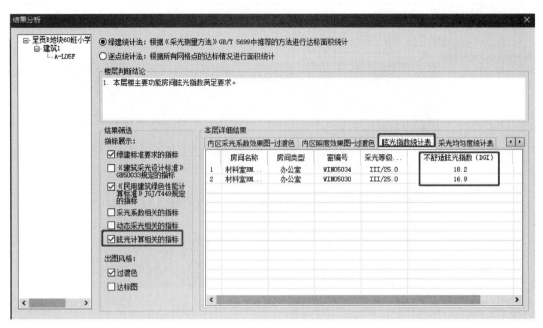

图 5-15　眩光指数分析

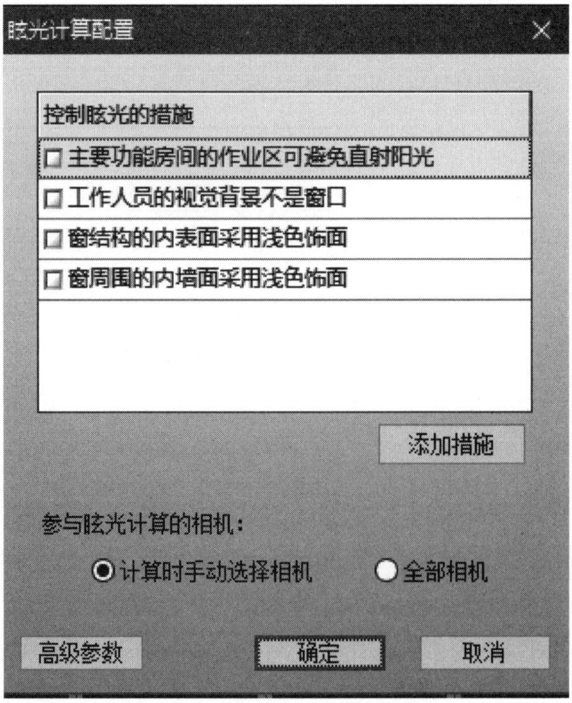

图 5-16　眩光计算分析配置

5.2.12　室内天然采光模拟分析报告书

室内天然采光模拟分析报告书模板如图 5-17 所示。

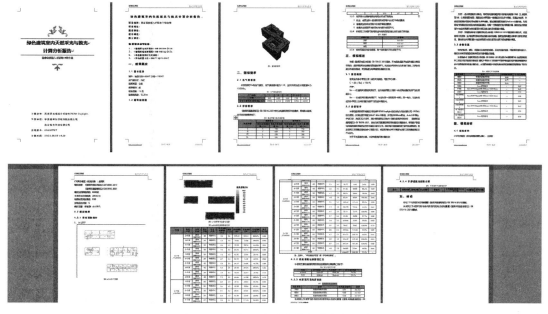

图 5-17　室内天然采光模拟分析报告书

5.2.13　幕墙光污染分析

1. 分析软件

采用 PKPM-LPS 幕墙光污染模拟分析软件进行建模和反射光模拟，它是一款由中国建筑科学研究院有限公司、北京构力科技有限公司开发的光环境模拟分析软件，能分析场地反射光的照射情况是否达到《建筑环境通用规范》GB 55016—2021、《绿色建筑评价标准》GB/T 50378—2019 以及《玻璃幕墙光热性能》GB/T 18091—2015 的要求。其主要计算模块包括幕墙、窗户、道路、高架桥等，软件中对幕墙的采样点间距、道路取样间隔等应考虑的影响因素与标准中的有关规定相符。

2. 分析参数

根据《光环境评价方法》GB/T 12454—2017 附录 B 的要求：

B.1 玻璃幕墙的反射光分析计算的参数应符合以下要求：

1. 应选择 2001 年的典型日，典型分析日的太阳位置参数可参照 GB/T18091；

2. 对周边建筑的影响分析应选择日出后至日落前太阳高度角不低于 10°的时段进行。

3. 分析要求

《建筑环境通用规范》GB 55016—2021 中的具体要求如下:

3.2.8 建筑物设置玻璃幕墙时应符合下列规定:

1 在居住建筑、医院、中小学校、幼儿园周边区域以及主干道路口、交通流量大的区域设置玻璃幕墙时,应进行玻璃幕墙反射光影响分析;

2 长时间工作或停留的场所,玻璃幕墙反射光在其窗台面上的连续滞留时间不应超过 30min;

3 在驾驶员前进方向垂直角 20°、水平角±30°、行车距离 100m 内,玻璃幕墙对机动车驾驶员不应造成连续有害反射光。

《玻璃幕墙光热性能》GB/T 18091—2015 中的具体要求如下:

4.3 玻璃幕墙应采用可见光反射比不大于 0.30 的玻璃。

4.11 在与水平面夹角 0°~45°范围内,玻璃幕墙反射光照射在周边建筑窗台面的连续滞留时间不应超过 30min。

4.12 在驾驶员前进方向垂直角 20°,水平角±30°内,行车距离 100m 内,玻璃幕墙对机动车驾驶员不应造成连续有害反射光。

4. 防治措施

(1) 合理规划。规划部门从宏观上对玻璃幕墙建筑进行合理规划,敏感目标较多地方限制或禁止玻璃幕墙的使用,从根源上防止光污染的产生。上海、杭州、广州等城市已经有明确的规范性条文,以此控制玻璃幕墙在使用中带来的负面效应。

(2) 从立面设计和选材上进行控制。玻璃幕墙的面积越大,可见光反射率越高,光污染的强度越大,受到光污染影响的范围也越大,因此需要合理选取玻璃材质和立面设计。建筑工程实践中,一般选用低反射率夹胶中空钢化玻璃,同时可在夹层加入百叶、玻璃外表面贴膜等措施降低玻璃的反射率,从而减少眩光影响;采用玻璃和石材板、金属板等组合幕墙进行分割大面积幕墙,减小玻璃的大面积反射光影响和影响持续时间;不在弧形(凸面和凹形)以及向上斜面建筑物使用玻璃幕,不增大反射光影响范围,同时直面玻璃幕墙的组装与安装应符合平直度要求,所选用的玻璃也应符合幕墙玻璃的要求,防止造成发散和聚光效应。

(3) 合理设计建筑朝向和玻璃位置:结合周围敏感目标的分布,合理设计建筑的朝向,通过改变反射面方向来改变入射角,从而降低眩光影响;建筑的北立面不受太阳直射,可适当增加玻璃面积,易产生反射光的东、西立面应限制玻璃面积。

(4) 增加遮阳措施:增设遮阳板、百叶窗和雨篷等降低玻璃反射光的有效面积。

(5) 强化周围绿化:项目四周和周围道路可种植高大乔木,加强绿化,遮挡入射光和反射光对道路行驶司机、行人等的影响。

5. 软件及分析报告（图 5-18）

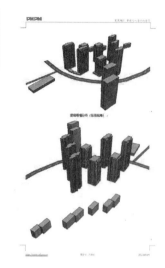

图 5-18　幕墙光污染报告模板

5.3　空气质量

5.3.1　空气质量中涉及标准

《建筑环境通用规范》GB 55016—2021；

《室内空气质量标准》GB/T 18883—2022；

《住宅建筑室内装修污染控制技术标准》JGJ/T 436—2018；

《公共建筑室内空气质量控制设计标准》JGJ/T 461—2019；

《绿色建筑评价技术细则 2019》。

5.3.2　条文解析

《建筑环境通用规范》GB 55016—2021：

5.1.2 工程竣工验收时，室内空气污染物浓度限量应符合表 5.1.2 的规定。

表 5.1.2　空气质量具体条文对比

污染物	Ⅰ类民用建筑工程	Ⅱ类民用建筑工程
氡（Bq/m³）	≤150	≤150
甲醛（mg/m³）	≤0.07	≤0.08
氨（mg/m³）	≤0.15	≤0.20
苯（mg/m³）	≤0.06	≤0.09

续表

污染物	Ⅰ类民用建筑工程	Ⅱ类民用建筑工程
甲苯(mg/m³)	≤0.15	≤0.20
二甲苯(mg/m³)	≤0.20	≤0.20
TVOC(mg/m³)	≤0.45	≤0.50

注：Ⅰ类民用建筑：住宅、医院、老年人照料房屋设施、幼儿园、学校教室、学生宿舍、军人宿舍等民用建筑；
Ⅱ类民用建筑：办公楼、商店、旅馆、文化娱乐场所、书店、图书馆、展览馆、体育馆、公共交通等候室、
餐厅、理发店等民用建筑。

空气质量具体条文对比见表 5-7。

空气质量具体条文对比　　　　　　　　　　　　表 5-7

《绿色建筑评价标准》GB/T 50378—2019	条文	《建筑环境通用规范》GB 55016—2021	条文	标准对比
室内空气中的氨、甲醛、苯、总挥发性有机物、氡等污染物浓度应符合现行国家标准《室内空气质量标准》GB/T18883的有关规定。建筑室内和建筑主入口处应禁止吸烟，并应在醒目位置设置禁烟标志。甲醛：0.10mg/m³ 氨：0.20mg/m³ 苯：0.11mg/m³ TVOC：0.60mg/m³	5.1.1 控制项	室内污染物浓度应符合表 5.1.2 室内空气污染物浓度限量 甲醛：0.07mg/m³ 0.08mg/m³ 氨：0.15mg/m³ 0.20mg/m³ 苯：0.06mg/m³ 0.09mg/m³ TVOC：0.45mg/m³ 0.50mg/m³	5.1.2	《建筑环境通用规范》较《绿色建筑评价标准》室内空气污染物浓度要求更加严格；测量值更加科学：测量值＝室内－室外上风向本底值
应采取措施避免厨房、餐厅、打印复印室、卫生间、地下车库等区域的空气和污染物串通到其他空间；应防止厨房、卫生间的排气倒灌	5.1.2 控制项	—	—	《建筑环境通用规范》中缺少该方面的设计要求
5.2.1 控制室内主要空气污染物的浓度，评价总分值为12分，并按下列规则分别评分并累计：1 氨、甲醛、苯、总挥发性有机物、氡等污染物浓度低于现行国家标准《室内空气质量标准》GB/T18883规定限值的10%，得 3 分；低于 20%，得6 分；2 室内 PM2.5 年均浓度不高于 25μg/m³，且室内 PM1Q 年均浓度不高于 50μg/m³，得6 分	5.2.1 评分项	—	—	《建筑环境通用规范》中缺少 PM2.5 的控制
		建筑工程设计前应对建筑工程所在城市区域土壤中氡浓度或土壤表面氡析出率进行调查，并应提交相应的调查报告	5.2	《建筑环境通用规范》中增加了土壤氡的控制
		建筑工程所使用的砂、石、砖、实心砌块、水泥、混凝土、混凝土预制构件等无机非金属建筑主体材料，其放射性限量应符合表 5.3.1 的规定	5.3	《建筑环境通用规范》中增加了材料的控制，对材料的放射性物质做了限量要求

5.3.3　PKPM 绿色低碳系列软件——空气质量模块实现

《建筑环境通用规范》GB 55016—2021 中第 5.1.2 条提出要求，各指标限值如表 5-8 所示。

室内污染物限值　　　　　　　　　　　　　　表 5-8

污染物	单位	第 5.1.2 条限值		备注
		Ⅰ类民用建筑	Ⅱ类民用建筑	
甲醛 HCHO	mg/m³	≤0.07	≤0.08	1h 均值
氨 NH_3	mg/m³	≤0.15	≤0.20	1h 均值
苯 C_6H_6	mg/m³	≤0.06	≤0.09	1h 均值
甲苯 C_7H_6	mg/m³	≤0.15	≤0.20	1h 均值
二甲苯 C_8H_{10}	mg/m³	≤0.20	≤0.20	1h 均值
总挥发性有机物 TVOC	mg/m³	≤0.45	≤0.50	8h 均值

规范第 5.1.2 条对颗粒污染物浓度限值进行了规定。不同建筑类型室内控制的共性措施为：①增强建筑围护结构气密性能，降低室外颗粒物向内的穿透。②对于厨房等颗粒物散发源空间设置可关闭的门。③对具有集中通风空调系统的建筑，应对通风系统及空气净化装置进行合理设计和选型并使室内具有一定的正压。对于无集中通风空调的建筑，可采用气净化器或户式新风系统控制室内颗粒物浓度。

应从源头把控，选用绿色、环保、安全的室内装饰装修材料。为提升家装消费品质量，满足人民日益增长的对健康生活的追求，有关部门于 2017 年 12 月 8 日发布了包括内墙涂料材料、木器漆、地坪涂料、壁纸、陶瓷砖、人造板和木质地板、家具等产品在内的绿色产品评价系列国家标准。如现行国家标准《绿色产品评价涂料》GB/T 35602、《绿色产品评价纸和纸制品》GB/T 35613、《绿色产品评价人造板和木质地板》GB/T 35601 等，对产品中有害物质种类及限量进行了严格、明确的规定。其他装饰装修材料的有害物质限量同样应符合现行有关标准的规定。

5.3.4　模拟概述

描述室内材料 VOCs 散发的经验、半经验模型是通过大量的试验数据总结得到的。其中，经典的一阶衰减模型得到了建材 VOCs 散发速率与散发时间呈指数衰减关系，该模型预测建材短期散发时较为准确，却常常低估建材 VOCs 的长期散发速率。双一阶衰减模型可较准确预测建材 VOCs 的短期和长期散发。在经验模型的基础上，研究者还提出了半经验模型，其中较为典型的表面汇模型采用了假设：建材的脱附速率和建材内 VOCs 浓度成正比，建材对 VOCs 的吸附速率和室内 VOCs 浓度成正比，表面汇模型可较准确地预测建材 VOCs 的短期散发速率。经验模型的优点在于其形式简单，便于应用。不足在于，由于模型缺乏物理基础，其中的经验参数往往依赖于试验条件，难以推广到其他使用条件下，模型的通用性较差。近年来，研究者关注研究和使用的重点多为传质模型。现行行业标准《公共建筑室内空气质量控制设计标准》JGJ/T 461、《民用建筑绿色性能计算标准》JGJ/T 449中提出装修污染物浓度可按照传质模型进行预评价分析。

5.3.5 原理概要

1. 有机化合污染物

有机化合污染物预评价时，应综合考虑建筑情况、室内装修设计方案、装修材料的种类、使用量、室内新风量、环境温度等诸多影响因素，以各种装修材料、家具制品主要污染物的释放特征为基础，以"总量控制"为原则。依据装修设计方案，选择典型功能房间（卧室、客厅、办公室等）使用的主要建材（3~5种）及固定家具制品，对室内空气中甲醛、苯、总挥发性有机物的浓度水平进行预评估。

有机化合污染物预评价可分为单区模型和多区模型。在所有房间或区域之间的污染物浓度分布均匀，计算的结果多为整个房间或区域的浓度变化时，宜采用单区模型。单个房间或区域内部的污染物浓度分布均匀，两个房间或区域之间的浓度差别较大的情况，计算的结果为各个房间或区域的浓度变化，宜采用多区模型。

传质模型按下列步骤计算：

$$\frac{\partial C_m(x,t)}{\partial t} = D\frac{\partial^2 C_m(x,t)}{\partial x^2}$$

$$C_m(x,t) = C_0,\ t=0,\ 0 \leqslant x \leqslant L$$

$$\frac{\partial C_m(x,t)}{\partial t} = 0,\ t>0,\ x=0$$

$$C_m(x,t) = KC_s(t),\ t>0,\ x=L$$

$$-D\frac{\partial C_m(x,t)}{\partial x} = h[C_s(t) - C(t)],\ t>0,\ x=L$$

$$平衡方程：V\frac{dC(t)}{dt} = SE(t) - QC(t)$$

式中　$C_m(x,t)$——t 时刻材料在 x 厚度处污染物的瞬时浓度，mg/m³；

　　　　D——材料中扩散传质系数，表征在材料污染物释放过程中，单位时间单位浓度梯度下，污染物垂直通过单位面积材料的量，m²/s；

　　　　C_0——总可释放浓度，材料单位体积内污染物可释放总量，mg/m³；

　　　　K——分离系数，表征材料表面气-固交界处，固体侧的平衡浓度与气体侧的平衡浓度之比；

　　　　$C_s(t)$——t 时刻材料边界处空气侧污染物的瞬时浓度，mg/m³；

　　　　h——对流传质系数，m/s；

　　　　$C(t)$——t 时刻环境舱内污染物的浓度，mg/m³；

V——环境舱体积，m^3；

S——材料散发面积，m^2；

$E(t)$——t 时刻材料污染物释放率，$mg/(m^2 \cdot h)$；

Q——通风换气量，m^3/h。

2. 分析软件

主要采用建筑空气质量设计评价软件 PKPM-AQ 进行建模和室内污染物浓度计算，分析判断室内主要功能空间的空气质量是否达到《建筑环境通用规范》GB 55016—2021 的要求，并根据《民用建筑绿色性能计算标准》JGJ/T 449 的要求输出报告书。

建筑空气质量设计评价软件 PKPM-AQ 由北京构力科技有限公司（PKPM）自主研发，软件的操作环境为 Win7～Win10 系统，并可在 AutoCAD 平台、Revit 平台、PKPM-BIM 平台、中望 CAD 及浩辰 CAD 平台上运行。该软件配套《建筑环境通用规范》GB 55016—2021、《绿色建筑评价标准》GB/T 50378—2019 及各地地标、《健康建筑评价标准》T/ASC02—2016，自动生成可溯源的污染物浓度模拟计算报告书，帮助用户快速完成我国建筑领域的室内空气质量设计评价工作。

对于污染物浓度的计算，本软件通过对民用建筑模型每个房间综合考虑建筑情况、设置室内装修设计方案、装修材料的种类、使用量、室内新风量、环境温度等诸多影响因素，以各种装修材料、家具制品主要污染物的释放特征及室内外颗粒物水平为基本条件参数，通过质量守恒方程、多区域模型进行稳态或全年浓度动态模拟计算。

5.3.6 计算配置

计算分析配置见图 5-19。

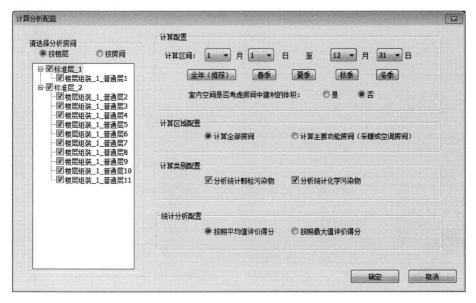

图 5-19 计算分析配置

5.3.7 结果展示

在结果分析对话框中，可查看项目的达标判断情况，以及所有计算楼层、房间的室内 PM2.5、PM10、甲醛、苯、可挥发性有机物等的浓度值，污染物浓度逐时浓度图，柱状图等详细计算结果。结果分析根据标准的要求输出结果（图 5-20～图 5-22）。

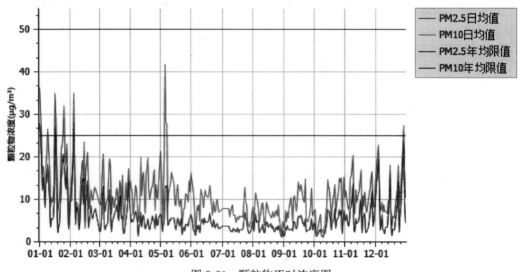

图 5-20 颗粒物逐时浓度图

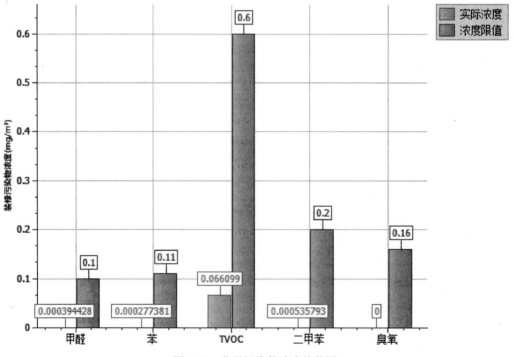

图 5-21 化学污染物浓度柱状图

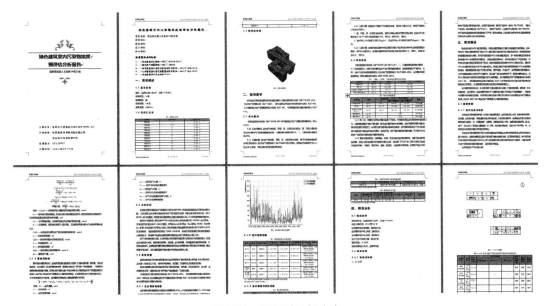

图 5-22 空气质量报告书

5.4 建筑热工

5.4.1 建筑热工中涉及标准

《建筑环境通用规范》GB 55016—2021；

《民用建筑热工设计规范》GB 50176—2016；

《绿色建筑评价标准》GB/T 50378—2019；

《绿色建筑评价技术细则 2019》；

《建筑外门窗气密、水密、抗风压性能检测方法》GB/T 7106—2019；

《建筑幕墙》GB/T 21086—2007。

5.4.2 条文解析

《建筑环境通用规范》GB 55016—2021：

4.3.1 夏热冬暖、夏热冬冷地区建筑设计必须满足隔热要求，寒冷 B 区建筑设计应满足隔热要求。

4.4.1 供暖建筑围护结构中的热桥部位应进行表面结露验算，并采取保温措施确保热桥内表面温度高于房间空气露点温度。

4.4.3 供暖期间，围护结构中保温材料因内部冷凝受潮而增加的重量湿度允许增量，应符合表 4.4.3 的规定。

建筑热工具体条文对比见表 5-9。

建筑热工具体条文对比   表 5-9

《绿色建筑评价标准》GB/T 50378—2019	条文		《建筑环境通用规范》GB 55016—2021	条文	标准对比
在室内设计温度、湿度条件下,建筑非透光围护结构内表面不得结露	5.1.7-1	控制项	供暖建筑围护结构中的热桥部位应进行表面结露验算,并采取保温措施确保热桥内表面温度高于房间空气露点温度	4.4.1	两本标准对这部分的要求是一致的,均应满足《民用建筑热工设计规范》GB 50176 第7.2.1～7.2.4 条的要求
供暖建筑的屋面、外墙内部不应产生冷凝	5.1.7-2	控制项	供暖期间,围护结构中保温材料因内部冷凝受潮而增加的重量湿度允许增量,应符合表5.4.4 的规定	4.4.3	两本标准对这部分的要求是一致的,均应满足《民用建筑热工设计规范》GB 50176 第 7 章的计算要求
屋顶和外墙隔热性能应满足现行国家标准《民用建筑热工设计规范》GB 50176 第4.3.1～4.3.10 条的要求	5.1.7-3	控制项	夏热冬暖、夏热冬冷地区建筑设计必须满足隔热要求,寒冷B区建筑设计应满足隔热要求	4.3.1	两本标准对这部分的要求是一致的,均应满足《民用建筑热工设计规范》GB 50176 第 6 章的要求

5.4.3　结露计算

《民用建筑热工设计规范》GB 50176—2016 的要求和规定:

4.2.1　建筑外围护结构应具有抵御冬季室外气温作用和气温波动的能力,非透光外围护结构内表面温度与室内空气温度的温差应控制在本规范允许的范围内。

4.2.11　围护结构中的热桥部位应进行表面结露验算,并应采取保温措施,确保热桥内表面温度高于房间空气露点温度。

4.2.12　围护结构热桥部位的表面结露验算应符合本规范第7.2 节的规定。

《绿色建筑评价标准》GB/T 50378—2019 的要求和规定:

5.1.7　在室内设计温度、湿度条件下,建筑非透光围护结构内表面不得结露。

5.4.4　防潮计算

(1)依据《民用建筑热工设计规范》GB 50176—2016 和《绿色建筑评价标准》GB/T 50378—2019 的要求和规定,供暖期间,围护结构中保温材料因内部冷凝受潮而增加的重量湿度允许增量应符合要求。

(2)通过计算供暖期间围护结构中保温材料因内部冷凝受潮而增加的湿度,判断是否不大于《民用建筑热工设计规范》GB 50176—2016 规定的供暖期间保温材料重量湿度的允许增量。

（3）依据《建筑环境通用规范》GB 55016—2021，供暖期间围护结构中保温材料因内部冷凝受潮而增加的重量湿度允许增量应符合表 4.4.3 的规定；相应冷凝计算界面内侧最小蒸汽渗透阻应大于按式（4.4.3）计算的蒸汽渗透阻。

5.4.5 内表面温度计算

1. 外墙的要求

外墙在给定两侧空气温度及变化规律的情况下，外墙内表面最高温度应符合表 5-10 的要求。

外墙内表面最高温度的限值 表 5-10

房间类型	自然通风房间	空调房间	
		重质围护结构($D\geqslant2.5$)	轻质围护结构($D<2.5$)
内表面最高温度 $\theta_{i,max}$	$\leqslant t_{e,max}$	$\leqslant t_i+2$	$\leqslant t_i+3$

2. 屋顶的要求

屋顶在给定两侧空气温度及变化规律的情况下，屋顶内表面最高温度应符合表 5-11 的要求。

屋顶内表面最高温度的限值 表 5-11

房间类型	自然通风房间	空调房间	
		重质围护结构($D\geqslant2.5$)	轻质围护结构($D<2.5$)
内表面最高温度 $\theta_{i,max}$	$\leqslant t_{e,max}$	$\leqslant t_i+2.5$	$\leqslant t_i+3.5$

表中 $\theta_{i,max}$——围护结构内表面最高温度（℃），应按《民用建筑热工设计规范》附录 C3 中的规定计算；
$t_{e,max}$——累年日平均温度最高日的最高温度（℃）；
t_i——室内空气温度（℃）。

5.4.6 PKPM 绿色低碳系列软件——节能模块实现

节能设计软件支持对建筑热工进行计算分析，包括内表面温度计算、防潮计算、一维结露计算，同时支持二维传热和结露分析，内置多本标准图集，可选择内保温节点构造进行分析。

1. 热工计算

软件目前按照《民用建筑热工设计规范》GB 50176—2016 隔热设计要求，可通过"拓展计算—热工计算"在民用热工计算界面详细设置热工参数，可选择输出结露计算报告书、内表面最高温度计算报告书和防潮计算报告书（图 5-23～图 5-25）。

《民用建筑热工设计规范》规定在进行隔热设计时，按照不同的运行工况，设计指标有不同的限值要求。因此，在进行隔热性能计算时，也需要区分房间在夏季是否设置了空调系统，据此来确定是自然通风房间还是空调房间，以选取不同的计算边界条件。

软件目前按照《民用建筑热工设计规范》GB 50176—2016 隔热设计时，外墙、屋面

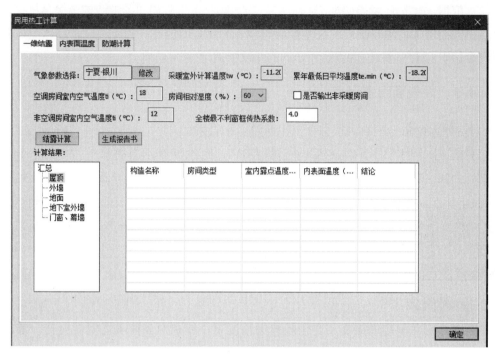

图 5-23　一维结露计算

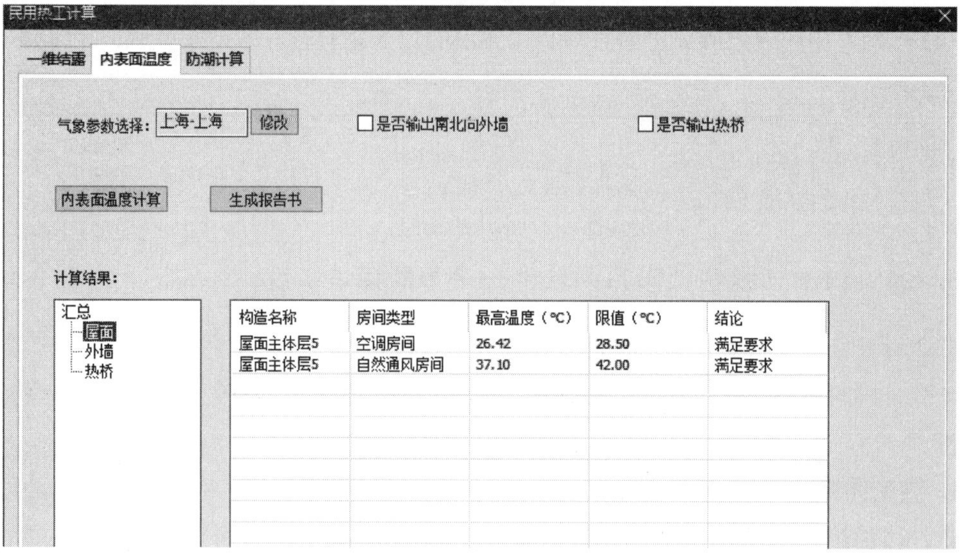

图 5-24　内表面温度计算

内表面温度应采用一维非稳态方法计算。

由于节能设计标准和绿色建筑评价标准仅对东西外墙和屋面有内表面最高温度计算要求，因此软件默认按照上述构件进行分析。不过考虑不同地区的施工图审查要求，增加了两个选项，供用户选择：

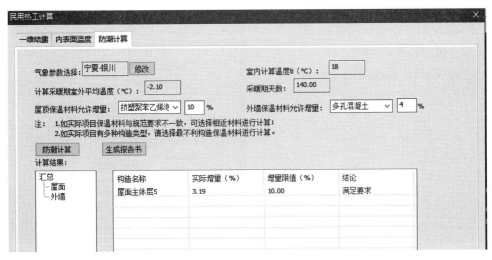

图 5-25　防潮计算

（1）输出南北向外墙内表面最高温度的判定和输出（南方地区部分审图要求）。

（2）如果构造是剪力墙构造，输出热桥内表面最高温度的判定。

勾选完成点击生成内表面最高温度计算书，会计算一段时间（图 5-26）。

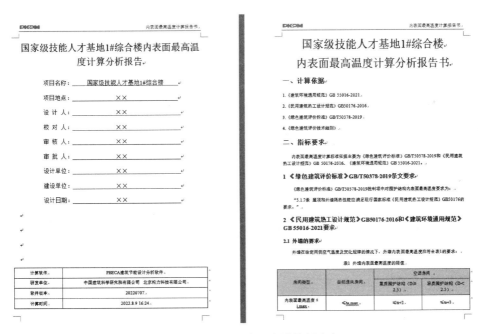

图 5-26　内表面最高温度计算报告书

软件根据《民用建筑热工设计规范》GB 50176—2016 要求，包含：外墙、屋面、地面、地下室外墙和外窗（玻璃幕墙）等的结露计算分析，根据热工规范要求，通过判定空调房间及非空调房间的室内露点温度，并采用温差判定方法进行最终结果的判定（图 5-27）。

同时，由于外窗结露仅考虑窗框位置的热工，因此需要在对话框当中输入全楼最不利

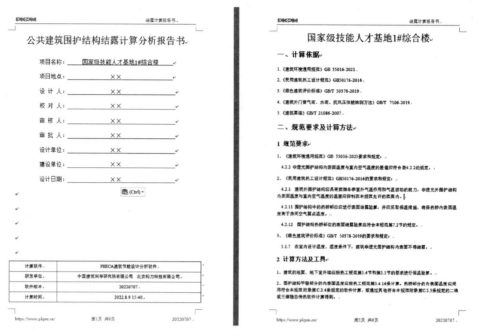

图 5-27　结露计算报告书

窗框的传热系数，以进行分析（不过根据《民用建筑热工设计规范》GB 50176—2016 的计算要求，外窗窗框难以达到标准要求，除非选用型材较好的窗框，如铝包木、塑料型材以及高效的断热铝合金型材等）。

以下为常见外窗型材的热工性能取值范围：

（1）普通铝合金型材：$5.9 \sim 10.8 \mathrm{W} /（\mathrm{m}^2 \cdot \mathrm{K}）$；

（2）断热铝合金型材：$2.8 \sim 5.8 \mathrm{W} /（\mathrm{m}^2 \cdot \mathrm{K}）$；

（3）塑料型材：$1.9 \sim 2.7 \mathrm{W} /（\mathrm{m}^2 \cdot \mathrm{K}）$；

（4）铝包木型材：$1.8 \mathrm{W} /（\mathrm{m}^2 \cdot \mathrm{K}）$。

上述参数参考《民用建筑热工设计规范》GB 50176—2016 和上海市《居住建筑节能设计标准》DGJ 08-205—2015 附录 D 提供的窗框参数。

防潮计算参数中可通过选择屋顶和外墙保温材料类型输出防潮报告书（如实际项目保温材料与规范要求不一致，选择相近材料；如实际项目有几种构造类型，选择最不利构造保温材料），防潮报告书见图 5-28。

2. 二维传热

目前我国北方地区的居住建筑均是采用二维平均传热系数的计算方法，软件当中提供了对应的节点进行选择与计算，可通过"拓展计算—二维传热"进行详细设置。《民用建筑热工设计规范》GB 50176—2016 也是按照此方法进行外墙平均传热计算。

不过南方地区大多采用一维加权平均传热系数算法，因此软件在考虑各地施工图审查的差异与要求之后，保留一维和二维两种算法，供设计师选择和调用，以适应不同地区的

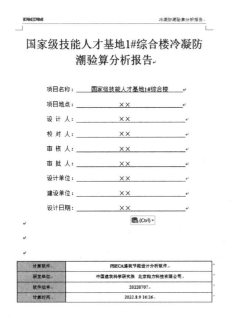
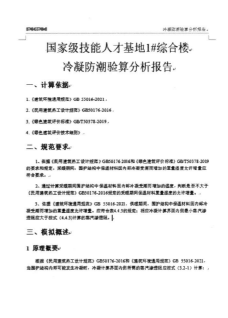

图 5-28　防潮报告书

审查要求。

目前《通用规范》执行后，附录 B 中提供的是二维线性传热计算方法。具体可以翻看附录 B.0.2 中关于建筑围护结构性能参数计算公式的变化差异。

设置二维传热界面之前需在标准参数—参数设置界面，选择外墙传热系数计算方法为"二维线传热系数计算—节点计算"（图 5-29）。

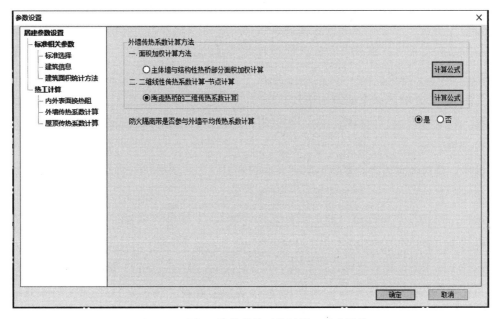

图 5-29　选择二维线传热系数计算—节点计算

基本设置页面包括：室内计算温度设置、封闭阳台计算温度以及是否输出结构性热桥节点二维传热计算详表和结露计算报告书（室外计算参数直接从软件气象数据库中获取），见图5-30。

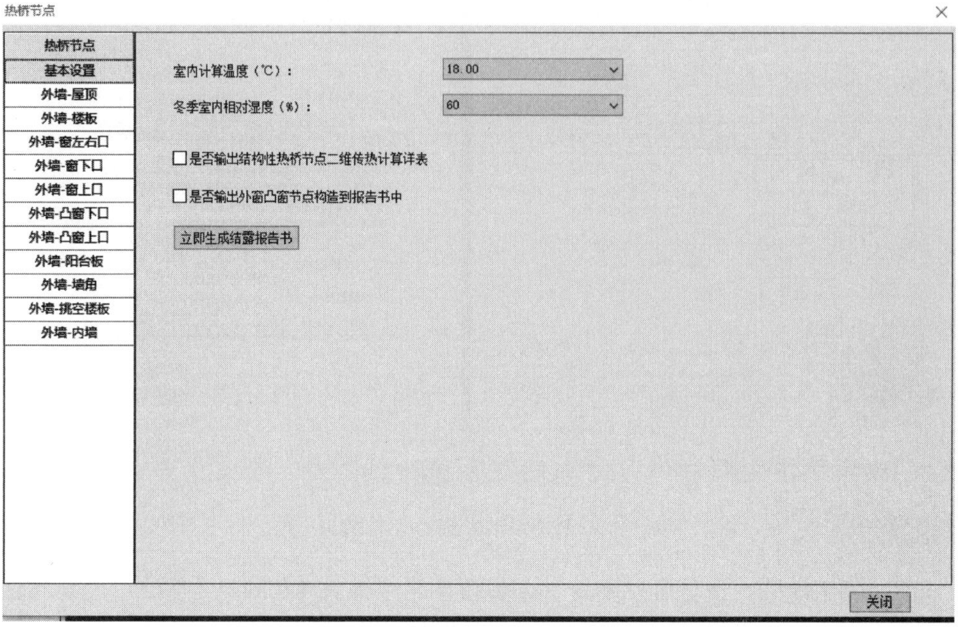

图5-30 热桥节点

软件根据《民用建筑热工设计规范》GB 50176—2016和《绿色建筑评价标准》GB/T 50378—2019要求，增加二维结露计算模块，用户可以在软件中选择保温的不同结构构造，分析冬季室内热桥部位的内表面温度，判定其节点是否会产生结露。

目前软件按照《严寒和寒冷地区居住建筑节能设计标准》JGJ 26—2010、《黑龙江居住建筑节能设计标准》DB 23/1270—2008、《山东省居住建筑节能设计标准》DB37/5026—2014、《外墙内保温建筑构造》11J122等，在软件当中内置了90余种节点构造供用户选择，包含外保温、内保温、夹心保温等构造做法，准确分析节点的温度场分布和线传热系数计算。

其中，夏热冬暖地区、夏热冬冷B区和温和B区是不需要进行抗结露验算的（图5-31）。

使用"拓展计算—二维节点设置"详细步骤：

选任一结构性热桥部位（比如：外墙—内墙），默认节点做法如下，点击选择进入节点选择界面（图5-32）。

选择节点来源图集，单击选择图例中的节点类型，选好后点击"选择"按钮（图5-33）。

目前可供选择节点图集有：《山东省居住建筑节能设计标准》DB37/5026—2014、《外墙内保温建筑构造》11J122、《黑龙江省居住建筑节能设计标准》DB23/1270—2008、《严寒和寒冷地区居住建筑节能设计标准》JGJ 26—2010。

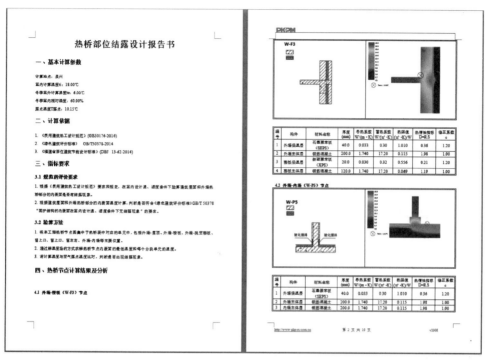

图 5-31　热桥部位结露设计报告书

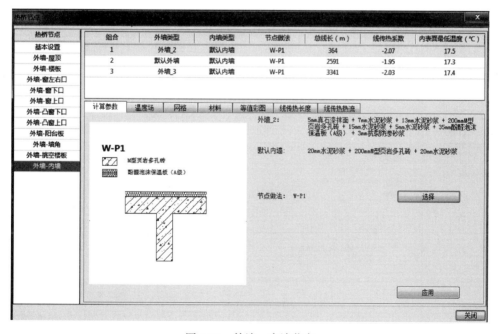

图 5-32　外墙—内墙节点

选择好节点之后，点击"应用"，该热桥节点即变为所选节点（图 5-34）。

注意：部分节点有特殊构件，软件给定默认值，用户可以自行设置，诸如女儿墙高

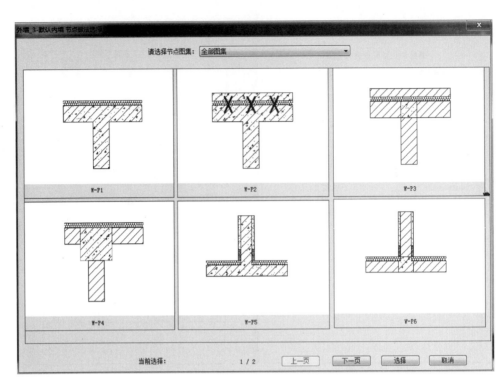

图 5-33　选择节点类型

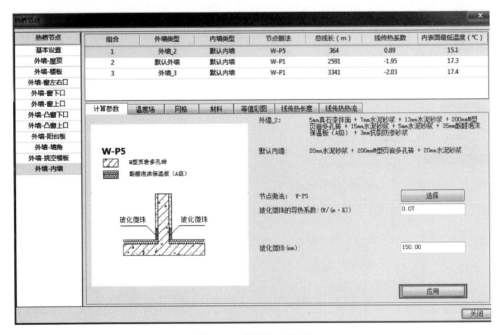

图 5-34　应用节点类型

度，特殊部位的保温等，见图 5-35。

应用计算完成后可查看温度场、网格划分情况、材料使用情况、等值彩图、线传热长

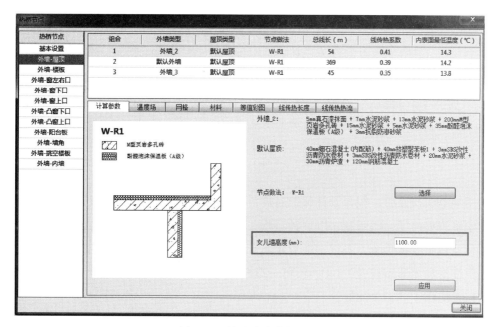

图 5-35 特殊节点参数设置

度、线传热热流，且软件会自动在图上标出内表面最低温度点，并计算出最低温度的数值（图 5-36）。

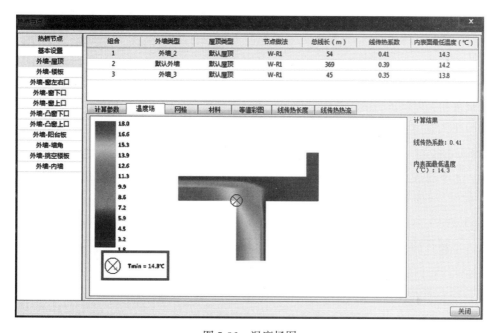

图 5-36 温度场图

每个热桥节点都重复上述操作完成设置后，点击关闭即可。

设置不同的二维传热系数节点，在规定性指标及权衡计算报告书中，均会对计算结果产生影响。

第6章 通用规范常见问题解答

通用规范执行以后，很多设计师针对规范、软件使用、设计过程、计算结果、审图意见及专家解读提出了一些问题，以下针对相关重点问题进行了梳理汇总，逐一做答复，供设计同仁及审图老师参考，并根据地方建筑管理部门的要求执行。以下罗列出《建筑节能与可再生能源利用通用规范》GB 55015—2021 和《建筑环境通用规范》GB 55016—2021 关于执行及应用中的相关问题。

6.1 《建筑节能与可再生能源利用通用规范》GB 55015—2021 常见问题解答

问题1：关于《通用规范》中第2.0.3条的降碳要求，对比2016年执行的节能设计标准的基础上平均降低40%，碳排放强度平均降低 $7kgCO_2/m^2a$，只需要满足其中之一就可以吗？

答：《通用规范》第2.0.3条提出相比于2016年执行的节能标准全国平均降碳水平和指标，代表的是建筑运行阶段全国平均碳排放降低水平，不代表单栋建筑，各地区可参考。

其中40%降低比例是通过建筑节能措施、能耗结构低碳化、清洁化来实现该目标。

目前，南京市施工图审查中心发文执行第2.0.3条的基本规定，为统一施工图审查尺度，自4月1日起报审的项目，建筑专业审查专家应关注本专业施工图绿建专篇中是否涵盖规范第2.0.3条的相关内容。

2022年5月四川省住房和城乡建设厅发布《四川省住房和城乡建设厅关于加强建筑节能设计质量管理的通知》，督促相关单位严格执行《建筑节能与可再生能源利用通用规范》GB 55015—2021等现行建筑节能标准，加大标准执行情况检查力度，审查意见包含碳排放对比分析专项审查等。

问题2：《通用规范》中第5.2.1条"新建建筑应安装太阳能系统"，需要太阳能光热和太阳能光电系统同时做，还是只需做其中一个系统？

答：太阳能光热与太阳能光电系统选择其中一项措施即可，根据项目具体需求而定。

《通用规范》要求新建建筑必须安装太阳能系统，推荐使用太阳能光伏系统，是达到2030、2060碳达峰碳中和的重要举措。

近日，住房和城乡建设部、国家发展改革委联合发布了《城乡建设领域碳达峰实施方案》，从建设绿色低碳城市、打造绿色低碳县城和乡村、强化保障措施、加强组织实施四方面对城乡建设领域碳达峰工作进行了安排部署。推进建筑太阳能光伏一体化建设，到2025年新建公共机构建筑、新建厂房屋顶光伏覆盖率力争达到50%。推动既有公共建筑屋顶加装太阳能光伏系统，加快智能光伏应用推广。

问题3：太阳能资源不丰富的地区，是否不需要做太阳能了？

答：根据《通用规范》的要求，新建建筑应安装太阳能系统。即使太阳能资源不丰富的地区，通过分析，也具有良好的效益。

问题4：《通用规范》中第5.2.1条"新建建筑应安装太阳能系统"，这条的意思是不是所有的建筑都要装太阳能，工业建筑需要安装太阳能系统吗？

答：目前《通用规范》适用范围主要包含：新建、改建、扩建的民用建筑和工业建筑，其中工业建筑是指设置空调供暖系统的工业建筑。

上述建筑类型，均需执行"新建建筑应安装太阳能系统"的要求。

无空调供暖系统的工业建筑不在通用规范的适用范围内，可根据审图要求，有条件的项目建议执行。此外，国家能源局发布屋顶光伏试点通知，工业厂房屋顶光伏比例提出相应要求，要求不低于30%。国家碳达峰实施方案要求，到2025年新建公共机构建筑、新建厂房屋顶光伏覆盖率力争达到50%。

问题5：项目场地内太阳能路灯是否算作可再生能源？

答：项目场地内太阳能路灯视为项目的可再生能源应用，《通用规范》中明确"新建建筑应安装太阳能系统"，指的是单栋建筑。

问题6：《通用规范》中对工业建筑节能有何影响？

答：《通用规范》适用设置空调供暖系统的工业建筑。

相比于《工业建筑节能设计统一标准》GB 51245—2017，《通用规范》从以下方面指标均有提升和扩展：

1）拓展了适用地区，增加了温和A区工业建筑的围护结构指标要求；

2）提高了工业建筑权衡计算的准入条件，对于屋顶传热系数、地下室外墙和地面热阻均需满足标准要求；

3）明确了工业建筑权衡计算运行时间、房间参数以及计算条件等；

4）工业建筑在项目不同阶段需进行碳排放计算，提交碳排放计算书；

5）新建工业建筑应安装太阳能系统。

问题7：工业建筑是否需要计算碳排放？

答：《通用规范》适用于有空调供暖系统的工业建筑，因此《通用规范》所要求的一类工业建筑需在项目不同阶段进行碳排放计算，并提交碳排放计算报告。

二类工业建筑不在《通用规范》的适用范围，不过根据国家工业建筑绿色建造的要求，有条件可进行碳排放计算。

问题 8：《通用规范》中第 3.1.15 条要求夏热冬暖、夏热冬冷地区，甲类公共建筑南、东、西向外窗和透光幕墙应采取遮阳措施，现在审图对于遮阳措施如何把控，内遮阳是否算作遮阳措施？

答：此条为《通用规范》新增条目，《通用规范》要求上述气候区东、西、南三个朝向需要设置遮阳措施，此条为强制性条文。

但目前各省市遮阳执行的尺度有所差异，绝大部分省市要求外遮阳、中置遮阳等措施，目前国家和地方节能设计标准暂无内遮阳计算方法，具体以地方审图意见为准。

问题 9：《通用规范》中空气源热泵作为可再生能源如何来理解？目前很多省市空气源热泵不作为可再生能源？

答：空气源热泵在制热过程中和地源热泵是一样的，我们更多地考虑它从空气中提取的那部分热量，实际上是属于可再生能源。目前从国家标准《通用规范》的要求来看，空气源热泵制热可视为可再生能源。表 6-1 是部分省市发布的通知，可参考。

部分省市通知要求 表 6-1

地区	标准	空气源热泵重点条文	主要推荐可再生能源
河北省	《2015 版目录》河北省公共建筑节能设计标准 DB13(J)81—2016《公共建筑节能设计标准》GB 50189—2015《低环境温度空气源热泵(冷水)机组能效限定值及能效等级》GB 37480《房间空气调节器能效限定值及能效等级》GB 21455	低温空气源热泵地暖系统明确纳入了可再生能源范畴，获得推荐使用。居建标准 5.1.5 条：居住建筑供暖热源应采用高能效、低污染的清洁供暖方式，推广使用空气源热泵等可再生能源复合应用形式；居建标准 5.2.5、5.2.7 条：推广使用低环境温度空气源热泵(冷水)机组、低环境温度空气源热泵风机作为冷热源；冬季不推荐采用。绿建标准 7.2.9 条：强调可再生能源必须是高效的空气源热泵提供热水	(公建)太阳能、风能、地源(地表水)技术：太阳能光热、光伏；太阳能热水辅助热源：宜优先选择废热、余热等低品位能源、生物质、地热等其他可再生能源(居建)废热、工业余热、太阳能、热电联产的低品位余热、空气源热泵、地源热泵等可再生能源
北京市	《北京市推广、限制、禁止使用建筑材料目录》(2014 版)；北京举行"十三五"时期民用建筑节能发展规划发布会；《北京市建筑节能管理办法》《北京市居住建筑节能设计标准》(80%)2020《北京市公共建筑节能设计标准》DB11/687—2015	将低温空气源热泵作为适用分户独立供暖的产品推荐使用，列入可再生能源目录，将低温空气源热泵作为适用分户独立供暖的产品推荐使用，并列入可再生能源范围	(公建)冷热源：宜利用地热能、太阳能、风能、空气源(居建)太阳能热水、空气能热泵热水机组地源热泵：土壤源、浅层地下水源、地表水源、污水水源电力：太阳能光伏发电、生物质能发电

问题 10：新建建筑应安装太阳能系统，光伏或光热设置是否有安装比例的具体要求？

答：《通用规范》提出新建建筑安装太阳能，但未提出具体比例要求，主要是鼓励大家去做，实现国家碳达峰 碳中和目标。

地方省市自治区可对该要求进行具体细化，目前也有相关的地区出台了可再生能源综合利用核算标准，如上海、浙江等地。

国家能源局发布屋顶分布式光伏开发试点方案的通知：党政机关建筑屋顶总面积可安装光伏发电比例不低于50%；学校、医院、村委会等公共建筑屋顶总面积可安装光伏发电比例不低于40%；工商业厂房屋顶总面积可安装光伏发电比例不低于30%；农村居民屋顶总面积可安装光伏发电比例不低于20%。

问题11：《通用规范》只针对强制性条文，国家和行业标准中其他一般性条文还是正常执行使用吗？

答：通用强制条文是建筑节能设计最重要的标准和基石，国家和行业标准一般性条文在设计过程中也要进行遵循。

问题12：新建居住建筑碳排放下降 $6.8kgCO_2/m^2 \cdot a$；公共建筑碳排放下降 $10.5kgCO_2/m^2 \cdot a$。请问大致是如何计算得到的？

答：通过典型建筑模型，考虑了整个节能标准的相关条文要求和能源结构的转型；通过模拟来分析计算，考虑了建筑的类型分布、建筑用能特征来进行计算获得。

问题13：《通用规范》变动的主要内容及针对《通用规范》有哪些更好的节能材料和软件？

答：标准编制组会对相关软件进行相关的技术指导，并已组织召开了相关软件研发单位的讨论会，确定下一步的计划。

目前 PKPM 节能软件、碳排放计算软件均按照国家标准要求进行编制，可以满足基本的设计要求。

问题14：新建建筑应安装太阳能系统，是以项目为单位还是以建筑单体为单位？

答：以单体建筑为单位进行考虑。

问题15：《通用规范》窗墙比：居住建筑用开间，公共建筑用立面，工业建筑用总窗墙比；地方标准很多采用朝向窗墙比，北京、山东、江苏、浙江、福建等，之后地方标准执行是否需要和《通用规范》统一？

答：国家标准执行以《通用规范》的规定为主。

需同时满足地方标准时，应以地方建设管理部门和审图部门的要求为主。

问题16：《通用规范》朝向：夏热冬冷、夏热冬暖、温和等地，北向角度由120°变为60°范围，指北针超过30°，建筑将无南北向外窗，是否地方标准执行需要与《通用规范》统一？

答：国家标准执行以《通用规范》的规定为主。

需同时满足地方标准时，应以地方建设管理部门和审图部门的要求为主。PKPM 节能软件计算中可以通过输出对应的平面图和墙线示意图判定来查看具体的朝向范围，软件提供朝向示意功能，方便设计师查询构件的朝向。

问题17：外墙和屋面 K 值算法：采用线性传热，但是目前夏热冬冷，夏热冬暖地方标准基本全部都是面积加权算法。北方采用简化算法，主断面乘以修正系数，是否还可以延用？

答：倡导采用线性传热计算方法。

需同时满足地方标准时，应以地方建设管理部门和审图部门的要求为主。

《通用规范》附录 B 中主要说明的是线传热计算方法，目前某些省市新修订的地方标准中，依然延用地方标准的外墙平均传热系数算法，如浙江、江苏、湖北等地节能标准，延用面积加权算法。

PKPM 节能软件使用过程中，可以在外墙等构件传热计算方法中切换线传热、面积加权、简化计算等多种方法进行分析，以满足地方施工图审查机构的要求。

问题 18：二类工业建筑是否不做要求？通用规范只有一类工业建筑的热工设计要求？

答：《通用规范》中未提及二类工业建筑的指标要求。

不过，二类工业建筑设计时应遵循《工业建筑节能设计统一标准》GB 51245—2017 中二类工业建筑的要求来进行设计。

6.2 《建筑环境通用规范》GB 55016—2021 常见问题解答

问题 1：新规范变动的主要内容及主要在哪些绿建模块调整，主要考察点有哪些？

答：规范从建筑声环境、建筑光环境、建筑热工、室内空气质量四个维度，明确了控制性指标，以及相应设计、检测与验收的基本要求，实现建筑环境全过程闭合管理。

（1）以功能需求为目标，提出了按睡眠、日常生活等分类的通用性室内声环境指标。

（2）强调了天然光和人工照明的复合影响，优化了光环境设计流程；关注儿童、青少年视觉健康，严格要求长时间活动场所采用光源的光生物安全要求。

（3）强调气候区划对建筑设计的适应性；明确了建筑热工设计计算及性能检测基本要求，保证设计质量。

（4）室内空气污染物控制除控制选址、建筑主体和装修材料外，必须与通风措施相结合的强制性要求；强化进场、竣工验收双阶段控制要求。

问题 2：新规范强制执行后，主要适用范围和阶段都有哪些？

答：《建筑环境通用规范》执行后，主要适用范围为：

（1）新建、改建和扩建的民用建筑；

（2）工业建筑中辅助办公建筑。

适用过程：①勘察；②设计；③检测；④验收。

问题 3：对于建筑声环境，设计过程中需要注意哪几个方面，分别怎么计算？

答：涉及两个方面，分别为噪声控制和振动控制。其中背景噪声软件主要考虑噪声值的计算。

（1）忽略室内设备产生的噪声源：室内噪声值≈室外噪声－外围护结构计权隔声量；

（2）没有室外噪声源：室内噪声值≈室内噪声源－传播路径上的计权隔声量；

（3）既有室外噪声又有室内噪声源：室内噪声值≈室外传入的噪声或室外传入的噪声中的最大值。

问题 4：隔声设计中，优化空气声隔声和撞击声隔声的措施有哪些？

答：隔声设计，主要控制敏感房间中传入室外的噪声；产生噪声的房间传出室外。

对于空气声隔声，主要控制墙体和门窗的隔声。

（1）墙体的面密度越大，隔声性能越好。

（2）门窗的构造、质量和安装工艺对隔声要求更大。

对于撞击声隔声，主要控制楼板隔声。

（1）面层可以采用减振性能好的材料，如地毯、橡胶。

（2）楼板构造采用浮筑楼板，或隔声垫层及砂浆类。用减振点阻断面层振动。

问题 5：《建筑环境通用规范》中，声环境与现行标准比对的提升重点有哪些？

答：总体：以功能需求为目标，提出了按睡眠、日常生活等分类的通用性室内声环境指标；将技术指标、技术措施、检测和验收融为一体，实现声环境建设过程闭环控制。现行强制性条文涉及噪声限值，隔声设计（噪声敏感房间、噪声源房间、管线），隔振设计（设备或设施）。

指标提升：将睡眠房间夜间室内噪声限值指标要求由 37dB（A）提高到 30dB（A）（建筑物外部噪声源传播至室内的噪声）和 33dB（A）（建筑物内部建筑设备传播至室内的噪声）。

新增强制性要求：①室外声环境调查与测定；②室内 Z 振级限值；③设计：噪声敏感房间、噪声源的隔声设计；吸声设计、吸声材料；通风空调系统；消声设计；噪声与振动敏感建筑隔振设计；④检测与验收：竣工声学检测。

问题 6：《建筑环境通用规范》中，光环境与现行标准比对的提升重点有哪些？

答：总体：强调了天然光和人工照明的复合影响，优化了光环境设计流程；关注儿童、青少年视觉健康、长时间互动场所，采用光源的光生物安全要求中有了明确的严格要求。现行强制性条文涉及采光设计（直接采光、采光等级、采光系数），照明设计（安全照明、疏散照明）。

新增强制性要求：①光环境设计原则；②采光设计（光气候分区、采光均匀度、饰面材料、防止眩光、采光窗的颜色透射指数、玻璃幕墙光污染控制）；③室内照明设计（照明设置、灯具选择、照度水平、统一眩光值、光源颜色、光源和灯具闪变指数与频闪效应、灯具的光生物安全、应急照明等）；④室外照明设计（公共区域照度与一般显色指数、道路照明灯具上射光通比、夜景照明、光污染）；⑤检测与验收（采光测量、照明测量）。

问题 7：《建筑环境通用规范》中，声环境与现行标准比对的提升重点有哪些？

答：总体：强调气候区划对建筑设计的适应性；明确了建筑热工设计计算及性能检测基本要求，保证设计质量。现行强制性条文涉及保温与防潮（结露验算、湿度计算、防水），防热（内表面最高温度）。

新增强制性要求：①建筑气候区划、建筑热工设计区划；②保温（保温设计原则、非透光围护结构内表面防结露允许温差）；③防热（防热设计原则、非透光围护结构内表面温度计算方法）；④防潮（热桥内表面温度计算方法、保温材料湿度增量及最小蒸渗透阻的计算方法、防雨水侵入）；⑤检测与验收（热工性能的复核验算、内表面温度检验、保温材料重量湿度检测）。

问题 8：《建筑环境通用规范》中，空气质量与现行标准比对的提升重点有哪些？

答：总体：室内空气污染物控制除控制选址、建筑主体和装修材料外，必须有与通风措施相结合的强制性要求；明确进场、竣工验收双阶段控制要求。现行强制性条文涉及室内污染物浓度和电磁辐射量，场地土壤氡控制，材料控制（放射性限量、污染物释放量），检测验收（建筑材料进场检验、幼儿园和学校教室等验收检验、竣工检验）。

新增强制性要求：①与通风措施结合的室内空污染物控制程序；②空气净化装置二次污染控制。

第7章 通用规范设计案例

以下是各个热工分区使用通用规范的设计案例，详细介绍了不同热工分区中，公共建筑与居住建筑围护结构材料主要做法，节能优化等。

7.1 严寒地区设计案例

该热工分区代表省市主要是：北京市、天津市、山东省、河南省、河北省、陕西省、甘肃省、宁夏回族自治区、黑龙江省、内蒙古自治区等。

7.1.1 公共建筑

项目名称：黑龙江省哈尔滨市某小学体育馆

项目地点：黑龙江省哈尔滨市

建筑性质：公共建筑——体育馆

建筑层数：1层

建筑高度：9.45m

建筑面积：708.90m^2

标准依据：

(1)《建筑节能与可再生能源利用通用规范》GB 55015—2021；

(2)《民用建筑热工设计规范》GB 50176—2016；

(3)《建筑外门窗气密、水密、抗风压性能检测方法》GB/T 7106—2019；

(4)《建筑幕墙、门窗通用技术条件》GB/T 31433—2015。

模型效果图见图7-1。

围护结构做法主要包括（表7-1～表7-3）：

(1) 屋面构造类型：SBS改性沥青防水卷材（6.0mm）＋水泥砂浆（20.0mm）＋挤塑聚苯乙烯泡沫塑料板（XPS）（X200，B1级）（150.0mm）＋轻骨料混凝土找坡层（30.0mm）＋钢筋混凝土（120.0mm）；

(2) 外墙构造类型：聚合物抹面抗裂砂浆（5.0mm）＋岩棉条复合板（TR100，A级）（155.0mm）＋煤矸石空心砖（200.0mm）＋水泥砂浆（20.0mm）；

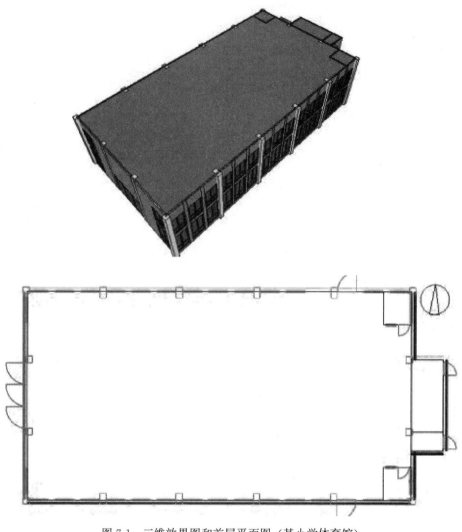

图 7-1　三维效果图和首层平面图（某小学体育馆）

（3）热桥柱及热桥梁、热桥过梁、热桥楼板构造类型：聚合物抹面抗裂砂浆（5.0mm）＋岩棉条复合板（TR100，A 级）（150.0mm）＋钢筋混凝土（200.0mm）＋水泥砂浆（20.0mm）；

（4）非供暖楼梯间与供暖房间之间的隔墙构造参数：水泥砂浆（20.0mm）＋挤塑聚苯板（XPS）（W200，034 级，夹芯）（B1 级）（24.0mm）＋煤矸石空心砖（200.0mm）＋水泥砂浆（20.0mm）；

（5）周边地面构造类型：水泥砂浆（10.0mm）＋硬泡聚氨酯板（B1 级）（35mm）＋钢筋混凝土（200.0mm）＋水泥砂浆（10.0mm）；

（6）外窗构造类型：金属隔热型材隔热条高度 18.6mm（$K=3.2$）6 中透光 Low-E＋12 空气＋6（$K=1.8$）；金属隔热型材隔热条高度 26mm（$K=2.8$）5 中透光 Low-E＋12 氩气＋5＋12 空气＋5（$K=0.9$）。

立面外窗传热系数判定　　　　　　　　　　　　　　　　　　　　表 7-1

朝向	立面	规格型号	外窗面积（m^2）	传热系数 $[W/(m^2 \cdot K)]$	立面窗墙面积比（包括透光幕墙）	加权传热系数 $[W/(m^2 \cdot K)]$	传热系数限值 $[W/(m^2 \cdot K)]$
东	立面1	金属隔热型材　隔热条高度18.6mm（$K=3.2$）6 中透光 Low-E＋12 空气＋6（$K=1.8$）	32.16	2.50	0.18	2.50	2.5
南	立面2	金属隔热型材　隔热条高度26mm（$K=2.8$）5 中透光 Low-E＋12 氩气＋5＋12 空气＋5（$K=0.9$）	174.24	1.70	0.47	1.70	1.7
西	立面3	金属隔热型材　隔热条高度18.6mm（$K=3.2$）6 中透光 Low-E＋12 空气＋6（$K=1.8$）	32.16	2.50	0.18	2.50	2.5
北	立面4	金属隔热型材　隔热条高度26mm（$K=2.8$）5 中透光 Low-E＋12 氩气＋5＋12 空气＋5（$K=0.9$）	156.78	1.70	0.43	1.70	1.7
标准条目		《建筑节能与可再生能源利用通用规范》GB 55015—2021 第 3.1.10 条 严寒 A、B 区甲类外窗传热系数的要求					
结论		满足					

规定性指标判定情况　　　　　　　　　　　　　　　　　　　　表 7-2

序号	建筑构件	设计值	标准限值	是否达标
1	体形系数满足《建筑节能与可再生能源利用通用规范》GB 55015—2021 第 3.1.3 条的要求	0.27	$\leqslant 0.50$	满足
2	屋面满足《建筑节能与可再生能源利用通用规范》GB 55015—2021 第 3.1.10 条的要求	$K=0.25$	$K \leqslant 0.25$	满足
3	外墙满足《建筑节能与可再生能源利用通用规范》GB 55015—2021 第 3.1.10 条的要求	$K=0.35$	$K \leqslant 0.35$	满足
4	非供暖楼梯间与供暖房间之间的隔墙满足《建筑节能与可再生能源利用通用规范》GB 55015—2021 第 3.1.10 条的要求	$K=0.80$	$K \leqslant 0.80$	满足
5	周边地面满足《建筑节能与可再生能源利用通用规范》GB 55015—2021 第 3.1.10 条的要求	$R=1.22$	$R \geqslant 1.10$	满足
6	外窗(含透明幕墙)传热系数满足《建筑节能与可再生能源利用通用规范》GB 55015—2021 第 3.1.10 条的要求	$K=2.50$	$K \leqslant 2.5$	满足

强制性条文判定情况 表 7-3

序号	建筑构件	设计值	标准限值	是否达标
1	体形系数	0.27	≤0.50	满足
2	屋面	$K=0.25$	$K≤0.25$	满足
3	外墙	$K=0.35$	$K≤0.40$	满足
4	周边地面	$R=1.22$	$R≥1.10$	满足
5	外窗(含透明幕墙)传热系数(东立面1)	$K=2.50$	$K≤2.50$	满足
6	外窗(含透明幕墙)传热系数(南立面2)	$K=1.70$	$K≤2.00$	满足
7	外窗(含透明幕墙)传热系数(西立面3)	$K=2.50$	$K≤2.50$	满足
8	外窗(含透明幕墙)传热系数(北立面4)	$K=1.70$	$K≤2.00$	满足

7.1.2 居住建筑

项目名称：内蒙古自治区阿巴嘎旗（新浩特镇）某住宅

项目地点：内蒙古自治区

建筑性质：居住建筑——住宅

建筑层数：14 层

建筑高度：42.00m

建筑面积：8293.67m²

标准依据：

(1)《建筑节能与可再生能源利用通用规范》GB 55015—2021；

(2)《民用建筑热工设计规范》GB 50176—2016；

(3)《建筑外门窗气密、水密、抗风压性能检测方法》GB/T 7106—2019；

(4)《建筑幕墙、门窗通用技术条件》GB/T 31433—2015；

模型效果图见图 7-2。

围护结构做法主要包括（表 7-4～表 7-6）：

(1) 屋面构造类型：碎石，卵石混凝土 1（20.0mm）＋防水卷材、聚氨酯＋挤塑聚苯乙烯泡沫塑料（带表皮）（155.0mm）＋水泥砂浆（20.0mm）＋钢筋混凝土（120.0mm）＋石灰水泥砂浆（20.0mm）；

(2) 外墙构造类型：水泥砂浆（20.0mm）＋岩棉板（155.0mm）＋钢筋混凝土（200.0mm）＋水泥砂浆（20.0mm）；

(3) 热桥柱及热桥梁、热桥过梁、热桥楼板构造类型：水泥砂浆（20.0mm）＋挤塑聚苯乙烯泡沫塑料（带表皮）（70.0mm）＋钢筋混凝土（200.0mm）＋水泥砂浆（20.0mm）；

(4) 非供暖楼梯间与供暖房间之间的隔墙构造参数：无机保温砂浆（$\rho=600$）（60.0mm）＋页岩粉煤灰烧结承重多孔砖砌体240×115×90（200.0mm）＋水泥砂浆（20.0mm）

(5) 周边地面构造类型：水泥砂浆（20.0mm）＋挤塑聚苯板（60mm）＋钢筋混凝

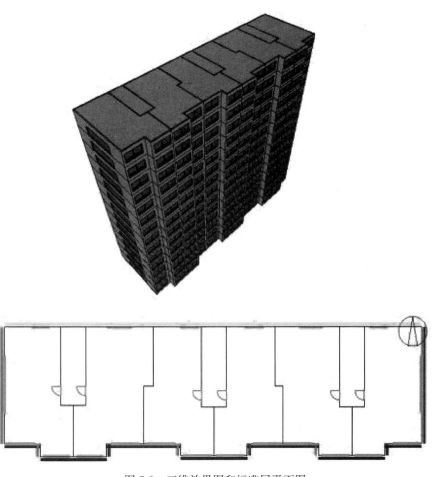

图 7-2　三维效果图和标准层平面图

土（200.0mm）＋夯实黏土 1（100.0mm）；

（6）外窗构造类型：多腔塑料型材 $K_f＝2.2$W/（m² · K）框面积 25％（6 中透光 Low-E＋12 氩气＋6 透明）多腔塑料型材 $K_f＝2.2$W/（m² · K）框面积 25％（6 高透光 Low-E＋12 氩气＋6 透明）。

开间外窗传热系数判定　　　　　　　　　　　　　　　　　表 7-4

朝向	楼层名	房间名称	开间所在房间号	开间窗墙比	传热系数 [W/(m² · K)]	传热系数限值 [W/(m² · K)]
东	A-L01F	卧室	RM01004	0.30	1.70	1.8
南	A-L01F	卧室	RM01005	0.45	1.60	1.6
西	A-L01F	卧室	RM01005	0.30	1.70	1.8
北	A-L01F	卧室	RM01008	0.25	1.70	1.8
标准条目	《建筑节能与可再生能源利用通用规范》GB 55015—2021 第 3.1.9 条严寒地区居住建筑透光围护结构热工性能参数限值要求					
结论	满足					

规定性指标判定情况　　　　　　　　　　　　　　　　　　　　表 7-5

序号	建筑构件	设计值	标准限值	是否达标
1	体形系数满足《建筑节能与可再生能源利用通用规范》GB 55015—2021 第 3.1.2 条的要求	0.23	≤0.30	满足
2	开间窗墙比满足《建筑节能与可再生能源利用通用规范》GB 55015—2021 第 3.1.4 条的要求	0.45	≤0.45	满足
3	屋面满足《建筑节能与可再生能源利用通用规范》GB 55015—2021 第 3.1.8 条的要求	$K=0.20$	$K \leq 0.20$	满足
4	外墙满足《建筑节能与可再生能源利用通用规范》GB 55015—2021 第 3.1.8 条的要求	$K=0.30$	$K \leq 0.35$	满足
5	分隔供暖与非供暖空间的隔墙满足《建筑节能与可再生能源利用通用规范》GB 55015—2021 第 3.1.8 条的要求	$K=1.06$	$K \leq 1.20$	满足
6	分隔供暖与非供暖空间的户门满足《建筑节能与可再生能源利用通用规范》GB 55015—2021 第 3.1.8 条的要求	$K=1.50$	$K \leq 1.50$	满足
7	外窗(含透明幕墙)传热系数满足《建筑节能与可再生能源利用通用规范》GB 55015—2021 第 3.1.9 条的要求	$K=1.60$	$K \leq 1.60$	满足
8	周边地面满足《建筑节能与可再生能源利用通用规范》GB 55015—2021 第 3.1.8 条的要求	$R=1.82$	$R \geq 1.80$	满足
9	外窗的气密性等级满足《建筑节能与可再生能源利用通用规范》GB 55015—2021 第 3.1.16 条的要求	6 级	≥6 级	满足
10	可见光透射比满足《建筑节能与可再生能源利用通用规范》GB 55015—2021 第 3.1.17 条的要求	0.62	≥0.40	满足
11	窗地面积比满足《建筑节能与可再生能源利用通用规范》GB 55015—2021 第 3.1.18 条的要求	0.18	≥0.14	满足

强制性条文判定情况　　　　　　　　　　　　　　　　　　　　表 7-6

序号	建筑构件	设计值	标准限值	是否达标
1	东向最不利开间窗墙比	0.30	≤0.40	满足
2	南向最不利开间窗墙比	0.45	≤0.55	满足
3	西向最不利开间窗墙比	0.30	≤0.40	满足
4	北向最不利开间窗墙比	0.25	≤0.35	满足
5	屋面	$K=0.20$	$K \leq 0.20$	满足
6	外墙	$K=0.30$	$K \leq 0.45$	满足
7	外窗(含透明幕墙)传热系数	$K=1.70$	$K \leq 2.20$	满足
8	周边地面	$R=1.82$	$R \geq 1.80$	满足
9	外窗的气密性等级	6 级	≥6 级	满足
10	可见光透射比	0.62	≥0.40	满足
11	窗地面积比	0.18	≥0.14	满足

7.2　寒冷地区设计案例

该热工分区代表省市主要是：西藏自治区、内蒙古自治区、青海省、山西省、吉林省、辽宁省、黑龙江省、新疆维吾尔自治区等。

7.2.1　公共建筑

项目名称：新疆维吾尔自治区阿拉尔市某商业楼

项目地点：新疆维吾尔自治区阿拉尔市

建筑性质：公共建筑——商业

建筑层数：地上 1 层，地下 1 层

建筑高度：5.05m

建筑面积：21653.43m²

标准依据：

(1)《建筑节能与可再生能源利用通用规范》GB 55015—2021；

(2)《民用建筑热工设计规范》GB 50176—2016；

(3)《建筑外门窗气密、水密、抗风压性能检测方法》GB/T 7106—2019；

(4)《建筑幕墙、门窗通用技术条件》GB/T 31433—2015。

模型效果图见图 7-3。

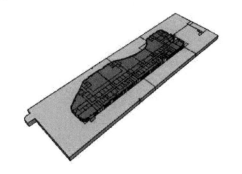

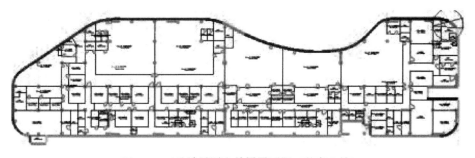

图 7-3　三维效果图和首层平面图（某商业楼）

围护结构做法主要包括（表 7-7～表 7-9）：

（1）屋面构造类型：细石混凝土（双向配筋）（40.0mm）＋防水卷材、聚氨酯＋防水卷材、聚氨酯＋碎石，卵石混凝土（细石混凝土）（30.0mm）＋轻骨料混凝土 1（陶粒等）找坡材料（30.0mm）＋EPS 板（180.0mm）＋钢筋混凝土（120.0mm）；

（2）外墙构造类型：聚合物抗裂砂浆（耐碱玻纤网格布）（5.0mm）＋增强覆面岩棉保温板（110.0mm）＋粘合层＋水泥砂浆（20.0mm）＋加气混凝土砌块（B07）（250.0mm）＋水泥砂浆（10.0mm）＋水泥砂浆（6.0mm）＋饰面层；

（3）热桥柱及热桥梁、热桥过梁、热桥楼板构造类型：聚合物抗裂砂浆（耐碱玻纤网格布）（5.0mm）＋增强覆面岩棉保温板（110.0mm）＋粘合层＋水泥砂浆（20.0mm）＋钢筋混凝土（250.0mm）＋水泥砂浆（10.0mm）＋水泥砂浆（6.0mm）＋饰面层；

（4）非供暖楼梯间与供暖房间之间的隔墙构造参数：水泥砂浆（10.0mm）＋加气混凝土砌块（B07）（200.0mm）＋水泥砂浆（10.0mm）；

（5）周边地面构造类型：C20 细石混凝土（40.0mm）＋挤塑聚苯板（55.0mm）＋C15 混凝土垫层（100.0mm）＋夯实黏土 2（1000.0mm）；

（6）外窗构造类型：断桥铝合金框 65 系列 4＋9A＋4＋9A＋4Low-E。

太阳得热系数 SHGC 判断表（立面）　　表 7-7

朝向	立面	玻璃太阳得热系数	窗框系数	外遮阳系数 SD	立面窗墙面积比（包括透光幕墙）	综合太阳得热系数 SHGC	SHGC 限值
东	立面 1	0.44	0.80	0.91	0.51	0.32	≤0.35
	立面 2	0.44	0.80	0.91	0.55	0.32	≤0.35
	立面 3	0.44	0.80	0.91	0.77	0.32	≤0.30
南	立面 4	0.44	0.80	0.89	0.41	0.31	≤0.40
	立面 5	0.44	0.80	0.89	0.21	0.31	≤0.48
西	立面 6	0.44	0.80	0.91	0.77	0.32	≤0.30
	立面 7	0.44	0.80	0.91	0.53	0.32	≤0.35
	立面 8	0.44	0.80	0.91	0.42	0.32	≤0.40
北	立面 9	0.44	0.80	0.94	0.10	0.33	≤-
	立面 10	0.44	0.80	0.94	0.77	0.33	≤0.40
	立面 11	0.44	0.80	0.94	0.77	0.33	≤0.40
	立面 12	0.44	0.80	0.94	0.77	0.33	≤0.40
标准条目		《建筑节能与可再生能源利用通用规范》GB 55015—2021 第 3.1.10 条寒冷地区甲类外窗太阳得热系数的要求					
结论		不满足（东向立面 3、西向立面 6）					

规定性指标判定情况

表 7-8

序号	建筑构件	设计值	标准限值	是否达标
1	体形系数满足《建筑节能与可再生能源利用通用规范》GB 55015—2021 第 3.1.3 条的要求	0.28	≤0.40	满足
2	屋面满足《建筑节能与可再生能源利用通用规范》GB 55015—2021 第 3.1.10 条的要求	$K=0.21$	$K\leqslant0.40$	满足
3	外墙满足《建筑节能与可再生能源利用通用规范》GB 55015—2021 第 3.1.10 条的要求	$K=0.36$	$K\leqslant0.50$	满足
4	非供暖楼梯间与供暖房间之间的隔墙满足《建筑节能与可再生能源利用通用规范》GB 55015—2021 第 3.1.10 条的要求	$K=1.02$	$K\leqslant1.20$	满足
5	周边地面满足《建筑节能与可再生能源利用通用规范》GB 55015—2021 第 3.1.10 条的要求	$R=1.67$	$R\geqslant0.60$	满足
6	外窗(含透明幕墙)传热系数满足《建筑节能与可再生能源利用通用规范》GB 55015—2021 第 3.1.10 条的要求	$K=1.50$	$K\leqslant1.50$	满足
7	外窗(含透明幕墙)太阳得热系数不满足《建筑节能与可再生能源利用通用规范》GB 55015—2021 第 3.1.10 条的要求	0.32	≤0.30	不满足

强制性条文判定情况

表 7-9

序号	建筑构件	设计值	标准限值	是否达标
1	体形系数	0.28	≤0.40	满足
2	屋面	$K=0.21$	$K\leqslant0.40$	满足
3	外墙	$K=0.36$	$K\leqslant0.55$	满足
4	周边地面	$R=1.67$	$R\geqslant0.60$	满足
5	外窗(含透明幕墙)传热系数(东立面 1)	$K=1.50$	$K\leqslant2.00$	满足
6	外窗(含透明幕墙)传热系数(东立面 2)	$K=1.50$	$K\leqslant2.00$	满足
7	外窗(含透明幕墙)传热系数(东立面 3)	$K=1.50$	$K\leqslant1.70$	满足
8	外窗(含透明幕墙)传热系数(南立面 4)	$K=1.50$	$K\leqslant2.00$	满足
9	外窗(含透明幕墙)传热系数(南立面 5)	$K=1.50$	$K\leqslant2.70$	满足
10	外窗(含透明幕墙)传热系数(西立面 6)	$K=1.50$	$K\leqslant1.70$	满足
11	外窗(含透明幕墙)传热系数(西立面 7)	$K=1.50$	$K\leqslant2.00$	满足
12	外窗(含透明幕墙)传热系数(西立面 8)	$K=1.50$	$K\leqslant2.00$	满足
13	外窗(含透明幕墙)传热系数(北立面 9)	$K=1.50$	$K\leqslant2.70$	满足
14	外窗(含透明幕墙)传热系数(北立面 10)	$K=1.50$	$K\leqslant1.70$	满足
15	外窗(含透明幕墙)传热系数(北立面 11)	$K=1.50$	$K\leqslant1.70$	满足
16	外窗(含透明幕墙)传热系数(北立面 12)	$K=1.50$	$K\leqslant1.70$	满足

7.2.2　居住建筑

项目名称：新疆维吾尔自治区莎车县某宿舍楼

项目地点：新疆维吾尔自治区莎车县

建筑性质：居住建筑——宿舍

建筑层数：5 层

建筑高度：19.00m

建筑面积：16569.28m²

参考规范：

（1）《建筑节能与可再生能源利用通用规范》GB 55015—2021；

（2）《民用建筑热工设计规范》GB 50176—2016；

（3）《建筑外门窗气密、水密、抗风压性能检测方法》GB/T 7106—2019；

（4）《建筑幕墙、门窗通用技术条件》GB/T 31433—2015。

模型效果图见图 7-4。

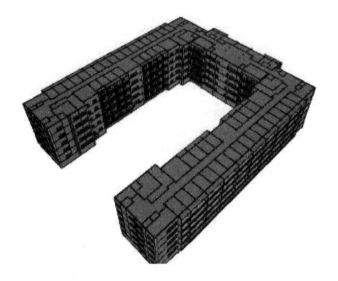

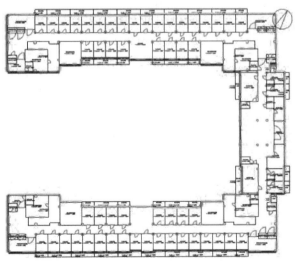

图 7-4　三维效果图和首层平面图（某宿舍楼）

围护结构做法主要包括（表 7-10～表 7-12）：

（1）屋面构造类型：细石混凝土（40.0mm）＋石灰砂浆（10.0mm）＋水泥砂浆（20.0mm）＋挤塑聚苯板（120.0mm）＋陶粒混凝土空心砌块（30.0mm）＋钢筋混凝土（120.0mm）；

（2）外墙构造类型：水泥砂浆（10.0mm）＋岩棉板（100.0mm）＋加气混凝土砌块 B07（240.0mm）＋水泥砂浆（10.0mm）；

（3）热桥柱及热桥梁、热桥过梁、热桥楼板构造类型：水泥砂浆（10.0mm）＋岩棉板（100.0mm）＋钢筋混凝土（200.0mm）＋水泥砂浆（10.0mm）；

（4）分隔供暖与非供暖空间的楼板构造参数：水泥砂浆（20.0mm）＋挤塑聚苯板（20.0mm）＋钢筋混凝土（120.0mm）＋水泥砂浆（20.0mm）；

（5）非供暖地下室顶板（上部为供暖房间时）构造参数：水泥砂浆（20.0mm）＋挤塑聚苯板（20.0mm）＋钢筋混凝土（120.0mm）＋水泥砂浆（20.0mm）；

（6）周边地面构造类型：细石混凝土（40.0mm）＋挤塑聚苯板（50.0mm）＋水泥砂浆（20.0mm）＋钢筋混凝土（100.0mm）＋夯实黏土（$\rho=1800$）（200.0mm）；

（7）地下室外墙（与土壤接触的外墙）构造类型：水泥砂浆（20.0mm）＋挤塑聚苯板（60.0mm）＋钢筋混凝土（300.0mm）＋水泥砂浆（20.0mm）；

（8）外窗构造类型：聚氨酯型材（80 系列）（5 高透光 Low-E＋15A＋5 高透光 Low-E＋15A＋5）。

开间外窗传热系数判定 表 7-10

朝向	楼层名	房间名称	开间所在房间号	开间窗墙比	传热系数 [W/(m²·K)]	传热系数限值 [W/(m²·K)]
东	A-L01F	卧室	RM02056	0.40	1.20	2.0
西	A-L01F	走廊	RM02089	0.37	1.20	2.0
北	A-L01F	走廊	RM02089	0.32	1.20	2.0
标准条目	《建筑节能与可再生能源利用通用规范》GB 55015—2021 第 3.1.9 条寒冷地区居住建筑透光围护结构传热系数限值要求					
结论	满足					

规定性指标判定情况 表 7-11

序号	建筑构件	设计值	标准限值	是否达标
1	体形系数满足《建筑节能与可再生能源利用通用规范》GB 55015—2021 第 3.1.2 条的要求	0.22	≤0.33	满足
2	开间窗墙比不满足《建筑节能与可再生能源利用通用规范》GB 55015—2021 第 3.1.4 条的要求	0.40	≤0.35	不满足
3	屋面满足《建筑节能与可再生能源利用通用规范》GB 55015—2021 第 3.1.8 条的要求	$K=0.25$	$K≤0.25$	满足

续表

序号	建筑构件	设计值	标准限值	是否达标
4	外墙满足《建筑节能与可再生能源利用通用规范》GB 55015—2021 第3.1.8条的要求	$K=0.42$	$K \leqslant 0.45$	满足
5	架空或外挑楼板不满足《建筑节能与可再生能源利用通用规范》GB 55015—2021 第3.1.8条的要求	$K=0.53$	$K \leqslant 0.45$	不满足
6	非供暖地下室顶板(上部为供暖房间时)不满足《建筑节能与可再生能源利用通用规范》GB 55015—2021 第3.1.8条的要求	$K=1.00$	$K \leqslant 0.50$	不满足
7	外窗(含透明幕墙)传热系数满足《建筑节能与可再生能源利用通用规范》GB 55015—2021 第3.1.9条的要求	$K=1.20$	$K \leqslant 2.0$	满足
8	周边地面满足《建筑节能与可再生能源利用通用规范》GB 55015—2021 第3.1.8条的要求	$R=1.67$	$R \geqslant 1.60$	满足
9	地下室外墙(与土壤接触的外墙)满足《建筑节能与可再生能源利用通用规范》GB 55015—2021 第3.1.8条的要求	$R=1.82$	$R \geqslant 1.80$	满足
10	外窗的气密性等级满足《建筑节能与可再生能源利用通用规范》GB 55015—2021 第3.1.16条的要求	6级	$\geqslant 6$级	满足
11	分隔供暖与非供暖空间的楼板不满足《建筑节能与可再生能源利用通用规范》GB 55015—2021 第3.1.8条的要求	$K=1.00$	$K \leqslant 1.50$	不满足
12	可见光透射比满足《建筑节能与可再生能源利用通用规范》GB 55015—2021 第3.1.17条的要求	0.80	$\geqslant 0.40$	满足
13	窗地面积比满足《建筑节能与可再生能源利用通用规范》GB 55015—2021 第3.1.18条的要求	0.18	$\geqslant 0.14$	满足

强制性条文判定情况　　　　　　　　　　表 7-12

序号	建筑构件	设计值	标准限值	是否达标
1	东向最不利开间窗墙比	0.40	$\leqslant 0.45$	满足
2	西向最不利开间窗墙比	0.37	$\leqslant 0.45$	满足
3	北向最不利开间窗墙比	0.32	$\leqslant 0.40$	满足
4	屋面	$K=0.25$	$K \leqslant 0.25$	满足
5	外墙	$K=0.42$	$K \leqslant 0.60$	满足
6	架空或外挑楼板	$K=0.53$	$K \leqslant 0.60$	满足
7	外窗(含透明幕墙)传热系数	$K=1.20$	$K \leqslant 2.50$	满足
8	周边地面	$R=1.67$	$R \geqslant 1.60$	满足
9	地下室外墙(与土壤接触的外墙)	$R=1.82$	$R \geqslant 1.80$	满足
10	外窗的气密性等级	6级	$\geqslant 6$级	满足
11	可见光透射比	0.80	$\geqslant 0.40$	满足
12	窗地面积比	0.18	$\geqslant 0.14$	满足

7.3　夏热冬冷地区设计案例

该热工分区主要的代表省市是：湖南省、湖北省、江西省、重庆市、浙江省、上海市、江苏省、安徽省、四川省等。

7.3.1　公共建筑

项目名称：上海市某综合办公楼

项目地点：上海市

建筑性质：公共建筑——办公

建筑层数：3 层

建筑高度：11.80m

建筑面积：813.81m²

标准依据：

(1)《建筑节能与可再生能源利用通用规范》GB 55015—2021；

(2)《民用建筑热工设计规范》GB 50176—2016；

(3)《建筑外门窗气密、水密、抗风压性能检测方法》GB/T 7106—2019；

(4)《建筑幕墙、门窗通用技术条件》GB/T 31433—2015。

模型效果图见图 7-5。

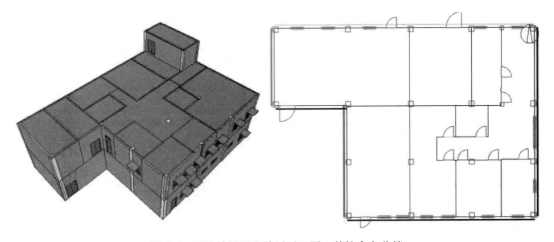

图 7-5　三维效果图和首层平面图（某综合办公楼）

围护结构做法主要包括（表 7-13、表 7-14）：

(1) 屋面构造类型：细石混凝土（40.0mm）＋隔离层＋防水卷材、聚氨酯＋混合砂浆（20.0mm）＋泡沫玻璃 1 型（110.0mm）＋水泥砂浆（20.0mm）＋SBS 改性沥青防水卷材（3.0mm）＋钢筋混凝土（120.0mm）；

（2）外墙构造类型：混合砂浆抹灰（12.0mm）＋加气混凝土砌块 B06（普通砌筑）（250.0mm）＋泡沫玻璃Ⅰ型（50.0mm）＋水泥砂浆（5.0mm）＋聚合物抹面抗裂砂浆（5.0mm）；

（3）热桥柱及热桥梁、热桥过梁、热桥楼板构造类型：混合砂浆抹灰（12.0mm）＋钢筋混凝土（250.0mm）＋泡沫玻璃Ⅰ型（50.0mm）＋水泥砂浆（5.0mm）＋聚合物抹面抗裂砂浆（5.0mm）；

（4）外窗构造类型：PA断桥铝合金（隔热型）辐射率≤0.15Low-E中空离线（6＋12Ar＋6）。

外窗遮阳设置情况判断表　　　　　　　　　　　表 7-13

朝向	外窗遮阳设置情况	外窗遮阳设置情况限值
东	水平遮阳	应采取遮阳措施
南	水平遮阳	应采取遮阳措施
西	水平遮阳	应采取遮阳措施
北	无遮阳	
标准条目	《建筑节能与可再生能源利用通用规范》GB 55015—2021 第 3.1.15 条甲类公共建筑南、东、西向外窗和透光幕墙应采取遮阳措施	
结论	满足	

规定性指标判定情况　　　　　　　　　　　表 7-14

序号	建筑构件	设计值	标准限值	是否达标
1	屋面满足《建筑节能与可再生能源利用通用规范》GB 55015—2021 第 3.1.10 条的要求	$K=0.38$	$K\leqslant 0.40$	满足
2	外墙满足《建筑节能与可再生能源利用通用规范》GB 55015—2021 第 3.1.10 条的要求	$K=0.50$	$K\leqslant 0.80$	满足
3	外窗(含透明幕墙)传热系数满足《建筑节能与可再生能源利用通用规范》GB 55015—2021 第 3.1.10 条的要求	$K=2.10$	$K\leqslant 3.00$	满足
4	外窗(含透明幕墙)太阳得热系数满足《建筑节能与可再生能源利用通用规范》GB 55015—2021 第 3.1.10 条的要求	0.31	≤0.45	满足
5	外窗和透光幕墙遮阳措施满足《建筑节能与可再生能源利用通用规范》GB 55015—2021 第 3.1.15 条的要求	水平遮阳/部分无遮阳	应采取遮阳措施	满足

7.3.2　居住建筑

该热工分区主要的代表城市有：南京市、杭州市、合肥市、上海市、武汉市等。

项目名称：上海市某住宅楼

项目地点：上海市

建筑性质：居住建筑——住宅

建筑层数：23 层

建筑高度：68.80m

建筑面积：7739.03m²

标准依据：

（1）《建筑节能与可再生能源利用通用规范》GB 55015—2021；

（2）《民用建筑热工设计规范》GB 50176—2016；

（3）《建筑外门窗气密、水密、抗风压性能检测方法》GB/T 7106—2019；

（4）《建筑幕墙、门窗通用技术条件》GB/T 31433—2015；

模型效果图见图 7-6。

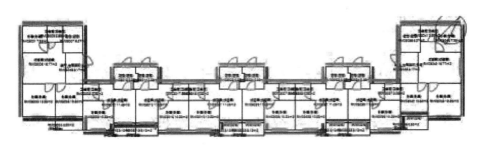

图 7-6　三维效果图和首层平面图（某住宅楼）

围护结构做法主要包括（表 7-15～表 7-18）：

（1）屋面构造做法：钢筋混凝土/细石混凝土（50.0mm）＋石灰砂浆（10.0mm）＋水泥砂浆（20.0mm）＋挤塑聚苯乙烯泡沫塑料（XPS）（带表皮）（75.0mm）＋1:8 水泥加气混凝土碎料（找坡）（30.0mm）＋水泥砂浆（20.0mm）＋钢筋混凝土/细石混凝土（130.0mm）；

（2）外墙构造做法：（外墙）反射隔热涂料（0.6＜A_c≤0.7；0.7＜K_m≤1.0）＋水泥

砂浆（20.0mm）＋钢筋混凝土/细石混凝土（200.0mm）＋水泥砂浆（15.0mm）＋挤塑聚苯乙烯泡沫塑料（XPS）（不带表皮）（35.0mm）＋水泥砂浆（5.0mm）；

（3）热桥柱及热桥梁、热桥过梁、热桥楼板构造做法：（外墙）反射隔热涂料（0.6＜A_c≤0.7；0.7＜K_m≤1.0）＋水泥砂浆（20.0mm）＋钢筋混凝土（200.0mm）＋水泥砂浆（15.0mm）＋挤塑聚苯乙烯泡沫塑料（XPS）（不带表皮）（35.0mm）＋水泥砂浆（5.0mm）；

（4）分户墙构造参数：水泥砂浆（20.0mm）＋钢筋混凝土（200.0mm）＋水泥砂浆（20.0mm）；

（5）楼板构造参数：水泥砂浆（20.0mm）＋钢筋混凝土/细石混凝土（50.0mm）＋水泥砂浆（20.0mm）＋轻集料混凝土（陶粒混凝土）（找坡）（155.0mm）＋水泥砂浆（20.0mm）＋钢筋混凝土（120.0mm）；

（6）底部接触室外空气的架空或外挑楼板构造参数：底部接触室外空气的架空或外挑楼板构造参数；

（7）外窗构造做法：金属隔热型材（隔热条高度24.0mm）（暖边）5中透光Low-E＋15Ar＋5（中透光）；

热工性能：传热系数2.00W/（m²·K），夏季玻璃太阳得热系数0.52/冬季玻璃太阳得热系数：0.52，夏季玻璃遮阳系数0.60/冬季玻璃遮阳系数：0.60，气密性为6级，可见光透射比0.50。

开间外窗传热系数判定　　　　　　　　　　　　　　　　　　　　　　　表 7-15

朝向	楼层名	房间名称	开间所在房间号	开间窗墙比	传热系数 [W/(m²·K)]	传热系数限值 [W/(m²·K)]
东	A-L01F	起居室	RM03011	0.53	2.00	2.0
西	A-L01F	卧室	RM03001	0.27	2.00	2.5
标准条目	《建筑节能与可再生能源利用通用规范》GB 55015—2021 第3.1.9条夏热冬冷A区居住建筑外窗的传热系数应符合表3.1.9-3的规定					
结论	满足					

外窗开间综合太阳得热系数判断表　　　　　　　　　　　　　　　　　　表 7-16

朝向	楼层号	房间名	开间窗墙比	夏季综合太阳得热系数	冬季综合太阳得热系数	夏季综合太阳得热系数限值	冬季综合太阳得热系数限值
东	A-L01F	起居室 RM03011	0.53	0.28	0.28	0.25	—
西	A-L01F	卧室 RM03001	0.27	0.39	0.39	0.40	—
标准条目	《建筑节能与可再生能源利用通用规范》GB 55015—2021 第3.1.9条夏热冬冷A区居住建筑外窗的太阳得热系数应符合表3.1.9-3的规定						
结论	不满足						

规定性指标判定情况　　　　　　　　　　　　　表 7-17

序号	建筑构件	设计值	标准限值	是否达标
1	体形系数不满足《建筑节能与可再生能源利用通用规范》GB 55015—2021 第 3.1.2 条的要求	0.48	≤0.40	不满足
2	窗墙面积比满足《建筑节能与可再生能源利用通用规范》GB 55015—2021 第 3.1.4 条的要求	0.53	≤0.35	满足
3	屋面满足《建筑节能与可再生能源利用通用规范》GB 55015—2021 第 3.1.8 条的要求	$K=0.38$	$K≤0.40$	满足
4	外墙满足《建筑节能与可再生能源利用通用规范》GB 55015—2021 第 3.1.8 条的要求	$K=0.73$	$K≤1.00$	满足
5	底部接触室外空气的架空或外挑楼板满足《建筑节能与可再生能源利用通用规范》GB 55015—2021 第 3.1.8 条的要求	$K=0.96$	$K≤1.00$	满足
6	楼板满足《建筑节能与可再生能源利用通用规范》GB 55015—2021 第 3.1.8 条的要求	$K=1.80$	$K≤1.80$	满足
7	分户墙不满足《建筑节能与可再生能源利用通用规范》GB 55015—2021 第 3.1.8 条的要求	$K=2.68$	$K≤1.50$	不满足
8	外窗(含阳台门透明部分)传热系数满足《建筑节能与可再生能源利用通用规范》GB 55015—2021 第 3.1.9 条的要求	$K=2.00$	$K≤2.0$	满足
9	外窗(含阳台门透明部分)太阳得热系数不满足《建筑节能与可再生能源利用通用规范》GB 55015—2021 第 3.1.9 条的要求	0.28/0.00	≤0.25/≥—	不满足
10	外窗的气密性等级满足《建筑节能与可再生能源利用通用规范》GB 55015—2021 第 3.1.16 条的要求	6 级	≥6 级	满足
11	外窗可开启面积占地板面积比例满足《建筑节能与可再生能源利用通用规范》GB 55015—2021 第 3.1.14 条的要求	0.09	≥0.05	满足
12	户门满足《建筑节能与可再生能源利用通用规范》GB 55015—2021 第 3.1.8 条的要求	$K=2.00$	$K≤2.00$	满足
13	窗地比满足《建筑节能与可再生能源利用通用规范》GB 55015—2021 第 3.1.18 条的要求	0.32	≥0.14	满足
14	可见光透射比满足《建筑节能与可再生能源利用通用规范》GB 55015—2021 第 3.1.17 条的要求	0.50	≥0.40	满足

强制性条文判定情况　　　　　　　　　　　　　表 7-18

序号	建筑构件	设计值	标准限值	是否达标
1	屋面	$K=0.38$	$K≤0.40$	满足
2	外墙	$K=0.73$	$K≤1.00$	满足
3	外窗(含阳台门透明部分)传热系数	$K=2.00$	$K≤2.50$	满足
4	外窗(含阳台门透明部分)太阳得热系数	夏季:0.39	夏季:0.40	满足
5	外窗的气密性等级	6 级	≥6 级	满足

续表

序号	建筑构件	设计值	标准限值	是否达标
6	外窗可开启面积占地板面积比例	0.09	≥0.05	满足
7	窗地比	0.32	≥0.14	满足
8	可见光透射比	0.50	≥0.40	满足

7.3.3 常用的保温材料

1. 上海市禁限规则下可使用的保温材料（表7-19）

上海市禁限规则下可使用的保温材料 　　　　　　　　　　　　　　　表 7-19

上海地区	保温形式	所用的位置	材料	备注
居住建筑	外墙保温一体化	屋面	挤塑聚苯板（XPS）	常用材料方案
		外墙	硬泡聚氨酯板、XPS、硅墨烯保温板	
	内保温	屋面	泡沫玻璃、XPS	
		外墙	真空绝热板、XPS、无极保温膏料＋自保温墙体	
公共建筑	普通公共建筑	屋面	XPS	
		外墙	模塑聚苯板（EPS）、XPS	
	幕墙系统	屋面	XPS	
		外墙	岩棉	
可用的保温材料	XPS、EPS、PU、酚醛泡沫板、发泡水泥板、泡沫玻璃板、硅墨烯、发泡陶瓷、珠光砂保温板、超薄绝热保温板（STP）			可用保温材料
外保温	禁止使用现场施工用胶粘剂或锚栓的及组合施工工艺的外墙外保温系统（保温装饰复合板除外）			禁限规则
	禁用岩棉保温装饰复合板外墙外保温系统			
	住宅27m以上、公共建筑24m以上——禁止使用B1级保温装饰复合板外墙外保温系统			
	80m以上的建筑工程——禁止使用A级保温装饰复合板外墙外保温系统			

2. 浙江省禁限规则下可使用的保温材料（表7-20）

浙江省禁限规则下可使用的保温材料 　　　　　　　　　　　　　　　表 7-20

浙江地区	保温形式	所用的位置	材料	备注
居住建筑	外保温	屋面	XPS、EPS、憎水性微孔硅酸钙板	常用材料方案
		外墙	泡沫玻璃	
	内保温	屋面	憎水性微孔硅酸钙板	
		外墙	无机保温砂浆，无机纤维喷涂	

续表

浙江地区	保温形式	所用的位置	材料	备注
可用的保温材料			XPS、EPS、PU、泡沫玻璃板、泡沫混凝土板、无机轻集料保温砂浆（内保温 27m 以下）、膨胀玻化微珠轻质砂浆、胶粉聚苯颗粒保温砂浆	可用保温材料
外保温			禁止使用现场施工用胶粘剂或锚栓的及组合施工工艺的外墙外保温系统（保温装饰复合板除外）	禁限规则
			禁止在中小学、幼儿园、托儿所、青少年宫和养老院二层及以上部位使用保温装饰一体化板	
			慎用挤塑聚苯板作为楼板保温构造材料	
			27m 以上，禁止使用无机轻集料砂浆（27m 以下如果使用，保温厚度应≤25mm）	
			住宅 27m 以上、公共建筑 24m 以上——禁止使用 B1 级保温装饰复合板外墙外保温系统	
			80m 以上的建筑工程——禁止使用 A 级保温装饰复合板外墙外保温系统	

3. 湖北省禁限规则下可使用的保温材料（表 7-21）

湖北省禁限规则下可使用的保温材料　　　　表 7-21

所用的位置	材料	备注
屋面	挤塑聚苯乙烯泡沫塑料板	常用材料方案
外墙	泡沫玻璃板、发泡水泥、岩棉	
玻璃棉板、Ⅰ型无机轻集料保温砂浆（禁用外保温）、胶粉聚苯颗粒保温砂浆、模塑聚苯乙烯泡沫塑料板、硬质聚氨酯泡沫塑料、膨胀玻化微珠轻质砂浆		可用保温材料
27m 以上住宅，24m 以上公建，禁止使用现场施工用胶粘剂或锚栓的及组合施工工艺的外墙外保温系统		
禁止轻集料（无机、有机）砂浆外墙外保温系统		
54m 住宅、50m 公共建筑外墙——禁止使用 A 级保温装饰复合板外墙外保温系统		

7.4 夏热冬暖地区设计案例

该热工分区代表省市主要是：福建省、广东省、广西壮族自治区等。

7.4.1 公共建筑

项目名称：广东省揭阳市某文旅中心

项目地点：广东省揭阳市

建筑性质：公共建筑——办公

建筑层数：2 层

建筑高度：11.80m

建筑面积：2171.82m²

标准依据：

（1）《建筑节能与可再生能源利用通用规范》GB 55015—2021；

（2）《民用建筑热工设计规范》GB 50176—2016；

（3）《建筑外门窗气密、水密、抗风压性能检测方法》GB/T 7106—2019；

（4）《建筑幕墙、门窗通用技术条件》GB/T 31433—2015；

模型效果图见图 7-7。

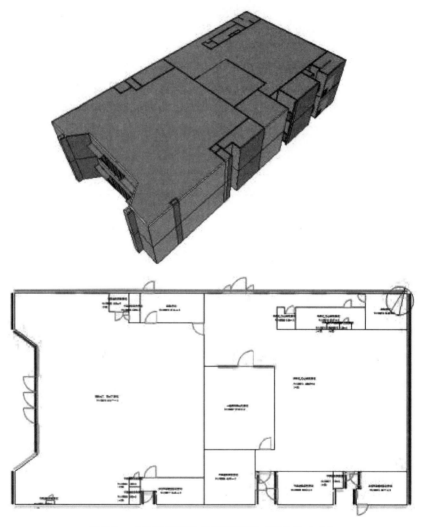

图 7-7　三维效果图和首层平面图（某文旅中心）

围护结构做法主要包括（表 7-22～表 7-25）：

（1）屋面构造类型：细石混凝土（40.0mm）＋水泥砂浆（30.0mm）＋挤塑聚苯乙烯泡沫塑料（带表皮）（80.0mm）＋钢筋混凝土（120.0mm）＋水泥砂浆（10.0mm）；

（2）外墙构造类型：水泥砂浆（15.0mm）＋无机保温砂浆（25.0mm）＋加气混凝

土砌块 B07（200.0mm）＋水泥砂浆（10.0mm）；

（3）热桥柱及热桥梁、热桥过梁、热桥楼板构造类型：水泥砂浆（15.0mm）＋无机保温砂浆（25.0mm）＋钢筋混凝土（200.0mm）＋水泥砂浆（10.0mm）；

（4）外窗构造类型：隔热金属型材 K_f＝5.8W/（m² · K）框面积 20%（6 中透光 Low-E＋12 空气＋6 透明）。

立面外窗传热系数判定 表 7-22

朝向	立面	规格型号	外窗面积（m²）	传热系数[W/(m²·K)]	立面窗墙面积比(包括透光幕墙)	加权传热系数[W/(m²·K)]	传热系数限值[W/(m²·K)]
东	立面1	隔热金属型材 K_f＝5.8W/(m²·K)框面积20%6中透光Low-E＋12空气＋6透明	94.50	2.60	0.22	2.60	3.0
西	立面2	隔热金属型材 K_f＝5.8W/(m²·K)框面积20%6中透光Low-E＋12空气＋6透明	56.80	2.60	0.21	2.60	3.0
北	立面3	隔热金属型材 K_f＝5.8W/(m²·K)框面积20%6中透光Low-E＋12空气＋6透明	104.80	2.60	0.17	2.60	4.0
标准条目		《建筑节能与可再生能源利用通用规范》GB 55015—2021 第 3.1.10 条夏热冬暖地区甲类外窗传热系数的要求					
结论		满足					

太阳得热系数 *SHGC* 判断表（立面） 表 7-23

朝向	立面	玻璃太阳得热系数	窗框系数	外遮阳系数 *SD*	立面窗墙面积比(包括透光幕墙)	综合太阳得热系数 *SHGC*	*SHGC* 限值
东	立面1	0.46	0.80	0.77	0.22	0.28	≤0.35
西	立面2	0.46	0.80	0.91	0.21	0.35	≤0.35
		0.46	0.80	0.95			
北	立面3	0.46	0.80	0.95	0.17	0.35	≤0.40
		0.46	0.80	0.95			
		0.46	0.80	0.88			
		0.46	0.80	0.94			
标准条目		《建筑节能与可再生能源利用通用规范》GB 55015—2021 第 3.1.10 条夏热冬暖地区甲类外窗太阳得热系数的要求					
结论		满足					

规定性指标判定情况
表 7-24

序号	建筑构件	设计值	标准限值	是否达标
1	屋面满足《建筑节能与可再生能源利用通用规范》GB 55015—2021 第 3.1.10 条的要求	$K=0.40$	$K\leqslant0.40$	满足
2	外墙满足《建筑节能与可再生能源利用通用规范》GB 55015—2021 第 3.1.10 条的要求	$K=1.13$	$K\leqslant1.50$	满足
3	外窗(含透明幕墙)传热系数满足《建筑节能与可再生能源利用通用规范》GB 55015—2021 第 3.1.10 条的要求	$K=2.60$	$K\leqslant3.0$	满足
4	外窗(含透明幕墙)太阳得热系数满足《建筑节能与可再生能源利用通用规范》GB 55015—2021 第 3.1.10 条的要求	0.35	$\leqslant0.35$	满足
5	外窗和透光幕墙遮阳措施满足《建筑节能与可再生能源利用通用规范》GB 55015—2021 第 3.1.15 条的要求	水平遮阳	应采取遮阳措施	满足

强制性条文判定情况
表 7-25

序号	建筑构件	设计值	标准限值	是否达标
1	屋面	$K=0.40$	$K\leqslant0.40$	满足
2	外墙	$K=1.13$	$K\leqslant1.50$	满足
3	外窗(含透明幕墙)传热系数(东立面1)	$K=2.60$	$K\leqslant4.00$	满足
4	外窗(含透明幕墙)传热系数(西立面2)	$K=2.60$	$K\leqslant4.00$	满足
5	外窗(含透明幕墙)传热系数(北立面3)	$K=2.60$	$K\leqslant4.00$	满足
6	外窗和透光幕墙遮阳措施(东)	水平遮阳	应采取遮阳措施	满足
7	外窗和透光幕墙遮阳措施(西)	水平遮阳	应采取遮阳措施	满足

7.4.2 居住建筑

项目名称：广东省广州市某住宅

项目地点：广东省广州市

建筑性质：居住建筑——住宅

建筑层数：6 层

建筑高度：22.70m

建筑面积：2036.02m^2

标准依据：

(1)《建筑节能与可再生能源利用通用规范》GB 55015—2021；

(2)《民用建筑热工设计规范》GB 50176—2016；

(3)《建筑外门窗气密、水密、抗风压性能检测方法》GB/T 7106—2019；

(4)《建筑幕墙、门窗通用技术条件》GB/T 31433—2015。

模型效果图见图 7-8。

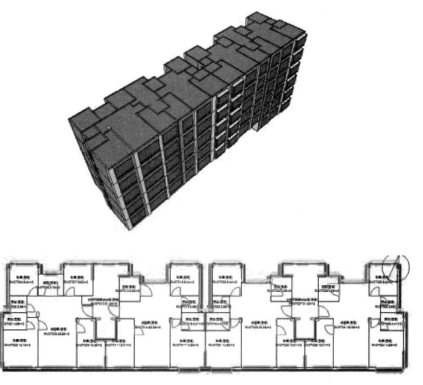

图 7-8　三维效果图和二层平面图（某住宅）

围护结构做法主要包括（表 7-26～表 7-29）：

（1）屋面构造类型：细石混凝土（双向配筋）（50.0mm）＋沥青油毡，油毡纸（2.0mm）＋挤塑聚苯板（XPS）（80.0mm）＋高分子树脂、活性材料＋高分子树脂、活性材料＋水泥砂浆（20.0mm）＋轻集料混凝土找坡（30.0mm）＋钢筋混凝土（120.0mm）；

（2）外墙构造类型：水泥砂浆（10.0mm）＋水泥砂浆保护层（10.0mm）＋无机保温砂浆（$\rho=400$）（40.0mm）＋蒸压砂加气混凝土砌块（B07）（200.0mm）＋界面剂＋聚合物抹面抗裂砂浆（5.0mm）；

（3）热桥柱及热桥梁、热桥过梁、热桥楼板构造类型：水泥砂浆（10.0mm）＋水泥砂浆保护层（10.0mm）＋无机保温砂浆（$\rho=400$）（40.0mm）＋钢筋混凝土（200.0mm）＋界面剂＋聚合物抹面抗裂砂浆（5.0mm）；

（4）外窗构造类型：隔热金属型材多腔密封窗框 $K \leqslant 5.0$ [W/（m² · K）]，框面积≤20%（6 中透光 LOW-E＋12 空气＋6 透明）；

开间外窗传热系数判定　　　　　　　　　　　表 7-26

朝向	楼层名	房间名称	开间所在房间号	开间窗墙比	传热系数 [W/(m² · K)]	传热系数限值 [W/(m² · K)]
东	A-L02F	其他	RM02013	0.19	2.40	3.5
南	A-L02F	起居室	RM02006	0.65	2.40	2.8

续表

朝向	楼层名	房间名称	开间所在房间号	开间窗墙比	传热系数 $[W/(m^2 \cdot K)]$	传热系数限值 $[W/(m^2 \cdot K)]$
西	A-L02F	其他	RM02002	0.19	2.40	3.5
北	A-L02F	厨房	RM02011	0.43	2.40	3.0
标准条目	《建筑节能与可再生能源利用通用规范》GB 55015—2021 第 3.1.9-4 夏热冬暖 B 区居住建筑外窗的传热系数应符合表 3.1.9-4 的规定					
结论	满足					

外窗开间综合太阳得热系数判断表 表 7-27

朝向	楼层号	房间名	开间窗墙比	夏季综合太阳得热系数	冬季综合太阳得热系数	夏季综合太阳得热系数限值	冬季综合太阳得热系数限值
东	A-L02F	其他 RM02013	0.19	0.23	0.23	0.35	—
南	A-L02F	起居室 RM02006	0.65	0.23	0.23	0.30	—
西	A-L02F	其他 RM02002	0.19	0.23	0.23	0.30	—
北	A-L02F	厨房 RM02011	0.43	0.23	0.23	0.30	—
标准条目	《建筑节能与可再生能源利用通用规范》GB 55015—2021 第 3.1.9-4 条夏热冬暖 B 区居住建筑外窗的太阳得热系数应符合表 3.1.9-4 的规定						
结论	满足						

规定性指标判定情况 表 7-28

序号	建筑构件	设计值	标准限值	是否达标
1	开间窗墙面积比不满足《建筑节能与可再生能源利用通用规范》GB 55015—2021 第 3.1.4 条的要求	0.65	≤0.40	不满足
2	屋面传热系数满足《建筑节能与可再生能源利用通用规范》GB 55015—2021 第 3.1.8 表 3.1.8-9 条的要求	$K=0.39$	$K≤0.40$	满足
3	外墙传热系数不满足《建筑节能与可再生能源利用通用规范》GB 55015—2021 第 3.1.8 表 3.1.8-9 条的要求	$K=1.34/1.56/$ $1.23/1.39$	$K≤1.50/1.50/$ $1.50/1.50$	不满足
4	外窗(含透明幕墙)传热系数满足《建筑节能与可再生能源利用通用规范》GB 55015—2021 第 3.1.8 表 3.1.9-4 条的要求	$K=2.40$	$K≤2.8$	满足
5	外窗(含透明幕墙)太阳得热系数满足《建筑节能与可再生能源利用通用规范》GB 55015—2021 第 3.1.8 表 3.1.9-4 条的要求	0.23/0.00	≤0.30/≥—	满足
6	窗地面积比满足《建筑节能与可再生能源利用通用规范》GB 55015—2021 第 3.1.18 条的要求	0.32	≥0.14	满足
7	外窗可见光透射比满足《建筑节能与可再生能源利用通用规范》GB 55015—2021 第 3.1.17 条的要求	0.62	≥0.40	满足

续表

序号	建筑构件	设计值	标准限值	是否达标
8	外窗(包含阳台门)可开启面积与房间地面面积之比满足《建筑节能与可再生能源利用通用规范》GB 55015—2021 第 3.1.14 条的要求/外窗(包含阳台门)可开启面积与外窗面积之比满足《建筑节能与可再生能源利用通用规范》GB 55015—2021 第 3.1.14 条的要求	0.19/0.59	≥0.10/≥0.45	满足
9	外窗气密性等级满足《建筑节能与可再生能源利用通用规范》GB 55015—2021 第 3.1.16 条的要求	6 级	≥6 级	满足
10	建筑外遮阳系数 SD 满足《建筑节能与可再生能源利用通用规范》GB 55015—2021 第 3.1.15 条的要求	0.70	≤0.80	满足

强制性条文判定情况　　　　　　　　　　　　　　　　表 7-29

序号	建筑构件	设计值	标准限值	是否达标
1	屋面传热系数	$K=0.39$	$K \leqslant 0.40$	满足
2	东向外墙传热系数	$K=1.34$	$K \leqslant 1.50$	满足
3	南向外墙传热系数	$K=1.56$	$K \leqslant 2.00$	满足
4	西向外墙传热系数	$K=1.23$	$K \leqslant 1.50$	满足
5	北向外墙传热系数	$K=1.39$	$K \leqslant 2.00$	满足
6	外窗(含透明幕墙)传热系数	$K=2.40$	$K \leqslant 3.50$	满足
7	窗地面积比	0.32	≥0.14	满足
8	外窗可见光透射比	0.62	≥0.40	满足
9	外窗(包含阳台门)可开启面积与房间地面面积之比/外窗(包含阳台门)可开启面积与外窗面积之比	0.19/0.59	≥0.10/≥0.45	满足
10	外窗气密性等级	6 级	≥6 级	满足
11	建筑外遮阳系数 SD	0.70	≤0.80	满足

7.4.3 常用保温材料

常用保温材料　　　　　　　　　　　　　　　　表 7-30

保温类型	部位	常用方案	其他可用保温材料
内保温	屋面	挤塑聚苯乙烯泡沫板	岩棉、矿棉板、玻璃棉板、水泥、膨胀珍珠岩、聚乙烯泡沫塑料、聚氨酯硬泡沫塑料、酚醛板、发泡水泥、泡沫玻璃
内保温	外墙	玻化微珠保温砂浆	岩棉、矿棉板、玻璃棉板、水泥、膨胀珍珠岩、聚乙烯泡沫塑料、聚氨酯硬泡沫塑料、酚醛板、发泡水泥、泡沫玻璃
自保温	屋面	薄浆干砌自保温墙体	岩棉、矿棉板、玻璃棉板、水泥、膨胀珍珠岩、聚乙烯泡沫塑料、聚氨酯硬泡沫塑料、酚醛板、发泡水泥、泡沫玻璃
自保温	外墙	装配式轻质混凝土外墙板	岩棉、矿棉板、玻璃棉板、水泥、膨胀珍珠岩、聚乙烯泡沫塑料、聚氨酯硬泡沫塑料、酚醛板、发泡水泥、泡沫玻璃

7.5 温和地区设计案例

该热工分区代表省市主要是：云南省、贵州省等。

7.5.1 公共建筑

项目名称：云南省昆明市某学校

项目地点：云南省昆明市

建筑性质：公共建筑——学校

建筑层数：6 层

建筑高度：23.30m

建筑面积：2531.89m^2

标准依据：

(1)《建筑节能与可再生能源利用通用规范》GB 55015—2021；

(2)《民用建筑热工设计规范》GB 50176—2016；

(3)《建筑外门窗气密、水密、抗风压性能检测方法》GB/T 7106—2019；

(4)《建筑幕墙、门窗通用技术条件》GB/T 31433—2015；

模型效果图见图 7-9。

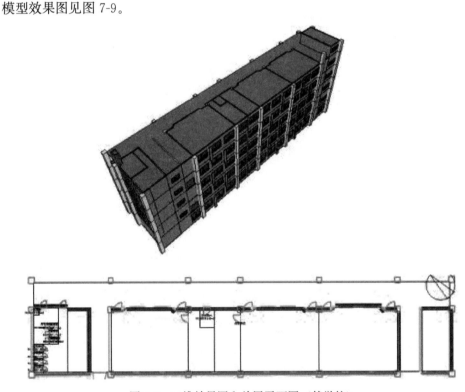

图 7-9 三维效果图和首层平面图（某学校）

围护结构做法主要包括（表 7-31～表 7-33）：

（1）屋面构造类型：水泥砂浆（10.0mm）＋碎石，卵石混凝土 1（50.0mm）＋挤塑聚苯乙烯泡沫塑料（带表皮）（50.0mm）＋SBS 改性沥青防水卷材（4.0mm）＋水泥砂浆（20.0mm）＋钢筋混凝土（120.0mm）＋加气混凝土 1（30.0mm）＋水泥砂浆（20.0mm）；

（2）外墙构造类型：

外墙 1：水泥砂浆（10.0mm）＋玻化微珠保温砂浆（40.0mm）＋加气混凝土砌块 B07（200.0mm）＋水泥砂浆（10.0mm）；

外墙 2：水泥砂浆（10.0mm）＋混凝土免烧实心砖混凝土砌块（200.0mm）＋水泥砂浆（10.0mm）；

（3）热桥柱及热桥梁、热桥过梁、热桥楼板构造类型：水泥砂浆（10.0mm）＋玻化微珠保温砂浆（40.0mm）＋钢筋混凝土（200.0mm）＋水泥砂浆（10.0mm）；

（4）外窗构造类型：隔热铝合金窗（窗框窗洞面积比 25%）（6 中透光 Low-e＋12A＋6）。

立面外窗传热系数判定　　　　　　　表 7-31

朝向	立面	规格型号	外窗面积（m²）	传热系数[W/(m²·K)]	立面窗墙面积比(包括透光幕墙)	加权传热系数[W/(m²·K)]	传热系数限值[W/(m²·K)]
东	立面 1	隔热铝合金窗（窗框窗洞面积比 25%）6 中透光 Low-e＋12A＋6	187.74	2.30	0.20	2.30	5.2
	立面 2	隔热铝合金窗（窗框窗洞面积比 25%）6 中透光 Low-e＋12A＋6	10.35	2.30	0.24	2.30	4.0
西	立面 3	隔热铝合金窗（窗框窗洞面积比 25%）6 中透光 Low-e＋12A＋6	372.26	2.30	0.36	2.30	3.0
北	立面 4	隔热铝合金窗（窗框窗洞面积比 25%）6 中透光 Low-e＋12A＋6	10.35	2.30	0.24	2.30	4.0
标准条目		《建筑节能与可再生能源利用通用规范》GB 55015—2021 第 3.1.10 条温和地区甲类外窗传热系数的要求					
结论		满足					

太阳得热系数 *SHGC* 判断表（立面）　　　　　　　　　　表 7-32

朝向	立面	玻璃太阳得热系数	窗框系数	外遮阳系数 *SD*	立面窗墙面积比（包括透光幕墙）	综合太阳得热系数 *SHGC*	*SHGC* 限值
东	立面1	0.44	0.75	1.00	0.20	0.26	≤—
		0.44	0.75	1.00			
		0.44	0.75	1.00			
		0.44	0.75	1.00			
		0.44	0.75	1.00			
		0.44	0.75	0.70			
		0.44	0.75	0.70			
		0.44	0.75	0.71			
		0.44	0.75	0.70			
		0.44	0.75	0.70			
		0.44	0.75	0.70			
		0.44	0.75	0.70			
		0.44	0.75	0.70			
		0.44	0.75	0.70			
	立面2	0.44	0.75	1.00	0.24	0.26	≤0.44
		0.44	0.75	0.70			
		0.44	0.75	0.70			
		0.44	0.75	0.70			
西	立面3	0.44	0.75	1.00	0.36	0.33	≤0.40
		0.44	0.75	1.00			
		0.44	0.75	1.00			
北	立面4	0.44	0.75	0.80	0.24	0.28	≤0.48
		0.44	0.75	0.80			
		0.44	0.75	0.80			
		0.44	0.75	0.80			
标准条目		《建筑节能与可再生能源利用通用规范》GB 55015—2021 第 3.1.10 条温和地区甲类外窗太阳得热系数的要求					
结论		满足					

规定性指标判定情况　　　　　　　　　　表 7-33

序号	建筑构件	设计值	标准限值	是否达标
1	屋面满足《建筑节能与可再生能源利用通用规范》GB 55015—2021 第 3.1.10 条的要求	$K=0.49$	$K \leqslant 0.80$	满足

续表

序号	建筑构件	设计值	标准限值	是否达标
2	外墙满足《建筑节能与可再生能源利用通用规范》GB 55015—2021 第3.1.10条的要求	$K=0.86$	$K\leqslant1.50$	满足
3	外窗(含透明幕墙)传热系数满足《建筑节能与可再生能源利用通用规范》GB 55015—2021 第3.1.10条的要求	$K=2.30$	$K\leqslant3.0$	满足
4	外窗(含透明幕墙)太阳得热系数满足《建筑节能与可再生能源利用通用规范》GB 55015—2021 第3.1.10条的要求	0.33	$\leqslant0.40$	满足

7.5.2　居住建筑

项目名称：云南省昆明市某住宅楼

项目地点：云南省昆明市

建筑性质：居住建筑——住宅

建筑层数：3层

建筑高度：9.60m

建筑面积：651.54m²

标准依据：

(1)《建筑节能与可再生能源利用通用规范》GB 55015—2021；

(2)《民用建筑热工设计规范》GB 50176—2016；

(3)《建筑外门窗气密、水密、抗风压性能检测方法》GB/T 7106—2019；

(4)《建筑幕墙、门窗通用技术条件》GB/T 31433—2015；

模型效果图见图7-10。

围护结构做法主要包括（表7-34~表7-36）：

(1) 屋面构造类型：细石混凝土（内配筋）（40.0mm）＋无纺聚氨酯纤维隔离层（1.0mm）＋B1级难燃性挤塑聚苯板保温层（70.0mm）＋1：3水泥砂浆保护层（20.0mm）＋合成高分子防水卷材（1.5mm）＋1.5厚聚合物水泥防水涂料（1.5mm）＋1：3水泥砂浆找平层（20.0mm）＋钢筋混凝土（板底原浆赶光）（120.0mm）；

(2) 外墙构造类型：水泥砂浆（20.0mm）＋玻化微珠保温砂浆浆料（45.0mm）＋加气混凝土砌块B07（200.0mm）＋水泥砂浆（20.0mm）；

(3) 热桥柱及热桥梁、热桥过梁、热桥楼板构造类型：水泥砂浆（20.0mm）＋玻化微珠保温砂浆浆料（45.0mm）＋钢筋混凝土（200.0mm）＋水泥砂浆（20.0mm）；

(4) 楼板构造参数：无机轻集料保温砂浆Ⅰ型（20.0mm）＋钢筋混凝土（120.0mm）＋无机轻集料保温砂浆Ⅰ型（20.0mm）；

(5) 外窗构造类型：隔热铝合金窗（窗框窗洞面积比25%）6中透光Low-e＋12A＋6。

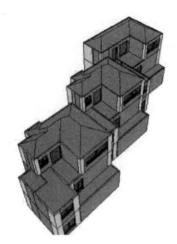

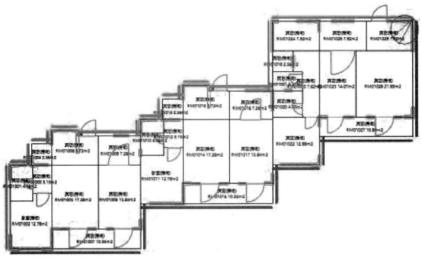

图 7-10　三维效果图和二层平面图（某住宅楼）

外窗开间综合太阳得热系数判断表　　　　　　　　　　　　　　　　表 7-34

朝向	楼层号	房间名	开间窗墙比	夏季综合太阳得热系数	冬季综合太阳得热系数	夏季综合太阳得热系数限值	冬季综合太阳得热系数限值
东	普通层 3	其他 RM03014	0.38	0.33	0.33	—	—
西	普通层 2	其他 RM02004	0.30	0.33	0.33	—	—
标准条目	《建筑节能与可再生能源利用通用规范》GB 55015—2021 表 3.1.9-5 温和A 区外窗太阳得热系数						
结论	满足						

规定性指标判定情况　　　　　　　　　　　　　　　　　　　　　　表 7-35

序号	建筑构件	设计值	标准限值	是否达标
1	体形系数满足《建筑节能与可再生能源利用通用规范》GB 55015—2021 表 3.1.2 的要求	0.53	≤0.60	满足

续表

序号	建筑构件	设计值	标准限值	是否达标
2	屋面传热系数满足《建筑节能与可再生能源利用通用规范》GB 55015—2021 表 3.1.8-10 的要求	$K=0.40$	$K\leqslant0.40$	满足
3	外墙传热系数满足《建筑节能与可再生能源利用通用规范》GB 55015—2021 表 3.1.8-10 的要求	$K=0.98$	$K\leqslant1.00$	满足
4	窗墙面积比满足《建筑节能与可再生能源利用通用规范》GB 55015—2021 表 3.1.4 的要求	0.38	$\leqslant0.35$	满足
5	外窗传热系数满足《建筑节能与可再生能源利用通用规范》GB 55015—2021 表 3.1.9-5 的要求	$K=2.30$	$K\leqslant2.5$	满足
6	外窗太阳得热系数满足《建筑节能与可再生能源利用通用规范》GB 55015—2021 表 3.1.9-5 的要求	0.33/0.33	$\leqslant-/\geqslant-$	满足
7	窗地面积比满足《建筑节能与可再生能源利用通用规范》GB 55015—2021 第 3.1.18 条的要求	0.31	$\geqslant0.14$	满足
8	外窗可开启面积与房间地面面积之比满足《建筑节能与可再生能源利用通用规范》GB 55015—2021 第 3.1.14 条的要求	0.20	$\geqslant0.05$	满足
9	外窗气密性等级满足《建筑节能与可再生能源利用通用规范》GB 55015—2021 第 3.1.16 条的要求	6 级	$\geqslant6$ 级	满足
10	楼板传热系数满足《建筑节能与可再生能源利用通用规范》GB 55015—2021 表 3.1.8-10 的要求	$K=1.24$	$K\leqslant1.80$	满足
11	户门传热系数不满足《建筑节能与可再生能源利用通用规范》GB 55015—2021 表 3.1.8-10 的要求	$K=2.20$	$K\leqslant2.00$	不满足
12	外窗可见光透射比满足《建筑节能与可再生能源利用通用规范》GB 55015—2021 第 3.1.17 条的要求	0.62	$\geqslant0.40$	满足

强制性条文判定情况 表 7-36

序号	建筑构件	设计值	标准限值	是否达标
1	屋面传热系数	$K=0.40$	$K\leqslant0.40$	满足
2	外墙传热系数	$K=0.98$	$K\leqslant1.00$	满足
3	外窗传热系数	$K=2.30$	$K\leqslant3.20$	满足
4	窗地面积比	0.31	$\geqslant0.14$	满足
5	外窗可开启面积与房间地面面积之比	0.20	$\geqslant0.05$	满足
6	外窗气密性等级	6 级	$\geqslant6$ 级	满足
7	外窗可见光透射比	0.62	$\geqslant0.40$	满足

第8章 附录

8.1 通用规范及其他相关标准

《建筑节能与可再生能源利用通用规范》GB 55015—2021

《严寒和寒冷地区居住建筑节能设计标准》JGJ 26—2010

《夏热冬冷地区居住建筑节能设计标准》JGJ 134—2010

《夏热冬暖地区居住建筑节能设计标准》JGJ 75—2012

《温和地区居住建筑节能设计标准》JGJ 475—2019

《公共建筑节能设计标准》GB 50189—2015

《民用建筑热工设计规范》GB 50176—2016

《建筑外门窗气密、水密、抗风压性能检测方法》GB/T 7106—2019

《建筑幕墙、门窗通用技术条件》GB/T 31433—2015

《建筑环境通用规范》GB 55016—2021

《民用建筑热工设计规范》GB 50176—2016

《绿色建筑评价标准》GB/T50378—2019

《建筑幕墙》GB/T 21086—2007

《民用建筑隔声设计规范》GB 50118—2010

《建筑隔声评价标准》GB/T 50121—2005

《建筑声学设计手册》（中国建筑工业出版社出版，中国建筑科学研究院建筑物理研究所主编，出版时间 1987 年）

《建筑隔声设计—空气声隔声技术》（中国建筑工业出版社出版，康玉成主编，出版时间 2004 年）

《建筑隔声与吸声构造》08J931

《室内空气质量标准》GB/T 18883

《住宅建筑室内装修污染控制技术标准》JGJ/T 436—2018

《公共建筑室内空气质量控制设计标准》JGJ/T 461—2019

《绿色建筑评价技术细则 2019》

《建筑照明设计标准》GB 50034—2013

《采光测量方法》GB/T 5699—2008

《建筑采光设计标准》GB 50033—2013

《民用建筑绿色性能计算标准》JGJ/T 449—2018

《城市居住区规划设计标准》GB 50180—2018

8.2 部分地区通用规范审查模板

8.2.1 云南省通用规范相关报审模板（2022 年版）（表 8-1）

云南省民用建筑节能工程设计审查登记表 表 8-1

一、工程概况						
建设单位				设计单位		
项目名称				建设地点		
单体名称				建筑类型	□居住建筑 □公共建筑	
建筑朝向	北向角度 °			建筑面积	（m²）	
建筑层数	（地下/地上）			建筑节能率	%	
建筑建造碳排放量	t CO₂	建筑运行碳排放量	t CO₂	建筑拆除碳排放量	t CO₂	碳汇 / t CO₂
主要适用节能设计标准	□建筑节能与可再生能源利用通用规范 GB 55015—2021 □云南省民用建筑节能设计标准 DBJ 53/T-39—2020 □公共建筑节能设计标准 GB 50189—2015 □温和地区居住建筑节能设计标准 JGJ 475—2019 □严寒和寒冷地区居住建筑节能设计标准 JGJ 26—2018 □夏热冬冷地区居住建筑节能设计标准 JGJ 134—2010 □夏热冬暖地区居住建筑节能设计标准 JGJ 75—2012			热工设计分区 / 结构形式		

二、建筑与建筑热工节能措施基本情况

主要节能措施	屋顶保温材料及厚度		隔热措施	□有□无
	外墙保温材料及厚度		外墙颜色	□深□浅
	外窗窗玻璃材料及厚度			
	外窗窗框材料	□铝合金普通 □铝合金断热 □塑钢 □塑料	□其他：	
	外窗遮阳	□外遮阳 □内遮阳 □活动 □固定	□其他：	

续表

围护结构热工性能指标	是否符合规定限值	计算结果: 区 建筑围护结构热工计算结果汇总表										
			体形系数	屋面	外墙	外窗	天窗	架空楼板	分户墙	楼板	地面	地下室外墙	总体评价
		□是 □否 □无要求	□无此项 □是 □否	□是 □否 □无要求	□是 □否 □无要求	□无此项 □是 □否 □无要求	□无此项 □是 □否 □无要求	□无此项 □是 □否 □无要求	□无此项 □是 □否 □无要求	□无此项 □是 □否 □无要求	□无此项 □是 □否 □无要求	□符合 □有不符合项,需进行权衡判断
	权衡判断	□全年总耗电量(kWh/m²) □全年供暖耗电量(kWh/m²) □全年供冷耗电量(kWh/m²)	对比评定法		设计建筑						参照建筑		

三、建筑用能系统节能措施基本情况

供暖通风空调系统	系统分类	□集中 □分散 □复合	系统形式	□全空气 □空气-水 □多联机 □其他
	负荷计算	□计算参数合规 □冷热负荷已计算 □计算结果已统计整理并与设备选型对应		
	能源方式	□电力 □油、气 □复合 □其他	总装机容量	(供热/制冷)kW
	主机设备能效指标	锅炉名义工况下的热效率: % 直燃型溴化锂吸收式冷(温)水机组 性能系数: (w/w)	冷水/热泵机组 COP 值: 冷水/热泵机组 IPLV 值:	风冷单冷型单元式空调 SEER 值: 风冷热泵型单元式空调 APF 值: 水冷单元式空调 IPLV 值:
		水冷多联空调(热泵)机组 IPLV 值: 风冷多联空调(热泵)机组 APF 值:		热泵型房间空调 APF 值: 单冷式房间空调 SEER 值:
	其他节能技术措施	□地源热泵系统 □光伏直驱空调系统 □太阳能热水辐射供暖 □新风供暖 □中庭通风 □合理划分风系统,服务半径小于 60m □大房间采用全空气系统,其最大总新风比为 % □热回收 □其他:		
	负荷指标	热负荷 /冷负荷 (W/m² 供暖空调区域实际面积)		
给水排水系统	给水设计	□用水量设计合规 □市政直供 □加压供水 □分区供水 □采用节水器具		
	热水供应	□余热废热 □太阳能 □太阳能+辅助热源 □空气源/地源热泵 □其他		
	排水设计	□中水利用 □雨水利用		
建筑电气系统	供配电	□低压供电半径合规 □三相电流不平衡度合规 □电力变压器、电动机、交流接触器和照明产品的能效水平合规		
	照明	□功率密度值合规 □采用节能灯具	照明控制	□分区 □分组 □光电 □自熄 □智能
	集中监控	□通风 □空调 □变配电 □照明 □给水排水 □冷热源 □电梯 □自动扶梯		
	电能计量与管理	□分项 □分区 □分户 □可再生能源计量独立设置 □能耗监测系统		
可再生能源建筑应用		□太阳能光热系统 □太阳能光伏系统 □太阳能光伏光热系统 □地源热泵系统 □空气源热泵系统 □其他可再生能源系统:		

续表

设计单位内部审核综合结论	□填报内容属实并与设计图纸内容一致 □各专业施工图节能设计符合国家和地方相关标准的要求 □设计文件中不存在违反节能强制性标准的情况 负责人：	（盖章） 年　月　日
施工图审查机构审查意见	负责人：	（盖章） 年　月　日

8.2.2　广州市通用规范相关报审模板（2022 年版）（表 8-2～表 8-4）

夏热冬暖地区甲类公共建筑节能设计、审查表（按性能化指标）　　表 8-2

工程名称：_____　层数（地上）：_____　（地下）：_____　总建筑面积：_____

序号	围护结构内容		参照建筑指标	序号	围护结构内容		参照建筑指标		
1	屋顶	传热系数 K [W/(m²·K)]	$K=0.40$	6	外窗（包括透明幕墙）	单一立面窗墙面积比 C_m / 传热系数 K 综合太阳得热系数 $SHGC$	单一立面窗墙面积比 C_m	传热系数	太阳得热系数 东、南、西向	北向
		太阳辐射吸收系数 ρ	$\rho=0.8$				$C_m \leqslant 0.20$	4.00	0.40	0.40
2	外墙	传热系数 K [W/(m²·K)] 热惰性指标 D	$K=1.5$, $D=2.5$				$0.20<C_m\leqslant0.30$	3.00	0.35	0.40
							$0.30<C_m\leqslant0.40$	2.50	0.30	0.35
		太阳辐射吸收系数 ρ	$\rho=0.8$				$0.40<C_m\leqslant0.50$	2.50	0.25	0.30
3	屋顶透明部分（水平天窗、采光顶）	传热系数 K [W/(m²·K)]	$K=2.5$				$0.50<C_m\leqslant0.60$	2.40	0.20	0.25
		太阳得热系数 $SHGC$	$SHGC=0.25$				$0.60<C_m\leqslant0.70$	2.40	0.20	0.25
		天窗面积	所设计建筑天窗面积，但不超过10%				$0.70<C_m\leqslant0.80$	2.40	0.18	0.24
							$C_m>0.80$	2.0	0.18	0.18
4	室外架空板	传热系数 K [W/(m²·K)]	$K=0.7$			各立面窗墙面积比	所设计建筑该立面窗墙面积比		
5	权衡计算规定	按照 GB 55015—2021 附录 C 确定设备类型、设备运行时间表、室内空调温度、照明功率密度、照明开关时间表、人员密度、人员在室率、人均新风量、新风运行情况、电器功率密度、电器逐时使用率；根据设备类型确定空调能效比；室外计算气象参数采用当地典型气象年								

续表

序号	设计审查内容			设计要求	设计值	节能措施	节能判断(审查人填写)
1	屋顶	传热系数[W/(m²·K)]		$K \leqslant 0.40$	4	5	
		屋面平均太阳辐射吸收系数 ρ			6		
2	外墙(包括非透明幕墙)	传热系数[W/(m²·K)]		$K \leqslant 1.5$	7	8	
		平均热惰性指标 D			9		
		外墙平均太阳辐射吸收系数 ρ			10		
3	架空楼板	$K \leqslant 0.7$			11	12	
4	外窗(包括透明幕墙)	东向最不利单一立面窗墙面积比 C_m			13	14	
		南向最不利单一立面窗墙面积比 C_m			15		
		西向最不利单一立面窗墙面积比 C_m			16		
		北向最不利单一立面窗墙面积比 C_m			17		
		传热系数 K	单一立面窗墙面积比≤0.40,$K \leqslant 3.0$;		18		
			$0.4<$单一立面窗墙面积比≤0.70,$K \leqslant 2.2$		19		
			单一立面窗墙面积比>0.70,$K \leqslant 2.1$		20		
		最不利单一立面综合太阳得热系数	单一立面窗墙面积比≥0.40,$SHGC \leqslant 0.40$		21		
		非中空玻璃面积比	入口大堂全玻幕墙中非中空玻璃的面积≤同一立面透光面积(门窗和玻璃幕墙)的15%		22		
		可开启部分最小面积	≥房间外墙面积(包括窗)的10%;透明幕墙应具有可开启部分或设有独立的通风换气装置		23		
		气密性能	幕墙	不低于 GB/T 21086—2007 规定的 3 级	24		
			外窗	10 层及以上建筑:不低于 GB/T 7106—2019 规定的 7 级;10 层以下建筑:不低于 GB/T 7106—2019 规定的 6 级	10层以下:25		
					10层及以上:26		
		遮阳措施	幕墙、外窗	东向	27		
				南向	28		
				西向	29		
5	屋顶透明部分(水平天窗、采光顶)	面积占屋顶面积的比例≤20%			30	31	
		传热系数 $K \leqslant 3.5$			32		
		太阳得热系数 $SHGC \leqslant 0.2$			33		

序号	设计审查内容			设计要求	设计值	节能措施	节能判断(审查人填写)
6	权衡计算	空调年能耗		参照建筑＝　34　kWh/m²	35		
7	暖通空调	负荷计算		施工图设计阶段必须进行逐项逐时的冷负荷计算			
		设备		暖通空调系统性能参数符合 GB 55015—2021 第 3.2 节要求			
		锅炉		锅炉的额定热效率应符合 GB 55015—2021 第 3.2.5 条			
8	电气	电能监测与计量		公共建筑用电分项计量应符合 GB 55015—2021 第 3.3.5 条及 GB 50189—2015 第 6.4.3 条			
		照明功率密度值		应符合《建筑照明设计标准》GB 50034 及 GB 55015—2021 第 3.3.7 条的有关规定			
9	其他节能措施	规划、朝向					
		自然通风					
		空调系统(包括室外空调机布置)					
		电梯					
		智能监控					
10	可再生能源利用	太阳能利用措施					
		其他可再生能源利用措施					
11	碳排放强度降低量			kgCO₂/(m² · a)			

设计单位		节能专项设计人	建筑		年　月　日
			暖通		
			电气		
		节能专项校审人	建筑		年　月　日
			暖通		
			电气		
节能审查意见					
节能审查单位		节能专项审查人	建筑		年　月　日
			暖通		
			电气		

夏热冬暖地区（南区）居住建筑节能设计、审查表（按规定性指标）　表 8-3

工程名称：_____　层数：（地上）_____　　（地下）_____　　总建筑面积：_____

序号	审查内容		规定指标				设计指标		节能措施	节能判断（审查人填写）
1	屋顶	平均传热系数 [W/(m²·K)]	$K \leqslant 0.4$				4		5	
2	外墙	平均传热系数 [W/(m²·K)]、平均热惰性指标 D	$K \leqslant 0.7, D \leqslant 2.5$ $K \leqslant 1.5, D > 2.5$				东向 K:6	东向 D:7	8	
							南向 K:9	南向 D:10		
							西向 K:11	西向 D:12		
							北向 K:14	北向 D:15		
3	窗墙面积比	各开间窗墙面积比	东向	南向	西向	北向	东向:16		17	
			$\leqslant 0.30$	$\leqslant 0.40$	$\leqslant 0.30$	$\leqslant 0.40$	南向:18			
							西向:19			
							北向:20			
		单一房间的一个朝向窗墙面积比 C_m	$\leqslant 0.60$				东向:21			
							南向:22			
							西向:23			
							北向:24			
		主要房间窗地面积比	满足 GB 55015—2021 附录 B.0.3 规定及第 3.1.18 条				最不利窗地面积比:25			
4	天窗	天窗面积占屋顶面积比例	$\leqslant 4\%$				26		27	
		传热系数 K [W/(m²·K)]	$\leqslant 3.50$				28			
		夏季太阳得热系数 $SHGC$	$\leqslant 0.20$				29			
5	外窗（含阳台门透明部分）	外窗	传热系数 K [W/(m²·K)]	夏季太阳得热系数 $SHGC$（西向/东、南向/北向）			—		30	
		$C_m \leqslant 0.25$	$\leqslant 3.5$	$\leqslant 0.30/\leqslant 0.35/\leqslant 0.35$			31	32		
		$0.25 < C_m \leqslant 0.35$	$\leqslant 3.5$	$\leqslant 0.25/\leqslant 0.30/\leqslant 0.30$			33	34		
		$0.35 < C_m \leqslant 0.40$	$\leqslant 3.0$	$\leqslant 0.20/\leqslant 0.30/\leqslant 0.30$			35	36		

续表

序号	审查内容		规定指标		设计指标		节能措施	节能判断（审查人填写）
5	外窗（含阳台门透明部分）	外遮阳系数	东向	西向	东向:37		30	
			≤0.8	≤0.8	西向:38			
		玻璃可见光透射比	≥0.4		39			
		通风开口面积	不小于外窗所在房间地面面积的 10% 或外窗面积的 45%		最不利开地比:40			
					外窗开启比例:41			
		气密性 q_0 [$m^3/(m \cdot h)$]	满足 GB 55015—2021 第 3.1.16 条		42			
6	其他节能措施	区域规划						
		自然通风						
		集中空调						
		室外空调机布置						
		智能监控						
		电梯						
7	可再生能源利用	太阳能利用措施						
		其他可再生能源利用措施						
8	碳排放强度降低量				$kgCO_2/(m^2 \cdot a)$			

设计单位		节能专项设计人	建筑	
			暖通	年 月 日
			电气	
		节能专项校审人	建筑	
			暖通	年 月 日
			电气	

节能审查意见	

节能审查单位		节能专项审查人	建筑	
			暖通	年 月 日
			电气	

夏热冬暖地区（南区）居住建筑节能设计、审查表（按性能化指标） 表 8-4

工程名称：＿＿＿＿＿＿ 层数：（地上）＿＿＿＿＿＿ （地下）＿＿＿＿＿＿ 总建筑面积：＿＿＿＿＿＿

序号	围护结构内容		参照建筑指标	序号	围护结构内容			参照建筑指标	
1	屋顶	传热系数 K [W/(m²·K)]	$K=0.4$	4	外窗（含阳台门透明部分）	平均窗墙面积比 C_m		传热系数 K	夏季太阳得热系数 $SHGC$（西向/东、南向/北向）
		太阳辐射吸收系数 ρ	$\rho=0.7$			综合遮阳系数 SW	$C_m \leqslant 0.25$	3.5	0.30/0.35/0.35
2	外墙	传热系数 K [W/(m²·K)]	$K=1.5$, $D=2.5$				$0.25 < C_m \leqslant 0.35$	3.5	0.25/0.30/0.30
		热惰性指标 D					$0.35 < C_m \leqslant 0.40$	3.0	0.20/0.30/0.30
		太阳辐射吸收系数 ρ	$\rho=0.7$						
3	天窗	传热系数 K [W/(m²·K)]	3.5			各个朝向面积			所设计建筑该朝向外窗面积，但不超过该朝向外窗面积的规范限值
		夏季太阳得热系数 $SHGC$	0.2						
		天窗面积	所设计建筑天窗面积，但不超过4%						
4	计算条件	室内计算温度为26℃(空调)/18℃(供暖)；室内换气次数1.0次/h；空调额定能效比3.6；室内无照明等其他得热；室外计算气象参数采用当地典型气象年							

序号	设计审查内容		设计要求	设计值		节能措施	节能判断（审查人填写）
1	屋顶建筑节能设计综合评价	平均传热系数 [W/(m²·K)]	$K \leqslant 0.4$	4		5	
		平均太阳辐射吸收系数 ρ		6			
2	墙体	平均传热系数 K、外墙平均热惰性指标 D	$K \leqslant 0.7, D \leqslant 2.5$ $K \leqslant 1.5, D > 2.5$(东西) $K=2.0, D>2.5$(南北)	东向 K:7	东向 D:8	9	
				南向 K:10	南向 D:11		
				西向 K:12	西向 D:13		
				北向 K:14	北向 D:15		
		外墙平均太阳辐射吸收系数 ρ		16			
3	外窗	传热系数 K		窗墙面积比	最不利 K	17	
				$C_m \leqslant 0.25$	18		
				$0.25 < C_m \leqslant 0.35$	19		
				$0.35 < C_m \leqslant 0.40$	20		
		主要房间窗地面积比	满足 GB 55015—2021 附录 B.0.3 规定及第 3.1.18 条	最不利窗地面积比:21			

续表

序号	设计审查内容		设计要求	设计值		节能措施	节能判断（审查人填写）
3	外窗	外遮阳系数	东西向外窗的外遮阳系数 $SD \leqslant 0.8$	东向：22		17	
				西向：23			
		玻璃可见光透射比	$\geqslant 0.40$	24			
		通风开口面积	$\geqslant$ 外窗所在房间地面积的10%或该外窗面积的45%	最不利开地比：25			
				外窗开启比例：26			
		气密性 q_0 [m³/(m·h)]	满足 GB 55015—2021 第3.1.16条	27			
4	天窗	传热系数 K [W/(m²·K)]	$\leqslant 3.5$	28		29	
		面积占屋面面积的比例	$\leqslant 4\%$	30			
		夏季太阳得热系数 $SHGC \leqslant 0.2$		31			
5	权衡结果	(1)空调年耗电指数	参照建筑 ECFc.ref=	$ECFc=$			
		或(2)空调年耗电量	参照建筑 EC.ref=32 kWh/m²	$EC=33$			
6	其他节能措施	区域规划					
		自然通风					
		集中空调					
		室外空调机布置					
		智能监控					
		电梯					
7	可再生能源利用	太阳能利用措施					
		其他可再生能源利用措施					
8	碳排放强度降低量			kgCO₂/(m²·a)			

设计单位		节能专项设计人	建筑		年 月 日
			暖通		
			电气		
		节能专项校审人	建筑		年 月 日
			暖通		
			电气		
节能审查意见					
节能审查单位		节能专项审查人	建筑		年 月 日
			暖通		
			电气		

251

8.2.3 湖北省通用规范相关报审模板（2022年版）（表8-5、表8-6）

公共建筑节能设计审查信息表 表8-5

项目所在区：
公共建筑分类：甲类□ 乙类□

建设单位名称				设计单位名称			
建设项目名称				建筑单体名称			
建设项目地址				建筑面积(m²)		高度(m)	
建设单位联系人		联系电话		结构类型		层数	
工程类型			政府投资工程□ 房开项目□				
绿色建筑等级	基本级□ 一星级□ 二星级□ 三星级□	建筑能耗综合值[kWh/(m²·a)]		装配式建筑	钢结构□ 混凝土结构□ 木结构□ 其他_____ 否□		
		碳排放强度[kgCO₂/(m²·a)]					
采用的可再生能源技术	太阳能热水系统□ 地源热泵系统□ 空气源热水系统□ 余热回收系统□ 太阳能光伏系统□ 其他_____			应用面积(m²)			
				装机容量(MW)	（当采用太阳能光伏系统时填写）		

		项目		传热系数 K 标准限值[W/(m²·K)]		传热系数 K 设计值[W/(m²·K)]		
施工图设计执行现行公共建筑节能设计标准及相关规定等情况	外围护结构部位（甲类）	屋面		≤0.40				
		外墙（包括非透光墙）	围护结构热惰性指标 D≤2.5	≤0.60				
			围护结构热惰性指标 D＞2.5	≤0.80				
		底面接触室外空气的架空或外挑楼板		≤0.70				
		单一立面外窗（包括透光幕墙）	单一立面外窗（包括透光幕墙）窗墙面积比	传热系数 K 标准限值[W/(m²·K)]	太阳得热系数 SHGC 限值(东、南、西向/北向)	传热系数 K 设计值[W/(m²·K)]	太阳得热系数 SHGC 设计值(东、南、西向/北向)	遮阳措施
			窗墙面积比≤0.20	≤3.00	≤0.45		示例:设计值(朝向);设计值(朝向)	
			0.20＜窗墙面积比≤0.30	≤2.60	≤0.40/0.45			
			0.30＜窗墙面积比≤0.40	≤2.20	≤0.35/0.40			

施工图设计执行现行公共建筑节能设计标准及相关规定等情况	外围护结构部位（甲类）	单一立面外窗（包括透光幕墙）	单一立面外窗（包括透光幕墙）窗墙面积比	传热系数 K 标准限值 $[W/(m^2 \cdot K)]$	太阳得热系数 $SHGC$ 限值（东、南、西向/北向）	传热系数 K 设计值 $[W/(m^2 \cdot K)]$	太阳得热系数 $SHGC$ 设计值（东、南、西向/北向）	遮阳措施
			0.40＜窗墙面积比≤0.50	≤2.20	≤0.30/0.35			
			0.50＜窗墙面积比≤0.60	≤2.10	≤0.30/0.35			
			0.60＜窗墙面积比≤0.70	≤2.10	≤0.25/0.30			
			0.70＜窗墙面积比≤0.80	≤2.00	≤0.25/0.30			
			窗墙面积比＞0.80	≤1.80	≤0.20			
		屋顶透明部分（屋顶透明部分面积≤20%）		≤2.20	≤0.30			

	围护结构热工性能权衡判断	参照建筑物的供暖和空气调节能耗（kWh/m²）					
		设计建筑物的供暖和空气调节能耗（kWh/m²）					

	外围护结构部位（乙类）	项目	传热系数 K 标准限值 $[W/(m^2 \cdot K)]$		传热系数 K 设计值 $[W/(m^2 \cdot K)]$	
		屋面	≤0.60			
		外墙	≤1.00			
		底面接触室外空气的架空或外挑楼板	≤1.00			

		外窗	传热系数 K 标准限值 $[W/(m^2 \cdot K)]$	太阳得热系数 $SHGC$ 限值（东、南、西向/北向）	传热系数 K 设计值 $[W/(m^2 \cdot K)]$	太阳得热系数 $SHGC$ 设计值（东、南、西向/北向）
		单一立面外窗（包括透光幕墙）	≤3.00	≤0.45		
		屋面透光部分（屋顶透明部分面积≤20%）	≤3.00	≤0.35		

续表

主要节能措施	外墙(含热桥部位)	保温型式	外保温□ 内保温□ 自保温□ 夹心保温□ 其他_____					
		保温材料种类	EPS板□ XPS板□ 岩棉□ 其他_____			设计厚度		(mm)
		保温材料性能(干燥状态)	干密度(kg/m³)		导热系数[W/(m·K)]	燃烧性能		
						抗拉强度		
		构造做法						
	屋面(含热桥部位)	保温材料种类	EPS板□ XPS板□ 泡沫混凝土制品□ 蒸压加气混凝土砌块□ 其他_____			选用厚度		(mm)
		保温材料性能(干燥状态)	干密度(kg/m³)		导热系数[W/(m·K)]	燃烧性能		
						强度		
		构造做法						
	外窗(包括透光幕墙)	窗框型材	铝合金隔热型材□ 塑料型材□ 其他_____					
		窗玻璃材料	Low-E中空玻璃□ 三玻两腔中空玻璃□ 其他_____					
		窗玻璃构造和厚度	示例:6Low-E+9A+6、6+12Ar+6(Ar-氩气,A-空气)			气密性等级		
	架空或外挑楼板	保温材料种类	XPS板□ 全轻混凝土□ EPS板□ 其他_____			选用厚度		(mm)
		保温材料性能(干燥状态)	干密度(kg/m³)		导热系数[W/(m·K)]	燃烧性能		
						强度		
		构造做法						

墙材选用	外墙材料种类(干密度、强度)		选用厚度	(mm)	内墙材料种类(干密度、强度)		选用厚度	(mm)

结论	屋面	外墙	架空或外挑楼板	屋顶透明部分			外窗(包括透光幕墙)					气密性能		围护结构热工性能权衡判断
				传热系数	太阳得热系数	面积百分比	窗墙面积比	传热系数	太阳得热系数	可见光透射	开启面积	外窗	透明幕墙	
★是否符合标准	是□否□	是□否□	是□否□	是□否□	是□否□	是□否□	是□否□	是□否□	是□否□	是□否□	是□否□	是□否□	是□否□	是□否□

供暖通风与空调系统	冷热源设备	锅炉设备	序号	热源类型	燃料品种	台数	单台额定制热量(kW)	热效率(%)
			1					
			2					
			3					

续表

							综合部分负荷系数 IPLV (W/W)
供暖通风与空调系统	冷热源设备	冷水(热泵)机组	序号	机组类型	单台额定制冷量(kW)	台数	制冷性能系数 COP (W/W)
			1				
			2				
			3				

		序号	机组类型	名义制冷量(CC)	台数	APF(Wh/Wh)□ IPLV(W/W)□
多联式空调(热泵)机组		1	风冷式□　水冷式□			
		2	风冷式□　水冷式□			
		3	风冷式□　水冷式□			

	序号	机组类型	性能系数　SEER□　APF□　IPLV□
单元式空气调节机组	1	风冷式□　水冷式□　接风管□　不接风管□	
	2	风冷式□　水冷式□　接风管□　不接风管□	
	3	风冷式□　水冷式□　接风管□　不接风管□	

	序号	机组类型	台数(个)	性能参数		
				单位制冷量蒸汽耗量 [kg/(kW·h)]	制冷性能系数 (W/W)	供热性能系数 (W/W)
直燃型溴化锂吸收式机组	1					
	2					
	3					

风机效率等级	＿＿＿＿＿	是否满足节能评价值	是□　否□
水泵效率	＿＿＿＿＿%	是否满足节能评价值	是□　否□

		序号	房间类型	照度标准值(Lx)	照明功率密度限值(W/m²)	照度设计值(Lx)	照明功率密度设计值(W/m²)
电气系统	建筑照明设计	1					
		2					
		3					

变压器能效等级		灯具能效等级		是否设置建筑设备监控系统	是□　否□

给水排水系统	给水泵效率	＿＿＿＿＿%	是否满足节能评价值	是□ 否□
	热泵热水机性能系数 COP(W/W)	＿＿＿＿＿	是否满足节能评价值	是□ 否□

续表

★基本级绿色建筑技术指标	绿色建筑设计	专业类别	场地规划设计	建筑设计	结构设计	暖通空调设计	给水排水设计	电气设计
		条文数量	共 项	共 项	共 项	共 项	共 项	共 项
		不参评条文（项）						
		不参评条文号						
		达标条文(项)						
		是否满足要求	是□ 否□	是□ 否□	是□ 否□	是□ 否□	是□ 否□	是□ 否□

星级绿色建筑技术措施	绿色建筑设计	前置条件		
		技术要求	是否符合标准要求	
		1. 各类指标的评分项得分均不小于该评分项满分值的30%	是□ 否□	
		2. 项目全装修，全装修工程质量、选用材料及产品质量符合国家现行有关标准的规定	是□ 否□	
		3. 围护结构热工性能的提高比例或建筑供暖空调负荷降低比例	围护结构热工性能提高比例	5%□ 10%□ 20%□
			建筑供暖空调负荷降低比例	5%□ 10%□ 15%□
		4. 节水器具用水效率	3级□	是□ 否□
			2级□	
		5. 室内主要空气污染物浓度降低比例	10%□	是□ 否□
			20%□	
		6. 外窗气密性符合国家现行相关节能设计标准规定，且外窗洞口与外窗本体结合部位应严密	是□ 否□	

得分情况

指标　得分	控制项基础分值	评价指标体系评分项					提高与创新项加分值
		安全耐久	健康舒适	生活便利	资源节约	环境宜居	
评价分值	400	100	100	70	200	100	100
自评分值							
总得分							
设计星级	一星级□ 二星级□ 三星级□						

注：1. 总得分＝（控制项基础分值＋评价指标体系得分）/10
2. 当前置条件全部满足且总得分分别达到60分、70分和85分时，项目可分别满足《绿色建筑评价标准》GB/T 50378—2019一星级、二星级和三星级的要求

技术措施	
提高与创新措施	

图审意见：

图审机构(盖章)

填表日期：　　年　　月　　日

填写说明：

1. 本表非"★"部分由设计单位填写，建设单位报施工图审查时应一并提交纸质版及电子版，"★"部分由图审单位填写。

2. 本表按建筑单体工程项目填写。

3. 建筑能耗综合值按照《近零能耗建筑技术标准》GB/T 51350—2019 附录 A"能效指标计算方法"进行计算，可按建筑能耗分析报告的结论填写。

4. 碳排放强度按建筑碳排放分析报告的结论填写。

5. "基本级绿色建筑技术指标"栏目按修订版《绿色建筑设计与工程验收标准》DB42/T 1319 的要求进行填写。

6. 项目总体定位为一星级、二星级和三星级的绿色建筑时，尚应填写"星级绿色建筑技术措施"栏目。

7. 图审意见包含项目施工图节能设计、绿色建筑设计专项审查情况、执行法规和标准情况以及违反强制性标准的情况。

居住建筑节能设计审查信息表   **表 8-6**

项目所在区：

气候区属：一区□　二区□

建设单位名称			(章)	设计单位名称		(章)
建设项目名称				建筑单体名称		
建设项目地址				建筑面积(m²)		高度(m)
建设单位联系人		联系电话		结构类型	层数	
工程类型		保障性住房□　政府投资工程□ 房开项目□		屋面和外墙外表面饰面材料太阳辐射吸收系数	≤0.7□　>0.7□	
绿色建筑	基本级□ 一星级□ 二星级□ 三星级□	建筑能耗综合值_____ [kWh/(m²·a)]		装配式建筑	钢结构□　混凝土结构□　木结构□ 其他_____　否□	
		碳排放强度_____ [kgCO₂/(m²·a)]				
采用的可再生能源技术		太阳能热水系统□　地源热泵系统□ 空气源热泵系统□　余热回收系统□ 太阳能光伏系统□　其他_____		应用面积(m²)		
				装机容量(MW)	(当采用太阳能光伏系统时填)	

续表

审查项目	指标					★是否符合标准规定（是打√ 否打×）
体形系数	（建筑朝向： ）					

<table>
<tr><td rowspan="36">施工图设计执行湖北省《低能耗居住建筑节能设计标准》的情况</td></tr>
</table>

	朝向	窗墙(地)面积比范围值	传热系数[W/(m²·K)]	太阳得热系数 SHGC		★是否符合标准规定
				夏季	冬季	—
外窗(含阳台门透明部分)	南					
	北					
	东					
	西					
	坡屋顶上的天窗					
	含有透明侧窗的凸窗					
	不设空调公共楼梯间、电梯间及电梯机房、外走廊及一层公共门厅的透明外门窗			—		
	可见光透射比					
	外窗气密性等级					
	各朝向外窗活动遮阳情况					
	各房间自然通风开口面积比例情况					
户门	传热系数		[W/(m²·K)]			
阳台门下部门芯板	传热系数		[W/(m²·K)]			
外墙(含热桥部位)	朝向	平均传热系数[W/(m²·K)]	热惰性指标			—
	南					
	北					
	东					
	西					
	凸窗顶板/底板/侧墙板的传热系数		[W/(m²·K)]			
分户墙/分隔供暖空调与不供暖空调空间的隔墙	传热系数		[W/(m²·K)]			
屋面(含热桥部位)	屋面种类	传热系数[W/(m²·K)]	热惰性指标			—
	1					
	2					

续表

施工图设计执行湖北省《低能耗居住建筑节能设计标准》的情况	楼板	分层楼板	传热系数	[W/(m²·K)]	
		底部接触室外空气的架空或外挑楼板		[W/(m²·K)]	
		封闭式不供暖空调架空层的顶板或楼板;与公共建筑直接衔接的楼板		[W/(m²·K)]	
		封闭式不供暖空调地下室和半地下室的顶板		[W/(m²·K)]	
	供暖、通风、空调和燃气	集中供暖空调系统能源计量、分户计量及分室控温情况			
		燃气供暖热水炉热效率(%)			
		家用燃气灶具类型热效率(%)	η_1:＿＿＿＿　　η_2:＿＿＿＿		
		吸油烟机能效比			
		地下车库风机效率(%)		单位风量耗功率[W/(m³/h)]	
		空调机组额定制冷量(W)		性能系数	
		房间空调器额定制冷量(W)		(APF)□　(SEER)□	
		集中空调水系统循环水泵耗电输冷(热)比			
	给水排水	热泵热水机COP(W/W)			
		户式燃气热水器和供暖热水炉(生活热水)热效率(%)			
		户式电热水器能效指标			

建筑照明

序号	房间类型	照度标准值(lx)	照明功率密度限值(W/m²)	照度设计值(lx)	照明功率密度设计值(W/m²)
1					
2					

灯具

序号	类型	色温	灯具出光口形式	灯具效能限值	设计效能
1					
2					

（左侧栏：电气）

续表

围护结构主要节能措施	外墙(含热桥部位)	保温形式	自保温□ 外保温□ 内保温□ 内外复合保温系统□ 夹心保温□ 其他_____			
		保温材料种类	EPS板□ XPS板□ 岩棉板□ 其他_____		设计厚度	(mm)
		保温材料性能 (干燥状态)	干密度 (kg/m³)	导热系数 [W/(m·K)]	燃烧性能	
					抗拉强度	
		构造做法				
	屋面(含热桥部位)	保温材料种类	EPS板□ XPS板□ 泡沫混凝土制品□ 蒸压加气混凝土砌块□ 其他_____		设计厚度	(mm)
		保温材料性能 (干燥状态)	干密度 (kg/m³)	导热系数 [W/(m·K)]	燃烧性能	
					强度	
		构造做法				
	外窗	窗框型材	铝合金隔热型材□ 塑料型材□ 其他_____			
		窗玻璃种类	Low-E中空玻璃□ 三玻两腔中空玻璃□ 其他_____			
		窗玻璃构造和厚度	示例:6Low-E+9A+6、6+12Ar+6(Ar-氩气,A-空气)			
	楼地面	保温材料种类	全轻混凝土□ 泡沫混凝土□ 其他_____		选用厚度	(mm)
		保温材料性能 (干燥状态)	干密度 (kg/m³)	导热系数 [W/(m·K)]	燃烧性能	
					强度	
		构造做法				
	架空楼板	保温材料种类	XPS板□ 全轻混凝土□ EPS板□ 其他_____		选用厚度	(mm)
		保温材料性能 (干燥状态)	干密度 (kg/m³)	导热系数 [W/(m·K)]	燃烧性能	
					强度	
		构造做法				
暖通空调、给水排水、电气措施	冷热源	工业余热、废热或电联产热源□ 空气源热泵□ 地源热泵□ 吸收式冷(热)水机组□ 燃气供暖热水炉□ 家用燃气快速热水器□ 其他_____				
	通风形式	自然通风□ 新风系统□ 是否带排风热回收是□ 否□				
	空调机组	冷水(热泵)机组□ 蒸汽压缩循环冷水(热泵)机组□ 房间空调器(热泵型)□ 房间空调器(单冷式)□ 多联式空调(热泵)机组□				
	热水系统	集中生活热水系统□ 户式燃气热水器□ 供暖热水炉(热水)□ 热泵热水机□ 户式电热水器□ 其他_____				
	能源计量	供热量控制和计量装置(锅炉房、换热机房)□ 耗电量计量装置(锅炉房、换热机房和制冷机房)□ 燃料消耗量计量装置(锅炉房)□ 补水量计量装置(集中供暖、空调系统)□ 建筑入口能量计量装置(集中供暖、空调系统)□				
	分户计量	安装热计量表□ 预留热表安装位置□				
	照明灯具与镇流器	LED灯□ 荧光灯□ 金属卤化物灯□ 电子镇流器□ 节能型电感镇流器□ 其他_____				
	照明控制	分区分组□ 定时□ 自动感应□ 其他_____				
	主要电缆、电线选用规格					

续表

墙材选用	墙材种类	外墙材料		干密度等级		强度等级			选用厚度(mm)	
		内墙材料		干密度等级		强度等级			选用厚度(mm)	

★基本级绿色建筑技术指标	绿色建筑设计	条文数量 ／ 专业类别	场地规划设计	建筑设计	结构设计	暖通空调设计	给水排水设计	电气设计
			共 项	共 项	共 项	共 项	共 项	共 项
		不参评条文(项)						
		不参评条文号						
		达标条文(项)						
		是否满足要求	是□ 否□	是□ 否□	是□ 否□	是□ 否□	是□ 否□	是□ 否□

星级绿色建筑技术措施	绿色建筑设计	前置条件		
		技术要求		是否符合标准要求
		1. 各类指标的评分项得分均不小于该评分项满分值的30%		是□ 否□
		2. 项目全装修,全装修工程质量、选用材料及产品质量符合国家现行有关标准的规定		是□ 否□
		3. 围护结构热工性能的提高比例或建筑供暖空调负荷降低比例	围护结构热工性能提高比例	5%□ 10%□ 20%□
			建筑供暖空调负荷降低比例	5%□ 10%□ 15%□	是□ 否□
		4. 节水器具用水效率	3级□ 2级□	是□ 否□
		5. 住宅建筑隔声性能	—□	
			室外与卧室之间、分户墙(楼板)两侧卧室之间的空气声隔声性能以及卧室楼板的撞击声隔声性能达到低限标准值和高要求标准值的平均值□	是□ 否□
			室外与卧室之间、分户墙(楼板)两侧卧室之间的空气声隔声性能以及卧室楼板的撞击声隔声性能达到高要求标准值□	
		6. 室内主要空气污染物浓度降低比例	10%□ 20%□	是□ 否□
		7. 外窗气密性符合国家现行相关节能设计标准的规定,且外窗洞口与外窗本体的结合部位应严密		是□ 否□
		得分情况		

续表

	指标 得分	控制项基础分值	评价指标体系评分项					提高与创新项加分值
			安全耐久	健康舒适	生活便利	资源节约	环境宜居	
绿色建筑设计	评价分值	400	100	100	70	200	100	100
	自评分值							
	总得分							
	设计星级		一星级□ 二星级□ 三星级□					

注:1. 总得分＝(控制项基础分值＋评价指标体系得分)/10

2. 当前置条件全部满足且总得分分别达到 60 分、70 分和 85 分时,项目可分别满足《绿色建筑评价标准》GB/T 50378—2019 一星级、二星级和三星级的要求

星级绿色建筑技术措施

技术措施

提高与创新措施

图审意见:

图审机构(盖章)

填表日期: 年   月   日

填写说明:

1. 本表非"★"部分由设计单位填写,建设单位报施工图审查时应一并提交纸质版及电子版,"★"部分由图审单位填写。

2. 本表按建筑单体工程项目填写。

3. 建筑能耗综合值按照《近零能耗建筑技术标准》GB/T 51350—2019 附录 A "能效指标计算方法"进行计算,可按建筑能耗分析报告的结论填写。

4. 碳排放强度按建筑碳排放分析报告的结论填写。

5. "基本级绿色建筑技术指标"栏目按修订版《绿色建筑设计与工程验收标准》DB42/T 1319 的要求进行填写。

6. 项目总体定位为一星级、二星级和三星级的绿色建筑时,尚应填写"星级绿色建筑技术措施"栏目。

7. 图审意见包含项目施工图节能设计、绿色建筑设计专项审查情况、执行法规和标准情况以及违反强制性标准的情况。